Veröffentlichungen zur Erforschung der Druckstoßprobleme

in Wasserkraftanlagen und Rohrleitungen

Herausgegeben von

Dr.-Ing. habil. **Friedrich Tölke**

Docteur ès Sciences h. c.
o. Professor an der Technischen Hochschule Stuttgart

Zweites Heft

Mit 225 Abbildungen

Springer-Verlag Berlin Heidelberg GmbH

1956

Ursprünglich erschienen bei Springer-Verlag OHG., Berlin/Göttingen/Heidelberg 1956

ISBN 978-3-540-02096-7 ISBN 978-3-662-13373-6 (eBook)
DOI 10.1007/978-3-662-13373-6

Inhaltsverzeichnis.

Über die konstruktive Gestaltung der druckstoß-gefährdeten Teile von Wasserkraftanlagen.

Von F. TÖLKE, Stuttgart.

Mit 80 Abbildungen.

I. Die Druckstoß-Kennfunktionen.

1. Allgemeines.

Die konstruktive Gestaltung von Wasserkraftanlagen ist ein team work zwischen Bauingenieuren, Maschineningenieuren und Elektroingenieuren, das von allen Beteiligten eine so weitgehende technische Allgemeinbildung verlangt, daß es verständlich erscheint, wenn so spezielle Probleme wie die durch die hydraulischen Schwingungen ausgelösten Druckstöße einer kleinen Gruppe von Spezialisten überlassen bleiben. Eine kurze Mitteilung der Turbinenfirma, daß bei der vorgesehenen Regelung der Druckstoß so und soviel % der statischen Druckhöhe ausmacht, ist meist alles, was die Konstrukteure der Einzelteile einer Wasserkraftanlage hierüber erfahren. Dort, wo der Druckstoß bei der Bemessung berücksichtigt werden muß, behandelt man ihn wie eine statische Zusatzlast und ist beruhigt, wenn die in den Vorschriften festgelegte Zusatzspannung nicht überschritten wird.

Bei näherer Betrachtung ist der Druckstoß nun aber alles andere als ein bloßer Prozentsatz, welcher der statischen Druckhöhe zuzuschlagen ist. Dieser Prozentsatz, der meist auf Grund der Verhältnisse am Regelorgan festgelegt wird, ist für die einzelnen Punkte einer Rohrleitung oder eines Druckstollens ganz verschieden. Er kann z. B. am Leitapparat der Turbine 30% des statischen Druckes und im oberen Drittelpunkt der Leitung 100% desselben betragen. Es ist auch keineswegs so, daß der Druckstoß eine reine statische Zusatzlast ist. Wenn z. B. die Laufzeit einer Druckwelle vom Leitapparat zum Wasserschloß $^1/_4$ sec beträgt und der Leitapparat in 8 sec geschlossen wird, so pulsiert der Druckstoß 16mal zwischen einem Maximalwert und einem Minimalwert, und diese Pulsation setzt sich nach dem Schließen — allerdings mit verdoppelter Pulsationszeit — noch so lange fort, bis der Umsetzungsvorgang zwischen kinetischer und potentieller Energie durch die Rohr- oder Stollenreibung zum Stillstand gebracht ist. Pulsationszahlen des Druckstoßes in der Größenordnung von 25 bis 50 beim Stillsetzen oder Anlassen der Turbinen sind daher nicht zu hoch gegriffen.

Wasserkraftanlagen werden in zunehmendem Maße als Spitzenkraftwerke ohne und mit Pumpspeicherung oder als reine Pumpspeicherwerke betrieben. Bei solchen Anlagen gelangt man leicht zu Pulsationszahlen von 100 bis 200 pro Tag und von 35000 bis 70000 pro Jahr und von 1 bis 2 Millionen in 30 Jahren. Bei solchen schwellenden Beanspruchungen hat der Druckstoß einen viel größeren Einfluß auf die Dauerstandsfestigkeit eines Stahlbleches, als es seinem Anteil an der Maximallast entspricht.

Dazu kommt, daß der Druckstoß beim Normalbetrieb einer Wasserkraftanlage oft nur einen Bruchteil derjenigen Stöße darstellt, die aus nicht vorhergesehenen Ursachen auftreten können. HRUSCHKA hat hierfür nicht weniger als 27 Ursachen aufgezeigt[1]. Solche unvorhergesehenen Druckstöße zeichnen sich meist durch eine sehr steile Wellenfront aus, die zu einer so hohen Belastungsgeschwindigkeit im Material führen kann, daß ein Sprödbruch unvermeidbar ist. Aluminiumberuhigte Feinkornstähle bringen daher nur dann eine wirkliche

[1] TÖLKE, F.: Mitteilungen des Deutschen Druckstoßausschusses, Heft 1.

1 Mitteilungen des Deutschen Druckstoßausschusses, Heft 2.

Erhöhung der Trennbruchsicherheit, wenn das Verhältnis von Bruchfestigkeit zu Streckgrenze nicht unter einen Wert von 1,5 sinkt.

Wasserkraftanlagen erfordern heute nicht selten einen Kostenaufwand von 100 Millionen DM und mehr. Der Bruch einer Rohrleitung oder eines Stollens infolge unerwarteter oder zu großer Druckstöße oder zu steiler Wellenfront muß daher in solchen Anlagen zu Betriebsausfällen führen, die eine Größenordnung von 10 Millionen DM und mehr erreichen können. Wenn man diese Tatsachen nüchtern betrachtet, wird man bestrebt sein, die vom Druckstoß betroffenen Konstruktionsglieder nicht nur vorsichtig zu bemessen, sondern auch so auszulegen, daß der Druckstoß selbst so klein wie möglich wird.

2. Die Druckstoß-Kennfunktionen beim Öffnen.

Die von JOUKOWSKY und ALLIEVI begründete und von zahlreichen Forschern und Praktikern ausgebaute Druckstoßtheorie erlaubt es, die Druckstöße so genau zu berechnen, als man es wünscht. Es sind von SCHNYDER, BERGERON und anderen sehr bequeme graphische Verfahren entwickelt worden, und für den einfachen Fall der Leitung mit konstanter Wellenfortpflanzungsgeschwindigkeit haben LOEWY, KREITNER und andere graphische Tafeln aufgestellt, aus denen in Abhängigkeit von der Rohrcharakteristik der Druckstoßverlauf an der Düse bzw. am Leitapparat als Laufzeitdiagramm sofort entnommen werden kann.

Für die beim Anlassen der Maschinen auftretenden Öffnungsstöße, die bei der Reflektion der sich zunächst ergebenden Sogstöße entstehen, hat der Deutsche Druckstoß-Ausschuß unter Zugrundelegung eines linearen Öffnungsgesetzes das Problem erschöpfend behandelt[1]. Unter Bezugnahme auf die aus Abb. 1 ersichtlichen Bezeichnungen einer zwischen Ausgleichbecken und Wasserschloß angeordneten Rohr- oder Stollenleitung ist der an einer Stelle

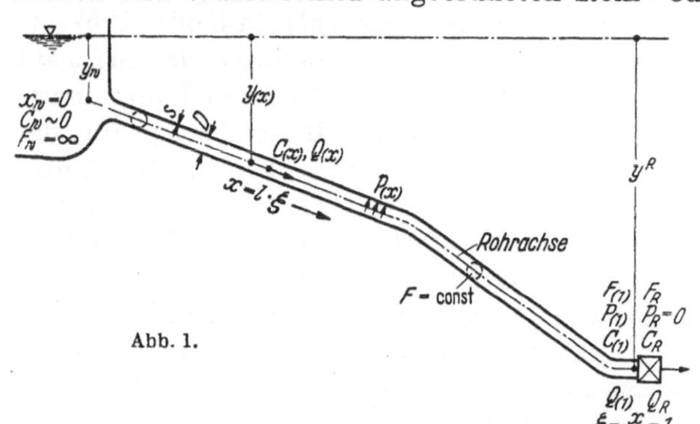

Abb. 1.

$$\xi = \frac{x}{L} \tag{1}$$

zu erwartende Sogstoß und der sich anschließende Druckstoß

$$H = \frac{p}{\gamma} - y \tag{2}$$

durch die nachfolgenden Gleichungen gegeben:

$$H = y\,\nu(\xi)\,\mu(\xi, \varepsilon_\delta) \tag{3}$$

$$\nu(\xi) = \left(\frac{y_1}{y} - \frac{p_a}{\gamma\, y}\right) \xi \sqrt{\frac{a}{a_1}\frac{F_1}{F}} \tag{4}$$

Sogstoß $\qquad\qquad$ Druckstoß

$$\mu(\xi, \varepsilon_\delta) = \frac{4\varepsilon_\delta}{1 + 2\varepsilon_\delta\,\xi}, \qquad \mu(\xi, \varepsilon_\delta) = \frac{1 - 2\varepsilon_\delta}{1 + 2\varepsilon_\delta}\,\frac{4\varepsilon_\delta}{1 + 2\varepsilon_\delta\,\xi} \tag{5}$$

$$\varepsilon_\delta = \frac{c_1^{\max}\, a_1\, T_L}{2g\left(y_1 - \frac{p_a}{\gamma}\right) t_\delta^{\max}}. \tag{6}$$

Hierin sind y die statische Druckhöhe, $\nu(\xi)$ und $\mu(\xi, \varepsilon_\delta)$ zwei von ξ bzw. x abhängige Kennfunktionen und ε_δ eine Rohrregler-Kennfunktion, in der

$c_1^{\max}$ = Geschwindigkeit des Wassers vor dem Regler bei Vollöffnung
$t_\delta^{\max}$ = Öffnungszeit bis zur Vollöffnung des Reglers
a_1 = Wellenfortpflanzungsgeschwindigkeit vor dem Regler

$$T_L = \int_0^L \frac{dx}{a(x)} = \int_0^1 \frac{d\xi}{a(\xi)} = \text{Wellenlaufzeit}$$

gesetzt ist.

[1] TÖLKE, F.: Mitteilungen des Deutschen Druckstoßausschusses, Heft 1.

Der Druck p_a hinter dem Regelorgan ist bei Freistrahlturbinen gleich Null und bei Francis- und Kaplanturbinen, wenn mit dem Leitapparat geregelt wird, in roher Annäherung gleich Null. Wird dies in (3) bis (6) berücksichtigt, so folgt

$$H = y\nu(\xi)\,\mu(\xi, \varepsilon_\delta) \tag{3'}$$

$$\nu(\xi) = \frac{y_1 \xi}{y}\sqrt{\frac{a}{a_1}\frac{F_1}{F}} \tag{4'}$$

Sogstoß Druckstoß

$$\mu(\xi, \varepsilon_\delta) = \frac{4\varepsilon_\delta}{1 + 2\varepsilon_\delta \xi}, \qquad \mu(\xi, \varepsilon_\delta) = \frac{1 - 2\varepsilon_\delta}{1 + 2\varepsilon_\delta}\,\frac{4\varepsilon_\delta}{1 + 2\varepsilon_\delta \xi} \tag{5'}$$

$$\varepsilon_\delta = \frac{c_1^{\max} a_1 T_L}{2 g y_1 t_\delta^{\max}}. \tag{6'}$$

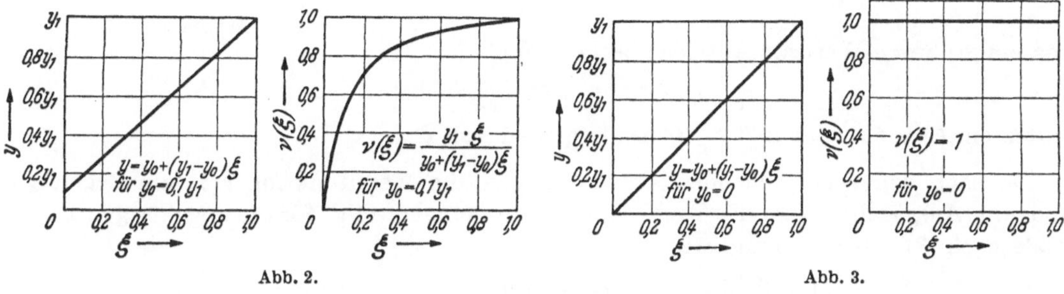

Abb. 2. Abb. 3.

Im Falle einer geradlinigen Leitung mit konstantem Durchlaufquerschnitt F und konstanter Wellenfortpflanzungsgeschwindigkeit a gemäß Abb. 2 ist

$$y = y_0 + (y_1 - y_0)\,\xi, \qquad \nu(\xi) = \frac{y_1 \xi}{y_0 + (y_1 - y_0)\,\xi}. \tag{7}$$

In dem nur theoretisch denkbaren Falle, daß

$$y_0 = 0$$

würde, d. h. die Leitung im Wasserspiegel des Ausgleichbeckens ansetzte, ergäbe sich (vgl. auch Abb. 3)

$$y = y_1(\xi), \qquad \nu(\xi) = 1. \tag{8}$$

$\nu(\xi)$ ist somit eine vom Verlauf des Stollens oder der Rohrleitung im Gelände abhängige Kennfunktion. Im allgemeinen ist $\nu(\xi)$ kleiner als 1. Bei flachem Ausgleichbecken oder bei großem Gefälle und bei ungleichmäßiger Stollenführung können sich aber auch Gesetzmäßigkeiten z. B. in der Form

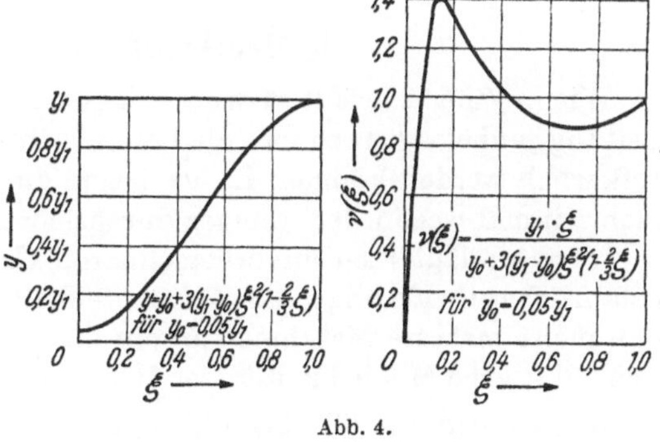

Abb. 4.

$$y = y_0 + 3\,(y_1 - y_0)\,\xi^2\left(1 - \frac{2}{3}\xi\right),$$

$$\nu(\xi) = \frac{y_1 \xi}{y_0 + 3(y_1 - y_0)\,\xi^2\left(1 - \frac{2}{3}\,\xi\right)} \tag{9}$$

ergeben, bei denen $\nu(\xi)$ größer als 1 werden kann (Abb. 4). Am Regelorgan ($\xi = 1$) und am Ausgleichbecken ($\xi = 0$) ist stets

$$\nu(1) = 1, \qquad \nu(0) = 0. \tag{10}$$

Druckstoß

Die Kennfunktion $\mu(\xi, \varepsilon_\delta)$ ist im ersten Band der Druckstoßmitteilungen auf Seite 66 und 67 in Tabellenform dargestellt worden. Für $\varepsilon_\delta = 0{,}50$ nimmt sie den Wert Null an, und für $\varepsilon_\delta > 0{,}50$ wird sie negativ. Druckstöße entstehen daher beim Öffnen nur im Bereich

$$0 < \varepsilon_\delta < 0{,}50.$$

Abb. 5 zeigt den graphischen Verlauf der Kennfunktion $\mu(\xi, \varepsilon_\ddot{o})$. Man ersieht daraus, daß ein größter μ-Wert am Regelorgan von

$$\mu\,(1, \varepsilon_\ddot{o})^{\max} = 0{,}25 \quad \text{(Druckstoß)} \tag{11}$$

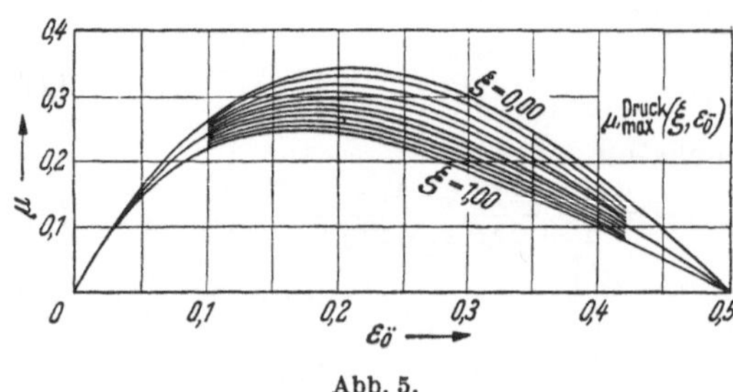

Abb. 5.

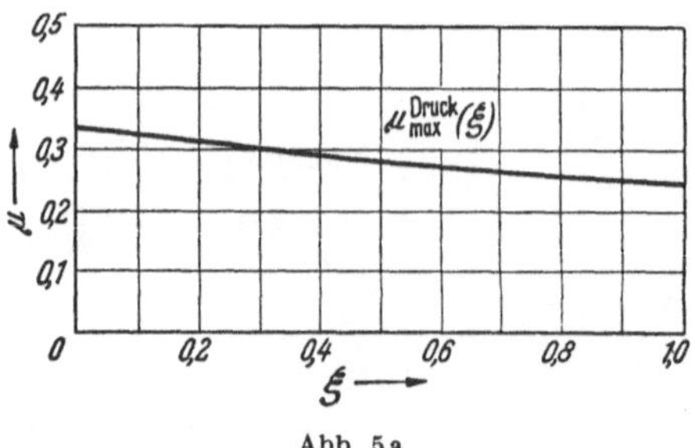

Abb. 5a

und ein größter μ-Wert am Ausgleichbecken von

$$\mu\,(0, \varepsilon_\ddot{o})^{\max} = 0{,}34 \quad \text{(Druckstoß)} \tag{12}$$

auftreten. Abb. 5a zeigt $\mu^{\text{Druck}}_{\max\,\max}$ in Abhängigkeit von ξ.

Da nach den vorhergehenden Betrachtungen die Kennfunktion $\nu(\xi)$ am Regelorgan und am Ausgleichbecken die Werte von (10) annehmen, folgt für die zugehörigen Druckstöße nach (3)', (10), (11) und (12)

$$\left.\begin{array}{ll} H\,(1) = 0{,}25\,y_1 & \text{(Regelorgan)} \\ H\,(0) = 0 & \text{(Ausgleichbecken)} \end{array}\right\} \text{(Öffnen)}. \tag{13}$$

Zwischen den beiden Endpunkten der Leitung können je nach dem Verlaufe der Funktion $\nu(\xi)$ Öffnungsstöße auftreten, die mehr oder weniger als 25% des statischen Druckes ausmachen.

3. Die Druckstoß-Kennfunktionen beim Schließen.

Wie in Ziffer 2 erläutert wurde, lassen sich die Öffnungsstöße sofort für jeden Punkt der Leitung mühelos berechnen. Sie halten sich überdies in Grenzen, die für eine Leitung kaum gefährlich werden können. Leider liegen die Verhältnisse für die Schließstöße nicht so einfach, einmal wegen der weniger durchsichtigen Theorie und zum andern wegen der schon in Ziffer 1 erläuterten unvorhersehbaren Ursachen, die schon des öfteren zu Druckstößen gefährlicher Größe und gefährlicher Steilheit der Wellenfronten geführt haben. Dazu kommt, daß meist mehrere Maschinen an ein und dieselbe Leitung angeschlossen werden, wodurch sich zahlreiche Möglichkeiten der Resonanz ergeben.

Die zu den Gl. (3)' bis (6)' analoge Darstellung der Schließstöße würde lauten (t_s = Schließzeit):

$$H = y\,\nu\,(\xi)\,\mu\,(\xi, \varepsilon_s) \quad \text{mit} \quad \varepsilon_s = \frac{c_1^{\max}\,a_1\,T_L}{2g\,y_1\,t_s}. \tag{14}$$

Da hierin die Funktion $\nu(\xi)$ nur von der Leitung und nicht vom Regelvorgang abhängt, kann sie unmittelbar übernommen werden.

$$\nu\,(\xi) = \frac{y_1}{y}\sqrt{\frac{a\,F_1}{a_1\,F}}. \tag{15}$$

Für die Funktion $\mu(\xi, \varepsilon_s)$ wird sich entsprechend den veränderten Regelverhältnissen im Nenner von (5)' ein veränderter Funktionsaufbau ergeben. Da der letztere in allgemeiner Form nicht bekannt ist, wird zweckmäßig

$$\mu\,(\xi, \varepsilon_s) = \frac{4\,\varepsilon_s}{1 + \lambda\,(\xi, \varepsilon_s)} \tag{16}$$

gesetzt, wobei

$$\lambda\,(\xi, \varepsilon_s) > 0 \tag{17}$$

sein muß. Damit erhält man

$$H = 4y\,\varepsilon_s \frac{\nu(\xi)}{1 + \lambda(\xi, \varepsilon_s)} \tag{18}$$

mit

$$\nu(\xi) = \frac{y_1 \xi}{y}\sqrt{\frac{a F_1}{a_1 F}}, \qquad \varepsilon_s = \frac{c_1^{\max} a_1 T_L}{2g\, y_1 t_s} \tag{19}$$

oder

$$H = \frac{2 c_1^{\max} a_1 T_L}{g\, t_s} \frac{\xi \sqrt{\frac{a F_1}{a_1 F}}}{1 + \lambda(\xi, \varepsilon_s)} \quad \text{mit} \quad \lambda(\xi, \varepsilon_s) > 0. \tag{20}$$

Für eine Leitung mit konstantem Durchlaufquerschnitt F und konstanter Wellenfortpflanzungsgeschwindigkeit a, wie beispielsweise im Falle eines Druckstollens, ist

$$a = a_1, \quad F = F_1, \quad T_L = \frac{L}{a}, \quad c = c_1$$

und es ergibt sich

$$H = \frac{2 c_1^{\max} L}{g\, t_s} \frac{\xi}{1 + \lambda(\xi, \varepsilon_s)} \quad (F, a \text{ konstant}) \tag{21}$$

mit

$$\xi = \frac{x}{L}, \qquad \varepsilon_s = \frac{c_1^{\max} L}{2g\, y_1 t_s}, \qquad \lambda(\xi, \varepsilon_s) > 0. \tag{22}$$

Aus (21) ist ersichtlich, daß neben dem in $\lambda(\xi, \varepsilon_s)$ seinen Ausdruck findenden Reglergesetz der Druckstoß im wesentlichen durch die maximale Durchflußgeschwindigkeit $c_1^{\max}$, die Leitungslänge L und die Schließzeit t_s bestimmt wird.

4. Die Wellenfortpflanzungsgeschwindigkeit bei Druckrohrleitungen und bei Stollen.

Nach dem ersten Band der Druckstoßmitteilungen Seite 33 und 34 ergibt sich die Wellenfortpflanzungsgeschwindigkeit in einer Druckrohrleitung zu

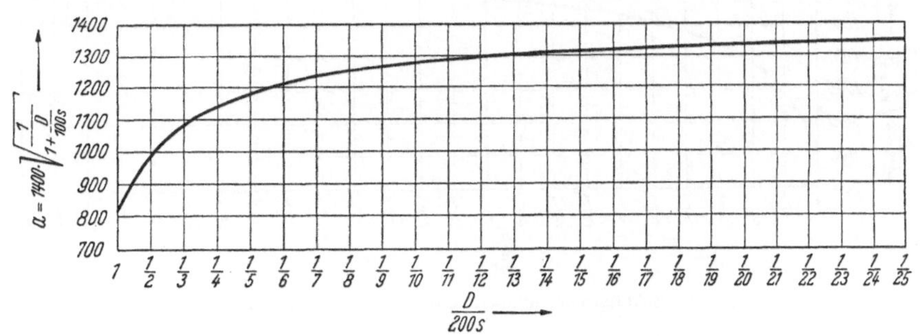

Abb. 6. Schallgeschwindigkeit des Wassers in Druckrohrleitungen.

$$a = \sqrt{\frac{g E_W}{\gamma} \cdot \frac{1}{1 + \frac{D}{s}\frac{E_W}{E_R}}} \quad \text{(Druckrohrleitung)}. \tag{23}$$

Nun ist für Stahl

$$\frac{E_W}{E_R} \approx \frac{1}{100}, \quad \frac{g E_W}{\gamma} \approx \frac{10 \cdot 200000}{1} = 2000000 \text{ m}^2/\text{s}^2$$

und damit

$$a = 1400\sqrt{\frac{1}{1+\frac{D}{100\,s}}}\ \text{m/s}\quad \begin{pmatrix} D = \text{Rohrdurchmesser} \\ s = \text{Wandstärke}\end{pmatrix}\ \text{für Stahl.} \tag{24}$$

Die Auftragung von a als Funktion von $\frac{D}{200 s}$ ist aus Abb. 6 ersichtlich.

Wird in (23) die Rohrdehnung bzw. Radiusweitung

$$\varepsilon = \frac{p\frac{D}{2}}{s\,E_R},\qquad u = \varepsilon\,\frac{D}{2} = \frac{p\,D^2}{4s\,E_R} \tag{25}$$

eingeführt, so folgt

$$a = \sqrt{\frac{g\,E_W}{\gamma}\,\frac{1}{1+\frac{2\varepsilon}{p}E_W}} = \sqrt{\frac{g\,E_W}{\gamma}\,\frac{1}{1+\frac{4\,u}{p\,D}E_W}}. \tag{26}$$

Diese Formel ist allgemeiner und gilt auch für Stollen.

Bei einem Druckstollen hat man ein unendlich ausgedehntes Gebirge zugrunde zu legen, und es folgt, wenn σ_r und σ_t die Radial- und Tangentialspannungen bezeichnen,

$$\sigma_n = p\,\frac{r_i^2}{r^2},\qquad \sigma_t = -\,p\,\frac{r_i^2}{r^2},\qquad \varepsilon = \frac{p r_i^2}{E_f\,r^2} + \mu\,\frac{p r_i^2}{E_f\,r^2} = \frac{p\,(1+\mu)\,r_i^2}{E_f\,r^2}$$

$$u = \int_{r_i}^{\infty} \varepsilon\,dr = \frac{-p\,(1+\mu)\,r_i^2}{E_f\,r}\Bigg|_{r_i}^{\infty} = \frac{p\,(1+\mu)\,r_i}{E_f}.$$

Wird hierin der Stollenhalbmesser r_i durch $\frac{D}{2}$ ersetzt und die Querkontraktion μ des Gebirges als vernachlässigbar klein angesehen, so folgt

$$u = \frac{p\,D}{2\,E_f}. \tag{27}$$

Die Einführung von (27) in (26) liefert

$$a = \sqrt{\frac{g\,E_W}{\gamma}\,\frac{1}{1+2\frac{E_W}{E_f}}} = 1400\sqrt{\frac{1}{1+2\frac{E_W}{E_f}}}\ \text{m/s}\qquad \text{(Stollen).} \tag{28}$$

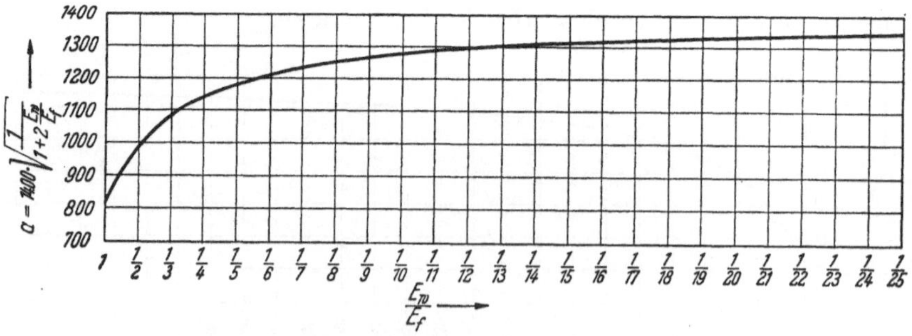

Abb. 7. Schallgeschwindigkeit des Wassers in Druckstollen.

Die Auftragung von a als Funktion von $\frac{E_W}{E_f}$ ist aus Abb. 7 ersichtlich.

Meist besitzen die Druckstollen — unabhängig davon, ob sie gepanzert sind oder nicht — eine kräftige Betonauskleidung. Außerdem wird der Felsen durch Zementeinpressung vergütet. In diesem Falle ist

$$\frac{E_W}{E_f} = \frac{20000}{300000} = \frac{1}{15}\quad \text{(kräftig ausgekleidete Betonstollen)}$$

$$a = 1400\sqrt{\frac{1}{1{,}13}} = \sim 1300\ \text{m/s}. \tag{29}$$

II. Die Sicherung von Druckrohrleitungen gegen Trennbrüche[1].

1. Zusammenfassende Betrachtung über das Verhalten der Stähle.

Stahlkonstruktionen haben eine große Sicherheit gegen Bruch, denn sie werden immer so ausgelegt, daß die rechnerische Beanspruchung tunlichst nur im elastischen Bereich sich bewegt (vgl. Abb. 8). Der Stahl kann daher üblicherweise nur zerstört werden, wenn ihm die notwendige Bruchenergie

$$A_B = \int_0^\delta \sigma \cdot d\,\varepsilon$$

zugeführt wird. Bezeichnet man den Energieanteil, der zu einem ε_{zul} von 0,05 bis 0,1 % gehört, als elastische Energie, so beträgt die plastische Energie, die zu der Bruchdehnung $\varepsilon = \delta$ von 15 bis 20 % des einachsigen Zugversuches gehört, das 300- bis 600fache der elastischen Energie.

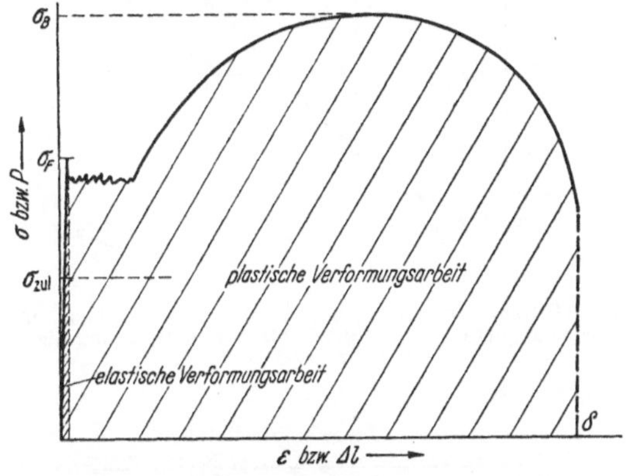

Abb. 8. Spannungsdehnungsdiagramm eines verformungsfähigen Stahles.

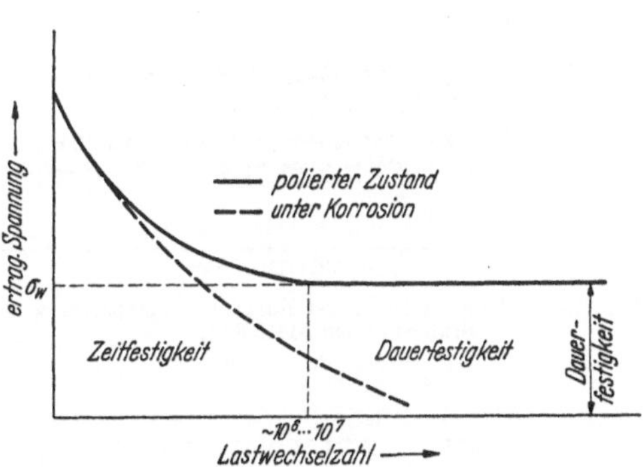

Abb. 9. Wöhlerkurven eines Kohlenstoffstahles.

Leider aber hat der Stahl die Eigentümlichkeit, unter gewissen Umständen im elastischen Bereich zu versagen. Derartige verformungslose Brüche können verschiedene Ursachen haben.

Eine lang bekannte Form von verformungslosen Brüchen ist der Dauerbruch unter wechselnder Belastung. Die Wöhlerkurve (Abb. 9) zeigt dabei die Abhängigkeit der ertragbaren Spannung von der Zahl der Belastungen. Ein Stahl kann unter gewöhnlichen Umständen eine gewisse Belastung unendlich oft ertragen; dies ist seine sogenannte Dauerfestigkeit. Wird diese überschritten, so entsteht durch jede Überbeanspruchung eine Schädigung[2], die zunächst zu Ermüdungserscheinungen und später zum Bruch führt. Da dieser Bruch ohne Verformung erfolgt, bleibt die ganze Arbeitsreserve des plastischen Verformungsvermögens ungenutzt; der Bruch entsteht ohne jedes äußere Anzeichen und kann im gewöhnlichen Betrieb unvermittelt auftreten.

Mit Sprödbruch bezeichnet man ein Versagen von Stahlteilen bei einmaliger (stoßhafter) Beanspruchung. Dies ist eine Eigenart aller Metalle mit kubisch raumzentriertem Gitteraufbau, zu denen auch die Rohrleitungsstähle gehören. Bei ihnen wird bei hohen Belastungsgeschwindigkeiten unter tiefer Temperatur der elastische Bereich durch stoßhafte Beanspruchungen ausgedehnt und die üblicherweise ausgeprägte Streckgrenze durch eine Fließverzögerung zu höheren Werten verschoben. Es kann somit der Fall eintreten, daß die Streckgrenze durch beide Einflüsse so weit angehoben wird, daß sie die Trennfestigkeit er-

[1] Bei der Bearbeitung dieses Abschnittes hat mich Herr Dr.-Ing. Menges, beratender Ing. in Stuttgart, weitgehend unterstützt, wofür ich ihm auch an dieser Stelle herzlich danke.

[2] Siebel, E., u. G. Stähli: Versuche zum Nachweis von Schädigung und Verfestigung im Gebiet der Zeitfestigkeit. Archiv für das Eisenhüttenwesen 15 (1941/42) H. 11, S. 519/27.

reicht, was bedeutet, daß die technische Kohäsion zwischen den Molekülen des Werkstoffes zerstört wird[1] (vgl. Abb. 10). Auf diese Weise kann ein völlig verformungsloser Bruch entstehen. GRUSCHKA[2] hat am einachsigen Zugstab dieses Anwachsen der oberen Streckgrenze bei abnehmender Temperatur und statischer Belastung festgestellt. Ähnlich verhält es sich mit dem Einfluß der Belastungsgeschwindigkeit (vgl. Abb. 11), bei deren Zunehmen ebenfalls die obere Streckgrenze stetig angehoben wird. Neuerdings zeigten Schlagzugversuche von SIEBEL-MENGES[3] an glatten Zugstäben, daß für größere Belastungsgeschwindigkeiten die Versprödung schon früher beginnt als bei statischer Belastung (Abb. 12).

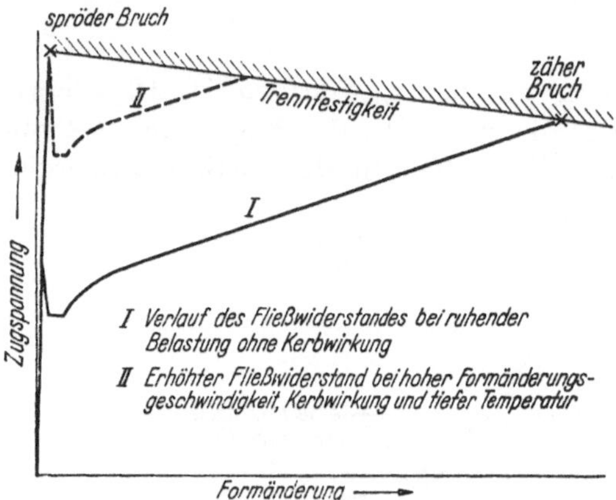

Abb. 10. Schematische Darstellung der Versprödung von Stählen (Nach SIEBEL).

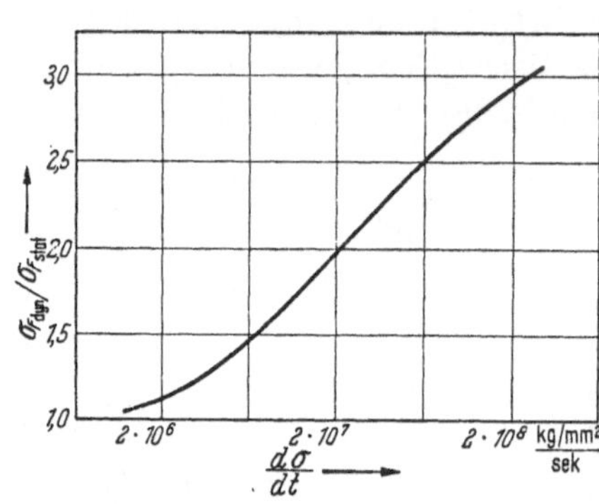

Abb. 11. Hebung der oberen Streckgrenze bei hohen Belastungsgeschwindigkeiten bei niedrigkohlenstoffhaltigen, unlegierten Stählen (TAYLOR).

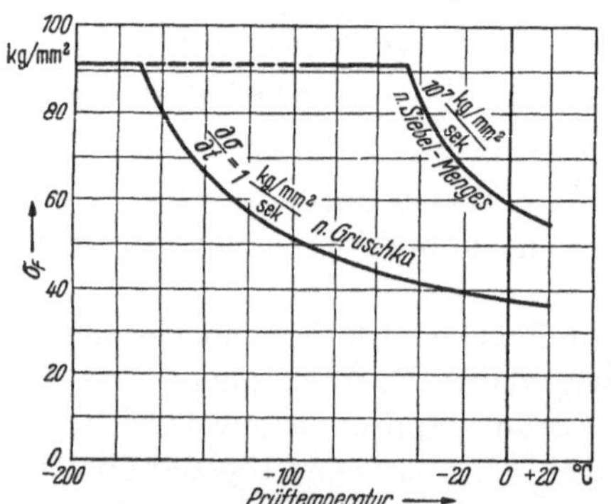

Abb. 12. Verlauf der oberen Streckgrenze von Zugstäben aus Stahl (C 15) bei tiefen Temperaturen und verschiedenen Belastungsgeschwindigkeiten (Nach MENGES).

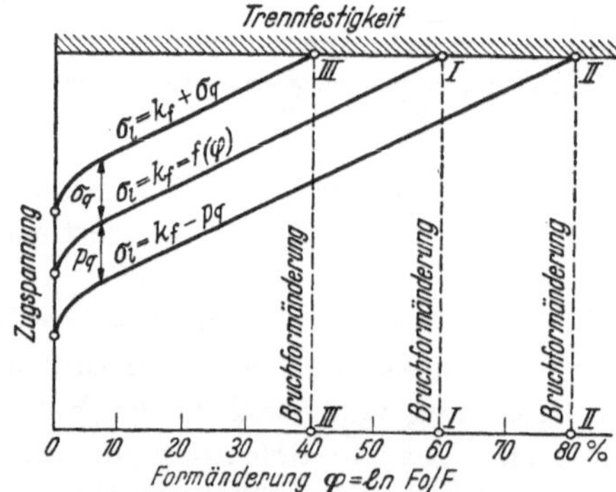

Abb. 13. Beeinflussung des Formänderungsvermögens bei Zugbeanspruchung von Stählen durch Querzug oder Querdruck (Nach SIEBEL).

Betrachtet man eine zweiachsige Beanspruchung, so ergibt sich ein verschiedenartiges Verhalten, je nachdem ob der Werkstoff, z. B. ein Blech, in beiden Richtungen oder nur in einer Richtung auf Zug beansprucht wird. Wirkt die Zugbeanspruchung in beiden Richtungen, so wird die Streckgrenze gehoben, wirkt in einer Richtung Druck, so wird sie gesenkt (vgl. Abb. 13). In Abb. 13 ist eine Querzugspannung mit σ_q, eine Querdruckspannung mit p_q bezeichnet. Bei dreiachsigem Zug, wie er in den Schweißnähten auftreten kann, ist völliges Verspröden möglich.

[1] SIEBEL, E.: Werkstoffmechanik, Z. VDI Bd. 94 (1952) H. 16, S. 465/71.

[2] GRUSCHKA, G.: Zugfestigkeit von Stählen bei tiefen Temperaturen. VDI-Forschungsheft 364, B 5, 1934.

[3] MENGES, G.: Entwicklung eines Untersuchungsverfahrens zur Bestimmung der Sprödbruchneigung bei hohen Belastungsgeschwindigkeiten. Diss. TH. Stuttgart 1955.

2. Abhängigkeit der Bruchart vom Gefüge.

Die Eisenkohlenstofflegierungen mit 0,05 bis 0,9% Kohlenstoff haben normalerweise ein Gefüge aus Ferrit (Reineisen, sogenanntes Alphaeisen) und ausgeschiedenem Kohlenstoff, das durch ein ausgeprägtes Verformungsvermögen, aber niedrige Festigkeit gekennzeichnet ist. Mit zunehmendem Kohlenstoffgehalt steigt die Festigkeit, während das Verformungsvermögen sinkt[1]. Insbesondere ruft der im Martensit nicht ausgeschiedene Kohlenstoff eine große Festigkeit und Härte bei herabgesetzter Verformungsfähigkeit hervor. Martensitisches Gefüge entsteht bei großer Abkühlungsgeschwindigkeit nach Erwärmung ins Gebiet der festen Lösung des Eisenkohlenstoffdiagramms (Abb. 14), welcher Temperaturen von 720 bis 906° C je nach Kohlenstoffgehalt entsprechen.

Wird der Stahl nach einer Kaltverformung zwischen 7 und 12% in einem engen kritischen Temperaturbereich um 750° C geglüht, so entsteht ein ausgesprochenes Grobkorn, während bei großer Kaltverformung und Temperaturen zwischen 600 und 720° C die Körner neu gebildet werden. Diese Erscheinung, bei der ein sehr feines Korn entsteht, nennt man Rekristallisation.

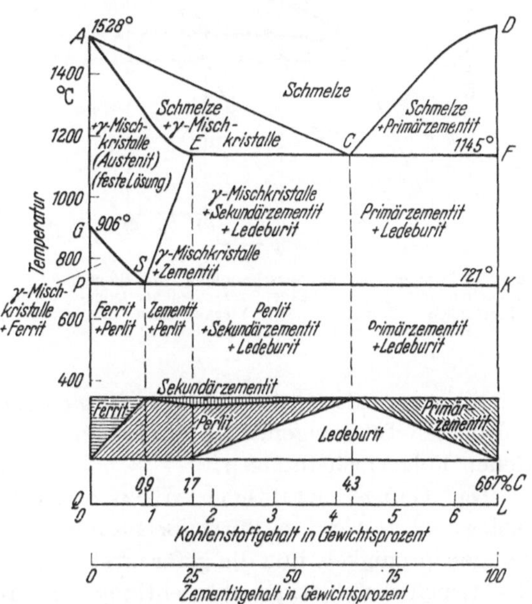

Abb. 14. Das Eisenkohlenstoffschaubild (vereinfacht).

Die weichen Kohlenstoffstähle nehmen bei ihrer Herstellung Stickstoffatome in ihr Gefüge auf, die nach längerer Lagerung oder bei Glühen zwischen 250 und 300° C eine Gleitbehinderung mit Anheben der oberen Streckgrenze verursachen. Man nennt diese Erscheinung Altern.

Ein feinkörniges Gefüge zeigt im Vergleich zu einem grobkörnigen nicht nur höhere Festigkeitskennwerte, sondern neigt auch weniger zur Versprödung. Das Haufwerk der größeren Zahl von Körnern mit verschiedensten Lagen der Gleitebenen setzt hier einem Bruch viel mehr Widerstand entgegen als ein solches mit geringerer Kornzahl. Sprödbrüche laufen häufig den Korngrenzen entlang, insbesondere wenn diese Schwachstellen des Gefüges noch zusätzlich durch Einlagerung schädlicher Beimengungen geschwächt sind. So haben nicht nur Schwefel und Phosphor, sondern auch Kohlenstoff bei Anteilen bis zu 0,1% die Eigenart, sich in den Korngrenzen abzusetzen[2] und den Zusammenhang der Körner zu schwächen.

Von besonderer Bedeutung ist der Einfluß des Gefüges auf die Hebung der oberen Streckgrenze bei Biege- und Biegewechselbeanspruchung, wie Versuche von SIEBEL-RÜHL[3] und SIEBEL-STIELER[4] (vgl. Abb. 15) gezeigt haben. Diese Erscheinung läßt sich durch Gleiten in Bändern, deren Breite der Korngröße entspricht, unter ungleichförmiger Beanspruchung erklären (vgl. Abb. 16). Bei sehr großem Spannungsgefälle, worunter man das Verhältnis der Biegungsspannung zur halben Blechdicke versteht, werden nur wenige

[1] SCHULZ, E. H., und K. L. ZEYEN: Schweißbarkeit der Stähle für den Ingenieurbau. Bauingenieur 29 (1954) H. 10, S. 366/71.

[2] HOUDREMONT, E., und H. J. WIESTER: Metallkundl. Betrachtungen zur Frage des Trennbruches. Archiv f. d. Eisenhüttenwesen 25 (1954) 9/10, S. 435/46.

[3] SIEBEL, E., und K. RÜHL: Ermittlung der Formdehngrenzen für die Festigkeitsrechnung bei zügiger Beanspruchung. Die Technik Bd. 3, Nr. 5, S. 218/23.

[4] STIELER, M.: Untersuchungen über die Dauerschwingfestigkeit metallischer Bauteile bei Raumtemperatur. Diss. TH. Stuttgart 1954.

Schichten zum Gleiten herangezogen, und es entsteht eine Stützung durch die weniger hoch beanspruchten Schichten unter Anhebung der Streckgrenze[1]. Ähnliche Erscheinungen zeigen sich bei Kerbwirkungen aller Art, wobei der plastische Verformungsbereich und die Arbeitsaufnahmefähigkeit stark herabgesetzt werden.

Wenn das Anheben der Streckgrenze an irgendeiner Stelle so weit geht, daß sich ein Mikrobruch bildet, so wird eine noch schärfere Kerbe mit einem vielfach größeren Spannungsgefälle ausgelöst, die sich zwangsläufig erweitern und schließlich zum Bruch führen muß. Bei langsamem Bruchfortschritt entsteht ein Dauerbruch, während bei zu großer Belastung sich ein Zeitbruch mit schnellem Bruchfortschritt ausbildet.

Je feinkörniger ein Werkstoff ist, um so geringer ist das Anheben der Streckgrenze[1] und die Gefahr eines Trennbruches, da der Stahl durch geringe örtliche Verformung, die oft mit dem Auge kaum wahrnehmbar ist, ausweichen kann.

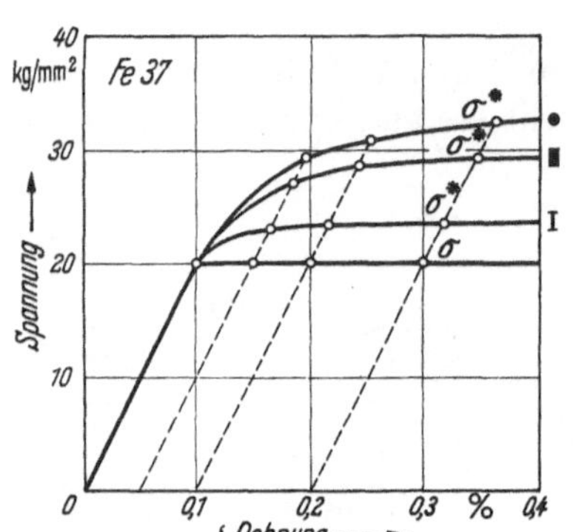

Abb. 15. Spannungsdehnungsschaubilder von Biegeversuchen mit geraden Stäben verschiedener Querschnittsform, Doppel-T-Eisen, Vierkanteisen und Rundeisen (Nach SIEBEL und RÜHL).

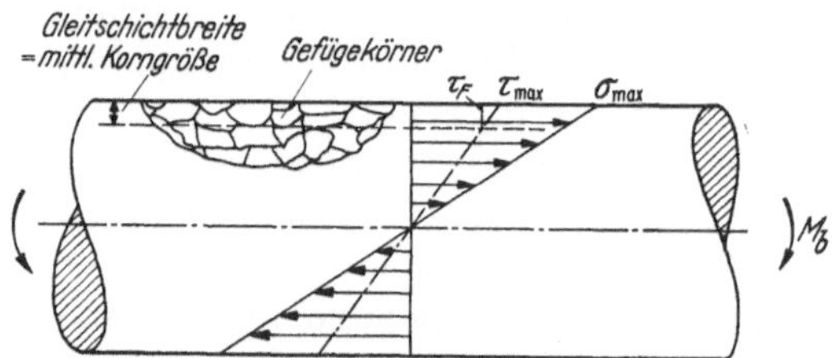

Abb. 16. Versuch zur Erklärung der „Stützwirkung bei ungleichförmiger Spannungsverteilung durch die mittlere Korngröße (Nach STIELER).

Bisher wurden stillschweigend homogene Werkstoffe vorausgesetzt. Bei ungünstig eingelagerten Inhomogenitäten entstehen zusätzliche innere Kerbspannungen mit ganz ähnlichen Folgeerscheinungen.

Das Gefüge metallischer Werkstoffe ist auch gegen korrosive Einflüsse sehr anfällig, insbesondere wenn es unter Belastung steht. Bekannte Beispiele sind Nietlochrissigkeit, Laugensprödigkeit und die gefürchtete Spannungskorrosion. Im letzteren Falle pflanzt sich der Bruch den Korngrenzen entlang langsam fort, bis das Werkstück schließlich verformungsfrei zerstört wird. Stähle verlieren bei Korrosionseinwirkung völlig ihre in Abb. 9 erläuterte Dauerfestigkeit.

So können die verschiedensten Einflüsse zusammenwirken und sich gegenseitig überlagern, um die natürlich vorhandene Verformungsfähigkeit des Stahles zu unterhöhlen. Die damit verbundenen Gefahren sind um so größer, als es sich fast durchweg um Einflüsse handelt, die rechnerisch nicht erfaßbar sind. Bei Beachtung ihrer Eigenarten kann aber ein großer Teil der schädlichen Einwirkungen gemildert oder ausgeschaltet werden.

3. Werkstoffauswahl.

Aus Gründen tunlichst homogenen Gefüges wird man stets danach trachten, weitgehend geschweißte Konstruktionen anzuwenden, um so mehr, als für so individuelle Anlagen wie Druckrohrleitungen diese meist auch billiger als Stahlgußkonstruktionen werden.

Die besten Schweißeigenschaften haben die Flußstähle, d. h. Stähle mit niedrigem Kohlenstoffgehalt, bis ungefähr 0,25% Kohlenstoff[2]. Diese Stähle, die in wirtschaftlichster Form im Thomaskonverter durch Windfrischen gewonnen werden, wird man daher solange als irgend möglich zu verwenden suchen. Grundsätzlich empfiehlt es sich aber, alterungs-

[1] STIELER, M.: Untersuchungen über die Dauerschwingfestigkeit metallischer Bauteile bei Raumtemperatur. Diss. TH. Stuttgart 1954.

[2] WELLINGER, K., und P. GIMMEL: Schweißen. Uhlands Ingenieur-Kalender 1953 S. 429/63.

unempfindliche Stähle auszuwählen, eine Bedingung, die nicht nur die teuereren Siemens-Martin-Stähle, sondern auch die im Thomaskonverter durch Windfrischen mit reinem oder angereichertem Sauerstoff erzeugten, mit Silizium oder Aluminium beruhigten Stähle erfüllen[1]. Da in Druckrohrleitungen im Betriebe Temperaturen bis zu 0° C auftreten können, muß die Lage des Steilabfalls der Kerbzähigkeit sorgfältig überwacht werden, was zweckmäßig in gealtertem Werkstoffzustand geschieht. Wenn die Blechstärke über 15 mm hinausgeht, empfiehlt es sich, zusätzlich eine Überprüfung der Schweißeigenschaften durch eine der anerkannten Aufschweißbiegeproben vorzunehmen.

4. Herabsetzung der Blechstärke durch Verwendung von aluminiumberuhigten Feinkornstählen.

Mit zunehmender Blechstärke wird es immer schwieriger, die Güteeigenschaften der Schweißnähte zu gewährleisten[1], um so mehr, als in größerem Maße Eigenspannungen entstehen, die gefährliche räumliche Spannungszustände auslösen können. Die einschlägigen Vorschriften verlangen daher auch, daß Schweißkonstruktionen über 25 mm Blechstärke geglüht werden. Man kann das teuere und unangenehme Glühen umgehen, wenn an Stellen großer Beanspruchungen die Wandstärken durch Verwendung etwas teuererer Feinkornstähle, wie z. B. die HSB- und BH-Stähle, in erträglichen Grenzen gehalten werden, zumal die Feinkornstähle heute ohne besondere Vorsichtsmaßnahmen mit den normalen Flußstählen verschweißt werden können. Zweckmäßig werden kalkbasische Elektroden verwendet, die man heute auch aus anderen Gründen stark bevorzugt[1], worüber die Blechhersteller Auskunft geben.

5. Einhalten eines bestimmten Verhältnisses von Streckgrenze zu Bruchfestigkeit.

Die vielfältigen Einflüsse, die die Streckgrenze hinaufzusetzen trachten, mahnen bezüglich der Verwendung von Stählen mit hochgezüchteter Streckgrenze zur Vorsicht. Prominente Praktiker, wie z. B. Professor SIEBEL, empfehlen daher einen doppelten Festigkeitsnachweis — gegen Verformen und gegen Trennen — um keiner Scheinlösung zu verfallen[2]. Der Nachweis gegen Verformen erfolgt auf der Grundlage der Schubspannungs- oder Gestaltänderungsenergiehypothese und sieht eine Grundsicherheit von 1,5 gegen die Streckgrenze vor. Der Nachweis gegen Bruch ist gleichzeitig für Zug- und Wechselbeanspruchung mit einer Grundsicherheit von 2 in bezug auf die Dauerfestigkeit zu führen. Für die Dimensionierung ist diejenige Rechnung heranzuziehen, die die ungünstigsten Werte liefert. Da die Trennfestigkeit eine Stahles[3]

$$\sigma_t = \frac{\sigma_B}{1 - \psi}$$

ist, wobei ψ die Brucheinschnürung bei einachsigem Zug darstellt, erkennt man leicht, daß bei hochgezüchteten Stählen mit kleiner Brucheinschnürung die Zugfestigkeit sich immer mehr der Trennfestigkeit nähert und das Verformungsvermögen entsprechend absinkt. Bei normalen Stählen liegt die Trennfestigkeit wesentlich höher als die Bruchfestigkeit, beispielsweise bei Stahl St 37 mit einer Brucheinschnürung $\psi = 0{,}5$ um 100%. Hochgezüchtete Stähle täuschen bei Bezugnahme auf die Bruchfestigkeit eine Sicherheit vor, die in Wirklichkeit nicht vorhanden ist. Aus diesem Grunde erscheint es bei Verwendung von Stählen

[1] SCHULZ, E. H., und K. L. ZEYEN: Die Schweißbarkeit der Stähle. Bauingenieur Bd. 29 (1954) H. 10, S. 366/71.

[2] SIEBEL, E., und K. RÜHL: Formdehngrenzen für die Festigkeitsrechnung. Die Technik Bd. 3 (1948) H. 5, S. 218/23.

[3] SCHWAIGER, S.: Wiss. Abhdlg. dtsch. Materialprüfanstalten Bd. 2 (1944) H. 5, S. 419.

mit hoher Streckgrenze geboten, ein Mindestverhältnis von Zugfestigkeit σ_B zu Streckgrenze σ_S von

$$\frac{\sigma_B}{\sigma_S} = 1{,}5$$

zu fordern. Für die vorerwähnten Feinkornstähle, HSB 52 und BH 38k, z. B. wird dieses Verhältnis gerade noch erreicht, und man behält noch 50% Sicherheit gegen die schwer erfaßbaren gleitbehindernden Einflüsse.

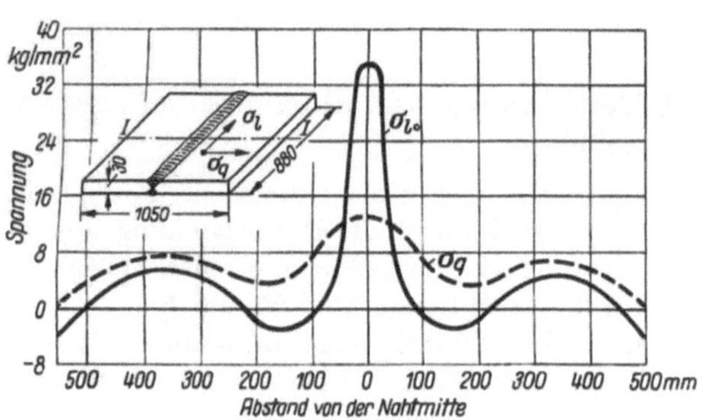

Abb. 17a. Eigenspannungen längs und quer zur Naht eines Kesselbleches M IV, elektrisch geschweißt, Blechdicke 30 mm (Nach WELLINGER).

Abb. 18. KW. Oberaar. Druckschacht. Anlegen des Röntgenfilms zur Kontrolle der Schweißnähte mittels radioaktiver Isotopen

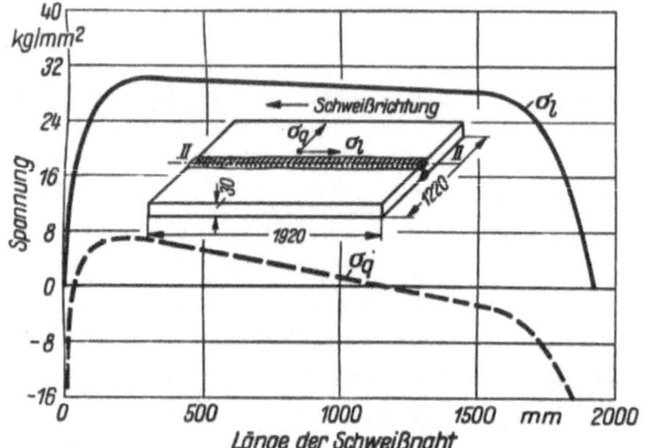

Abb. 17b. Eigenspannungen längs und quer zur Naht eines Kesselbleches M IV, elektrisch geschweißt, Blechdicke 30 mm (Nach WELLINGER).

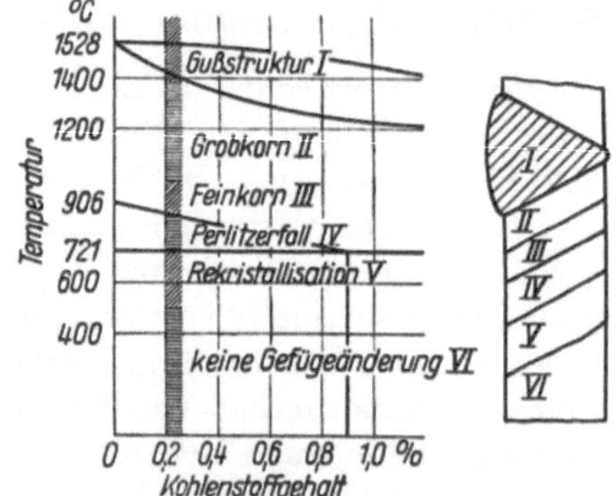

Abb. 19a. Gefügezonen einer Schweißverbindung und zugehörige Temperaturen für einen unlegierten Stahl mit 0,2% C (Nach WELLINGER).

6. Die Gefährlichkeit räumlicher Zugspannungszustände.

Nach den vorhergehenden Ausführungen kann zu großer mehrachsiger Zug gefährlich werden. In solchen Fällen muß man sich durch sorgfältige Betrachtung der Betriebsbedingungen und der konstruktiven Besonderheiten sichern. So kann z. B. eine Druckrohrleitung, die in den Festpunkten eingespannt ist, leicht bei tiefen Temperaturen hohe zusätzliche Längsspannungen erhalten, die zusammen mit den meist ebenfalls hohen Umfangsspannungen einen hoch beanspruchten zweiachsigen Zugspannungszustand auslösen können. Wird dagegen vor jedem oberen Festpunkt eine Stopfbüchse angeordnet, so entstehen in Rohrlängsrichtung zusätzliche Druckspannungen aus dem Hangschub des Eigengewichts und damit ein verhältnismäßig wenig sprödbruchgefährdeter Spannungszustand. Wird die Stopfbüchse in der Mitte zwischen den Festpunkten oder gar hinter dem unteren Festpunkt vorgesehen, so entstehen trotzdem hoch beanspruchte mehrachsige Zugspannungszustände.

Ein mehrachsiger Zugspannungszustand unter Wirkung des Eigen- und Wassergewichtes zwischen den Rohrsätteln läßt sich leider nicht vermeiden. Man kann aber, wenn die Längszugspannungen die Größenordnung der Umfangsspannung erreichen, wenigstens die Montageschweißnähte an weniger hoch beanspruchte Stellen legen. So sollten unter gar keinen Umständen Montagerundnähte über den Sätteln angeordnet werden, da hier die größten Zugspannungen aus Eigengewicht auftreten. Läßt sich ein Montagestoß in Feldmitte nicht vermeiden, so braucht das nicht bedenklich zu sein, da die positiven Momente nur halb so groß sind wie die negativen. Der zuweilen beschrittene Weg, bei großen Spannweiten das Rohr über den Sätteln zu verstärken, z. B. bei voller Ausnutzung der Blechstärke in Feldmitte, kann zu unerwünschten räumlichen Zugspannungszuständen am Übergang führen, weshalb man diesen möglichst nahe an den Momentennullpunkt heranschieben sollte. Ähnlich ungünstige Verhältnisse können allgemein bei Querschnittsübergängen durch die hierbei unvermeidlichen Kerbwirkungen entstehen, weshalb der Schweißvorgang an diesen Stellen mit besonderer Sorgfalt durchgeführt werden muß.

Die Schweißpannungen sind bekanntlich Wärmeschrumpfspannungen, die gerade in den gefährdetsten Teilen der Naht Zug erzeugen (vgl. Abb. 17). Bei dicken Blechstärken entsteht ein dreiachsiger Spannungszustand, der nach Versuchen die Größenordnung der Streckgrenze erreicht.

7. Maßnahmen zur Erzielung einwandfreier Schweißnähte und zum Abbau der Schweißeigenspannungen.

Gegen grobe Fehler, wie unvollständig ausgefüllte Nähte, Poren, Schlackeneinschlüsse und Schweißeinbrüche sichert man sich am besten durch 100%ige Durchstrahlung aller Nähte, zumindest jedoch der Montagenähte. Um möglichst alle Montagenähte einigermaßen wirtschaftlich prüfen zu können, verwendet man in steigendem Maße zur Strahlungserzeugung Isotopen. Mit diesen kann in einer einzigen Belichtung der Überblick über eine Rundnaht gewonnen werden. Bei Hochgebirgsbaustellen, bei denen bekanntlich besondere

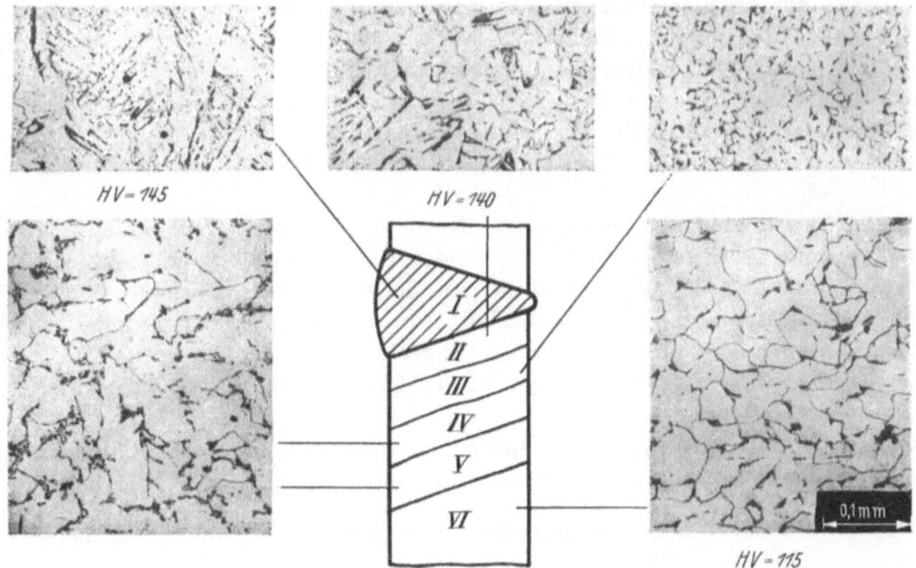

Abb. 19b. Gefüge der einzelnen Zonen von einer elektrischen Schweißung eines unlegierten Stahles mit 0,1% C (Nach WELLINGER).

Schwierigkeiten auftreten, kann durch die Anwendung der Isotopen besonders große Zeitersparnis erzielt werden[1]. Als Beispiel sei die Anlage Oberaar der Bernischen Kraftwerke genannt (Abb. 18). Wo sich Fehler zeigen, muß rücksichtslos ausgeschliffen und neu ge-

[1] Kraftwerk Oberaar. Denkschrift über den Bau 1949—1953. Kraftwerke Oberhasli A.G. Bern 1954.

schweißt, bei Doppelungen verworfen werden. Zum Erkennen von Doppelungen, zu denen die aluminiumberuhigten Stähle manchmal neigen, bedient man sich vornehmlich des Ultraschallverfahrens.

Das Schweißen bringt auch hohe Gefügeinhomogenitäten durch die verschiedene Warmbehandlung der Naht und ihrer Nachbargebiete mit sich[1, 2] (vgl. Abb. 19)[3]. Man erhält feinkörnige und Härtezonen, grobkörnige und gealterte Zonen, welche bei vorangegangener Kaltverformung, z. B. durch den Biegeprozeß der Schale, besonders geschädigt werden. Alle diese Inhomogenitäten können durch Normalglühen bei Temperaturen über der Linie GOS des Eisenkohlenstoffdiagramms (Abb. 20) beseitigt werden, die von 720° C bei einem Kohlenstoffgehalt von 0,9% auf 906° C bei einem Kohlenstoffgehalt von 0% (reiner Ferrit) ansteigt.

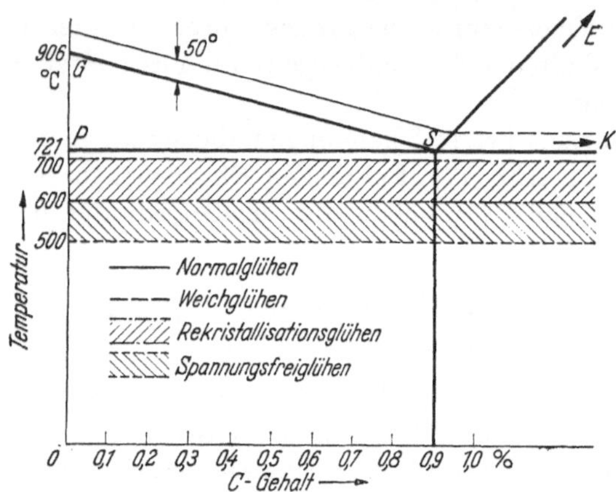

Abb. 20. Glühtemperaturen der schmiedbaren Eisenlegierungen (Nach Wellinger).

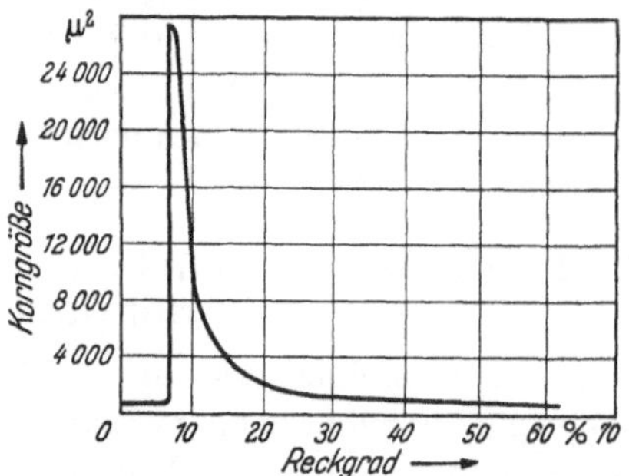

Abb. 21. Rekristallisation von weichem Kohlenstoffstahl bei 750° C. Korngröße in Abhängigkeit von vorausgegangener Kaltverformung (Nach Hanemann).

Der Abbau der Eigenspannungen läßt sich schon mit Glühtemperaturen von 500 bis 600° C in genügendem Maße erreichen. Es bleiben aber die Inhomogenitäten, ja es kann sogar bei vorangegangener Kaltverformung zwischen 7 und 12% in den übrigen Blechteilen noch zusätzlich Grobkorn durch Rekristallisation erzeugt werden, wenn die Temperatur zu hoch gewählt wird (vgl. Abb. 21). Es erscheint daher wirtschaftlicher, die geringen Mehrkosten einer Normalglühung in Kauf zu nehmen, bei der das ganze Kristallgefüge sich neu bildet.

Für bereits zusammengebaute Leitungen ist ein Spannungsfreiglühen[4] zwar durch Ummauerung möglich, aber in seiner Wirkung höchst zweifelhaft, wenn nicht schädlich. In diesem Falle werden nämlich die Schrumpfspannungen der Schweißung an anderen Stellen in Wärmeschrumpfspannungen umgewandelt[5], die unter Auslösung erheblicher Wärmedehnungen sich über einen größeren Bereich erstrecken als früher, wobei sich bedauerlicherweise an der Höhe der Eigenspannungen in der Größenordnung der Streckgrenze nichts ändert.

Aus den USA ist in den vergangenen Jahren das Niedertemperaturentspannen eingeführt worden, das bequem am montierten Bauteil ausgeführt werden kann. Hier wird, nicht wie

[1] Schulz, H. H., und K. L. Zeyen: Die Schweißbarkeit der Stähle. Bauingenieur 29 (1954) H. 10, S. 366/71.

[2] Wellinger, K.: Möglichkeiten des Abbaues von Schweißspannungen. Schweißen u. Schneiden 5. Sonderheft 1953, S. 1/5.

[3] Pfender, M.: Die Bedeutung von Schrumpfspannungen für das Fertigkeitsverhalten metallischer Werkstoffe. Schweißen und Schneiden. Sonderheft 1953, S. 157.

[4] Schnabbe, R., R. Mailänder und H. J. Wiester: Über örtliches Spannungsfreiglühen. B. W. K. 3 (1951) S. 79/86.

[5] Wellinger, K., und N. Ludwig: Abbau von Schweißeigenspannungen usw. Schweißen u. Schneiden 3 (1951) Sonderheft 1951, S. 1/4.

beim Spannungsfreiglühen, ein Entspannen durch Absenken des Formänderungswiderstandes erreicht, sondern es werden durch Temperaturspannungen örtliche plastische Verformungen an den Stellen der größten Eigenspannungen erzwungen (vgl. Abb. 22). Man kann

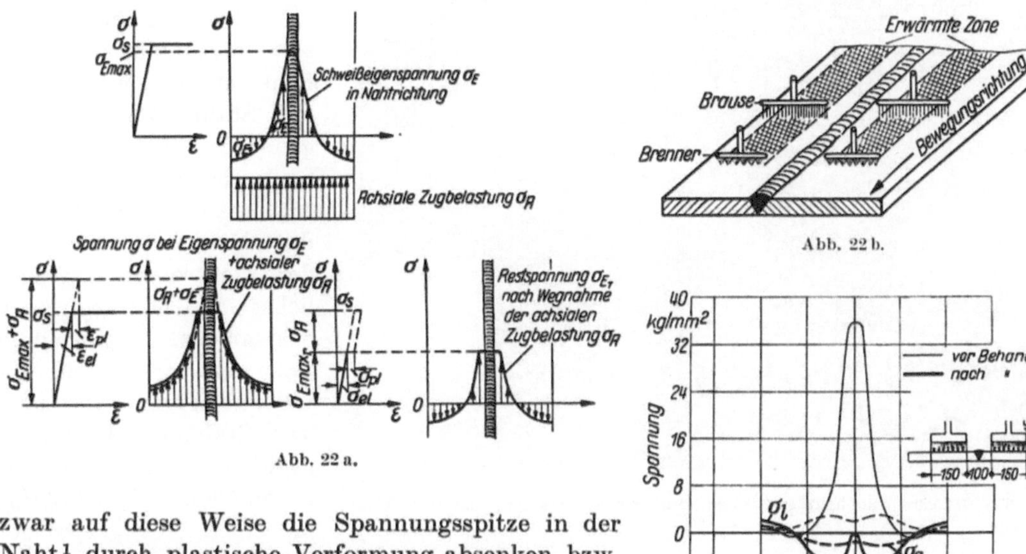

Abb. 22a.

Abb. 22b.

Abb. 22c.

zwar auf diese Weise die Spannungsspitze in der Naht[1] durch plastische Verformung absenken bzw. in zwei kleinere Spannungsspitzen aufspalten, aber es entsteht eine Kaltverformung bei der kritischen Alterungstemperatur, die keineswegs erwünscht sein kann.

Als einziger Ausweg aus diesem Dilemma bleibt praktisch die Wahl eines verformungsfähigen Stahles mit möglichst großem Abstand der Streckgrenze von der Bruchfestigkeit. Dieser gibt bei Überbeanspruchung plastisch nach und bietet die Gewähr, daß die im Bauteil verbleibenden Eigenspannungen in Größenordnung der Streckgrenze sicher aufgenommen werden können.

8. Maßnahmen zur Milderung von Eigenspannungen durch konstruktive Zusatzmaßnahmen.

An Abzweigungen, Hosenrohren, Flanschen und ähnlichen Konstruktionsteilen treten sehr hohe Betriebsspannungen auf, die zusätzliche Stützkonstruktionen erfordern, wenn man die Blechstärke niedrig halten will. Bei sehr großen Objekten bleibt aber kaum ein anderer Weg, als zu Stahlgußteilen zu greifen, wie bei dem von der Firma Lavis erbauten Hosenrohr von 7,5 m Durchmesser der Verteilleitung Roßhaupten, wo die Zwickelnaht der Hose durch einen Stahlgußträger gestützt wird (vgl. Abb. 23). Der Obergurt dieses aus Transportgründen dreimal gestoßenen Trägers

Abb. 23a. Hosenrohr Roßhaupten mit 7,5 m Durchmesser. Gesamtansicht (Werkfoto Lavis)

[1] Wellinger, K., Fr. Eichhorn und Fr. Löffler: Versuche über den Abbau von Schweißeigenspannungen durch überlagerte Wärmespannungen. Schweißen und Schneiden 7 (1955) H. 1 S. 1/7.

besitzt eine Wandstärke und damit auch eine Schweißnahtstärke von 31 cm. Die Bleche wurden, was als eine sehr gute Lösung anzusprechen ist, mit dem Stahlgußbügel vernietet. Die Verbindung von Stahlguß mit Flußstahl durch Schweißen ist zwar seit einigen Jahren möglich; man hat aber, wenn Blech- und Stahlgußteil nicht der gleichen Charge entstammen, große Vorsichtsmaßregeln zu treffen, insbesondere hinsichtlich der Wahl der Elektroden. Auf möglichst gleiche Legierungszusammensetzung ist dabei besonders zu achten. Man sollte auch immer verlangen, daß Stahlgußteile normalgeglüht werden, um das grobnadelige Primärgefüge in seinen Festigkeitseigenschaften zu verbessern und um die sehr geringe Kerbzähigkeit des ungeglühten Stahlgusses zu verbessern (vgl. Abb. 24)[1].

Abb. 23b. Hosenrohr Roßhaupten mit 7,5 m Durchmesser, Stahlgußbügel (Werkfoto Lavis).

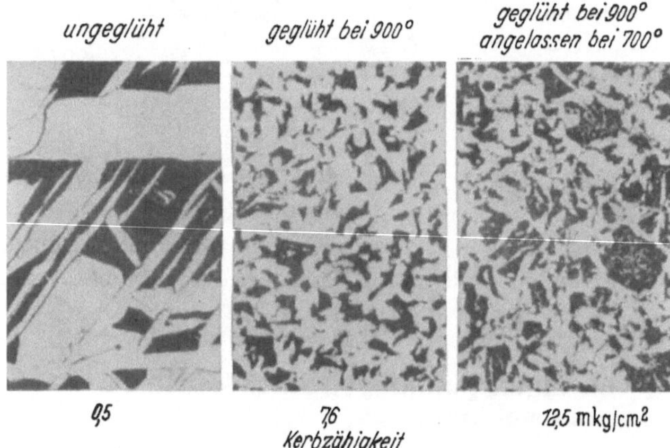

Abb. 24. Gefüge und Kerbschlagzähigkeit von Stahlguß ohne und mit Warmbehandlung.

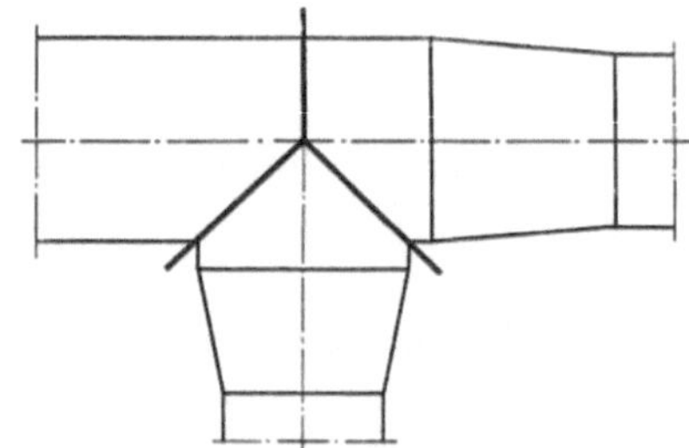

Abb. 25. 90°-Abzweigung (Ausführung SULZER).

Bei den Rohrleitungen der verschiedenen Kavernenkraftwerke der Maggia-AG in der Südschweiz hat SULZER einen sehr zukunftsreichen Weg zur Herabsetzung der Eigenspannungen in Abzweigen eingeschlagen, der andernorts auch bei Hosenrohren schon Anwendung fand. Er besteht darin, daß die Verteilerrohre mit Hilfe eines konischen Übergangsstückes mit dem Rohrdurchmesser der Hauptleitung in diese einmünden, so daß sich zwei ebene Verschneidungsnähte ergeben, die üblicherweise miteinander verschweißt werden. Über diese Nähte werden zwei ebenfalls „ebene" Bügel aus Vierkantblechstreifen gelegt, die über der Achse des Hauptrohres zusammenstoßen und dort durch einen senkrecht zur Hauptrohrachse angeordneten Bügel zu einem räumlichen Ringträger zusammengefaßt werden (Abb. 25). Dieser räumliche Ringträger wird nun nicht mehr mit den Rohrteilen verschweißt, sondern liegt auf, so daß die Kraftübertragung im Betrieb durch reine Flächenpressung erfolgt. Durch diesen Konstruktionsgedanken ist es möglich geworden, zu

[1] WELLINGER uod GIMMEL: Die metallischen Werkstoffe, S. 99. Verlag Konrad Wittwer. Stuttgart 1950.

den vielgeschmähten 90°-Abzweigen zurückzukehren. Der hydraulische Wirkungsgrad der in dieser Weise abgewandelten 90°-Abzweige hält sich nach Versuchen der Eidgenössischen Technischen Hochschule durchaus in den üblichen Grenzen, was in erster Linie auf den gleich großen Durchmesser von Haupt- und Abzweigleitung zurückzuführen ist.

Man könnte einwenden, daß durch das einfache Auflegen des Tragbügels auf das Blech an dieser sehr unzugänglichen Stelle eine besonders große Korrosionsanfälligkeit entsteht. Diesem Einwand kann aber mit der sowieso notwendigen Forderung nach gut ausgerichteten Paßflächen begegnet werden. Nach der Druckprobe oder nach Inbetriebnahme wird sich das Blech kaum mehr verschieben, und eine gute Korrosionsabdeckung üblicher Art bietet in Verbindung mit dem Grundanstrich des Rohres genügenden Schutz.

Ein anderer Weg, die Eigenspannungen in Abzweigen herabzusetzen, ist von FERRAND beschritten worden, indem die Rohre mit einer gemeinsamen Kugelschale verschweißt werden, während innere Leitbleche einen hydraulisch günstigen Strömungsverlauf sichern[1]. Zur Erzielung eines vollkommenen Druckausgleiches sind die Leitbleche an geeigneten Stellen durchbohrt (vgl. Abb. 26). Diese Lösung ist besonders vorteilhaft für hohe Innendrücke, da die auftretenden Spannungen in der Kugelschale am genauesten erfaßt werden können. Außerdem ist die Kugelschale eine Schale gleicher Festigkeit, die eine größtmögliche Werkstoffausnützung und Sicherheit bietet. Wie die Ausführungsbeispiele beweisen, ist zwar der räumliche Aufwand etwas größer als bei den herkömmlichen Lösungen, aber materialmäßig lassen sich durchaus Einsparungen erzielen.

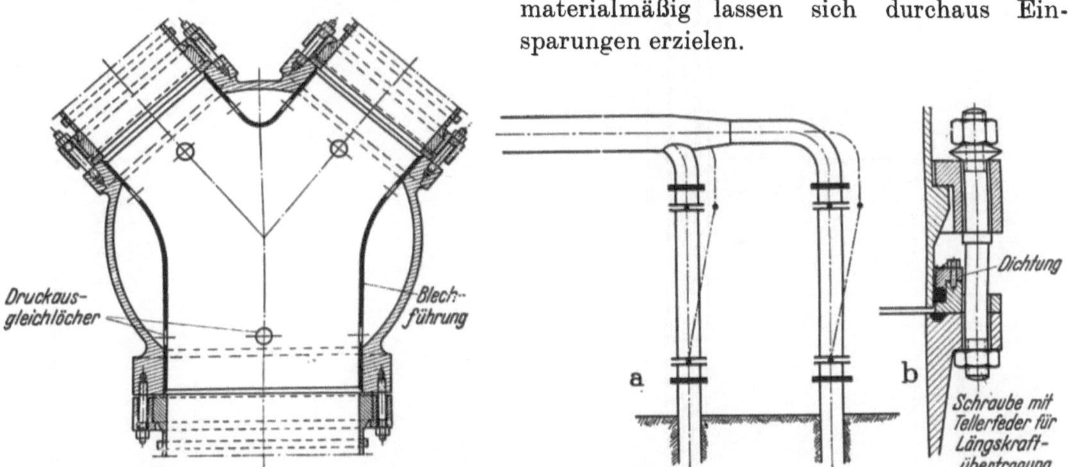

Abb. 26. Hosenrohr mit Kugel als Tragschale (Nach ARLY). Abb. 27. Verteilleitung mit Gelenkpunkten für Temperaturausgleich.

9. Ausschaltung räumlicher Zusatzspannungen bei Bodensetzungen.

Die Kraftwerksplanung kann aus hydraulischen und anderen Gründen nicht immer Rücksicht auf günstige Gründungsverhältnisse nehmen, so daß zuweilen auf nachgiebigem Baugrund gegründet werden muß.

Bei nachgiebigem Baugrund muß die Druckrohrleitung ohne große Zusatzbeanspruchungen den Relativbewegungen folgen können. In den letzten Jahren sind verschiedene Verfahren bekannt geworden, die meist gleichzeitig auch noch zum Ausgleich der Temperaturdehnungen dienen. DINGLER[2] und VOITH lösen diese Aufgabe durch Einbau gelenkartig wirkender Stopfbüchsen in die Leitung, wobei deren Achse bei Setzung einen Polygonzug bildet (Abb. 27). Die Längsspannungen aus den Bodendrücken werden über Flanschschrauben mit Tellerfedern übertragen, wobei auf die Reaktionskräfte und Momente zu achten ist; diese belasten nämlich die anschließenden Armaturen, Rohrleitungen und Festpunkte.

[1] TÖLKE, F.: Erfahrungsstand und Grundsätze der konstruktiven Gestaltung für Druckrohrleitungen von Wasserkraftanlagen in Frankreich. Bauing. 26 (1951) H. 5, S. 151.

[2] MEYER, K.: Verteilrohrleitungen für Wasserkraftanlagen. Z. Wasserkraft u. Wasserwirtschaft 1943.

Eine interessante Neuentwicklung von VOITH in Gestalt eines Setzungsflansches erlaubt außer Winkelbewegungen auch Querverschiebungen. Diese Verbindung ist so nachgiebig, daß bei nicht zu großen Relativbewegungen zwischen den Festpunkten ein einziges Element genügt (vgl. Abb. 28).

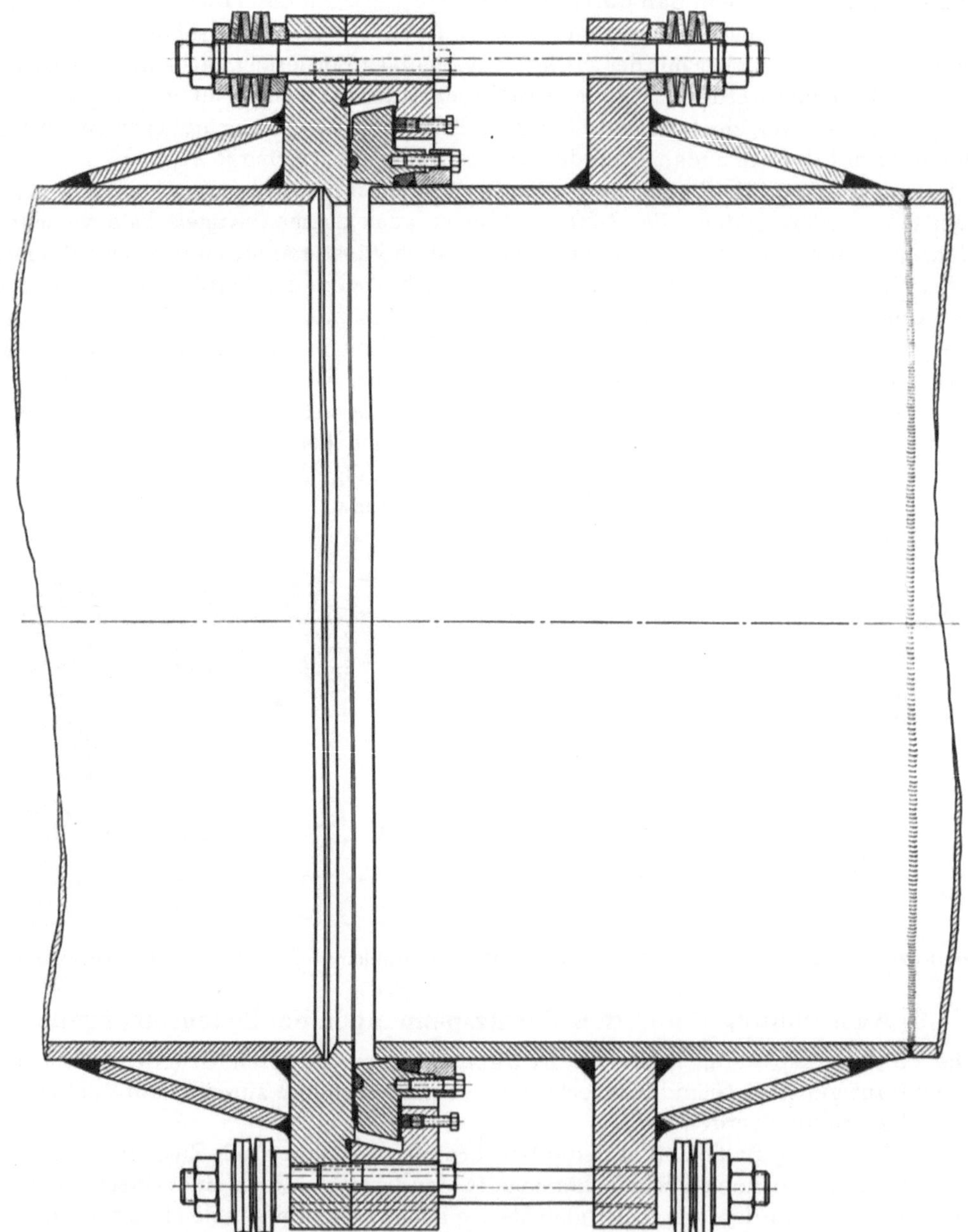

Abb. 28. Längs- und querverschiebliche Setzflanschanordnung (VOITH).

Sehr interessante Ergebnisse zeigten die Messungen an neuartigen Dilatationen, System FÖCKELER. Die FÖCKELER-Dilatation kann nicht nur große axiale Verschiebungen aufnehmen, sondern dient gleichzeitig auch als Ausbaustück. Darüber hinaus läßt sie in gewissem Umfange auch Querbewegungen zu. Der Federungskörper ist hier eine Nodoidschale — eine Schale gleicher Festigkeit wie die Kugelschale — die mit den Rohrenden verschweißt wird. Sie ist daher völlig gasdicht und braucht nicht gewartet zu werden. Für derartig wichtige Leitungen kann der Gesichtspunkt der Wartungslosigkeit gar nicht genügend hoch eingeschätzt werden, da ein Betriebsstillstand zum Auswechseln einer undichten Stopfbüchsenpackung ein Vielfaches der geringen Mehrkosten der Dilatation ausmacht. Im Falle eingeerdeter Leitungen können die Dilatationen unbedenklich mit eingeschüttet werden, wie das Beispiel einer Wasserversorgungsleitung von 1800 mm Durchmesser bei der *BASF*, die von LAVIS ausgeführt wurde, beweist. Abb. 29 zeigt die FÖCKELER-Dilatation vor dem Einbau.

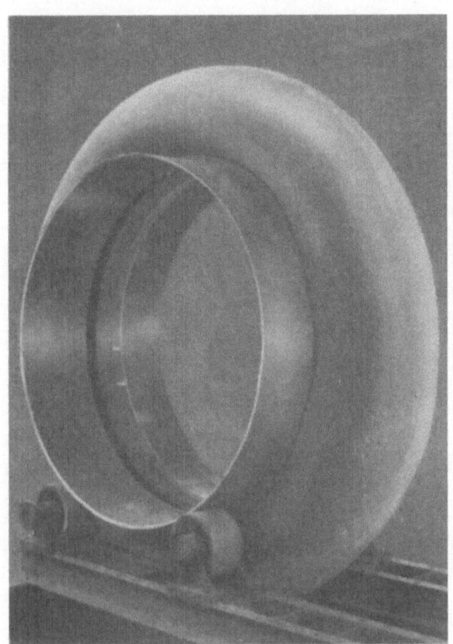

Abb. 29. Dilatation nach FÖCKELER NW 1800 vor dem Einbau.

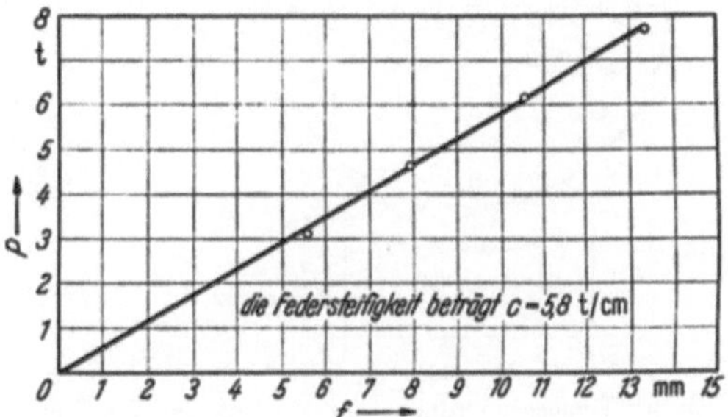

Abb. 30. Federdiagramm einer FÖCKELER-Dilatation NW 1440 für axiale Bewegung.

Die Unempfindlichkeit der Dilatation gegen Druckstöße ist so groß, daß selbst unter einer 100%igen Überbeanspruchung in den meisten Fällen die Spannung noch unterhalb der Streckgrenze bleibt. Das rührt daher, daß die Hauptbeanspruchung des Federkörpers von der Axialbewegung verursacht wird, während dank der Formgebung als Schale gleicher Festigkeit die Spannungen durch Flüssigkeitsdruck sich in mäßigen Grenzen halten. Die Spannungen sowohl wie die Reaktionskräfte lassen sich elastizitätstheoretisch berechnen. Bei der Prüfung einer Schale dieser Art für eine Rohrleitung NW 1400 wurde das in Abb. 30 gezeigte Federdiagramm aufgenommen.

10. Die Sicherung setzungsgefährdeter, eingeerdeter Druckrohrleitungen durch Längsfundamente mit Bitumenbetonzwischenlage.

Das vielseitig ausgenützte innere Gleitvermögen von Bitumenbeton läßt sich, wie UNTERSTENHÖFER bei einer großen westdeutschen Druckrohrleitung gezeigt hat, in vorteilhafter Weise einsetzen, um eingeerdete Druckrohrleitungen in setzungsgefährdeten Böden gegen Überbeanspruchung zu schützen, indem auf ein durchgehendes Betonlängsfundament eine Bitumenbetonzwischenlage mit Fertigern aufgebracht wird, vgl. Abb. 31[1]. Durch diese Maßnahme bleibt bei ungleichmäßigen Setzungen die Rohrleitung im wesentlichen gerade,

Abb. 31. Aufbringen des Bitumenbetonrohrbettes für eine Leitung NW 1800 mit Fertiger.

[1] Abb. 31 wurde von Herrn Dr.-Ing. UNTERSTENHÖFER, BASF Ludwigshafen, freundlichst zur Verfügung gestellt.

während der Bitumenbeton sich stetig durch Fließen verformt, bis die Setzungen zur Ruhe gekommen sind. Außerdem werden beliebige Temperaturdehnungen der Leitung ermöglicht, da das Rohr den Bitumenbeton zwingt, alle Bewegungen mitzumachen. Abb. 32 zeigt einen von der BASF in Ludwigshafen veranlaßten Versuch im Otto-Graf-Institut an der Technischen Hochschule Stuttgart, um den Fließvorgang und die Reibungskräfte größenmäßig festzustellen.

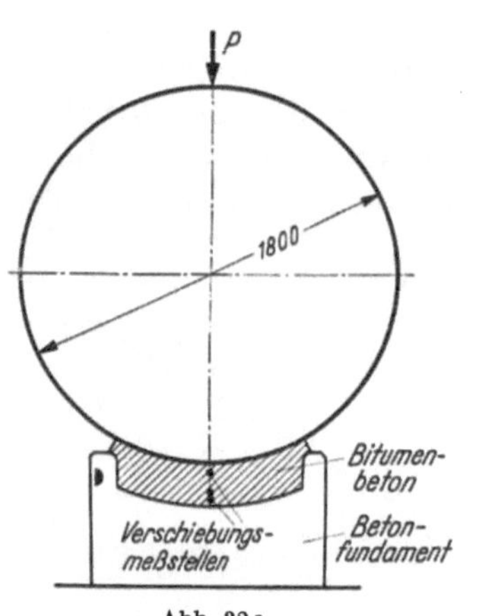

Abb. 32a.

Abb. 32b.

Schema der Versuchsanordnung zur Prüfung der Verschiebbarkeit von Bitumenbetonauflagern im OTTO-GRAF-Institut in Stuttgart.

Müssen Druckrohrleitungen im setzungsgefährdeten Gebiet oberirdisch verlegt werden, so kann man ungleichmäßige Setzungen von Stützen und Festpunkten mit den hierdurch ausgelösten Zusatzbeanspruchungen mildern, indem der Stützenabstand vermindert und die Betonfundamente überdimensioniert werden. Besser allerdings erscheint es, die Leitung auch hier auf einem armierten Betonlängsfundament mit Bitumenbetonzwischenlage aufzulagern. So kann man sich gegen alle unberechenbaren Zusatzbeanspruchungen aus einer Verschiebung der Auflager sichern. Dies empfiehlt sich um so mehr, wenn es sich um Leitungen mit relativ kleinen Gefällen, aber sehr großen Durchmessern handelt, bei welchen auf die Betonsockel zwischen den Festpunkten Kräfte in der Größenordnung von 500 t oder mehr entfallen können.

III. Die Verwendungsmöglichkeit von Spannbeton für Druckrohrleitungen.

1. Betonentwicklung.

Bei der ungestümen Entwicklung, die der Spannbeton seit dem letzten Weltkriege erfahren hat, ist es verständlich, daß von seiten führender Betonfirmen stark daran gearbeitet wird, die beachtenswerte Stellung, die sich der Spannbeton bereits auf dem Sektor der Wasserversorgungsleitungen erkämpft hat, auf das Gebiet der Druckrohrleitungen auszuweiten. Es ist nicht zu bestreiten, daß die großen Fortschritte der Betontechnologie und die Entwicklung naturharter und nicht mehr kaltverformter Spannbetonstähle eine solche Entwicklung sehr begünstigen.

Durch systematische Nutzbarmachung der durch die Entdeckung des Wasserzementfaktorengesetzes eröffneten Möglichkeiten der Festigkeitssteigerung hat die Betontechnik in sehr rascher Folge die Stadien des Gußbetons, plastischen Betons und Rüttelbetons durchlaufen (Abb. 33), so daß es heute spielend möglich ist, Wasserzementfaktoren von

$$\frac{W}{Z} = 0{,}45$$

und damit 28-Tage-Festigkeiten von

$$\sigma_B = 500 \text{ kg/cm}^2$$

zu erreichen. Bei Spannbetonrohren erlaubt die Herstellung im Schleuderverfahren oder im Dampfhärtungsverfahren noch eine weitere Verminderung des Wasserzementfaktors auf Werte von etwa

$$\frac{W}{Z} = 0{,}35,$$

wodurch zu 28-Tage-Festigkeiten bis zu

$$\sigma_B = 800 \text{ kg/cm}^2$$

und mehr erreicht werden.

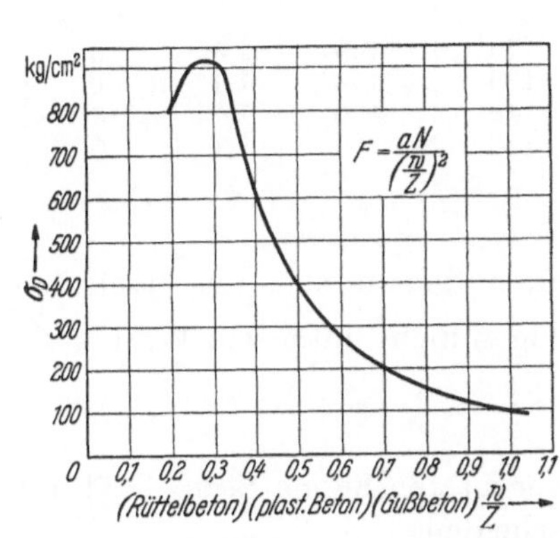

Abb. 33. Wasserzementfaktorengesetz.

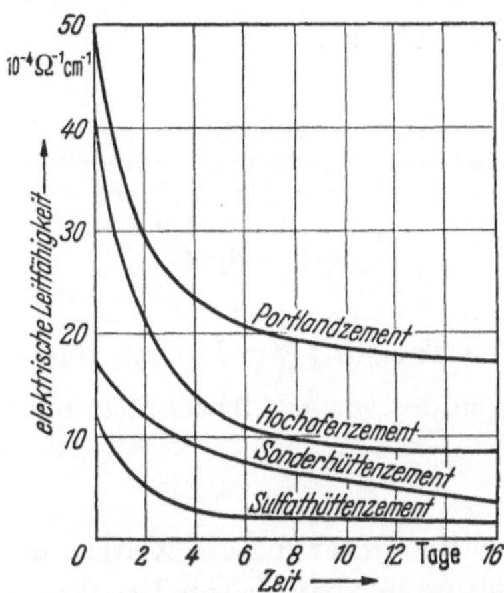

Abb. 34. Elektrische Leitfähigkeit des Betons in Abhängigkeit von der Zementart (Nach MUSSGNUG).

Durch die Zugabe von Luftporenerzeugern zum Beton, die etwa 4 Vol.-% feinstverteilte und mikroskopisch kleine Luftporen entwickeln, wird das für den Erhärtungsprozeß nicht benötigte Überschußwasser an den Luftporen konzentriert. Dadurch tritt an Stelle der sehr frostanfälligen Schwammstruktur des Betons die Einzelporenstruktur, bei welcher der Beton außerordentlich frostbeständig ist.

Schließlich wurden noch Zemente, wie der klinkerarme Hochofenzement und der Sulfathüttenzement entwickelt, die es gestatten, den Beton auch weitgehend korrosionsfest zu machen, was insbesondere für eingeerdete Leitungen von größter Bedeutung sein kann. Ein von MUSSGNUG[1] durchgeführter Vergleich der Zemente auf der Grundlage ihrer elektrischen Leitfähigkeit (Abb. 34) läßt die großen Unterschiede der Zemente hinsichtlich ihrer Korrosionsanfälligkeit deutlich erkennen.

2. Spannbetonstähle.

Für die Vorspannung von Spannbetonrohren können in der Längsrichtung Stabstähle und Drähte Verwendung finden, während für die Umfangsrichtung nur Drähte in Frage kommen, die durch Wickelmaschinen unter konstanter Vorspannung an der Außenfläche aufgewickelt werden oder nach dem FREYSSINET-Verfahren, durch Innendruck auf den noch nicht erhärteten Beton, vorgespannt werden.

JÄNICHE[2] hat in einer sehr verdienstvollen Arbeit — allerdings unter Beschränkung auf die Sigma-Stähle der Hüttenwerke Rheinhausen A.G. — die heute zur Verfügung stehenden

[1] MUSSGNUG, G.: Hochofenschlacke in der Zementtechnik. Vortrag bei der Fakultät für Bauwesen der TH. Stuttgart am 23. 11. 1955.

[2] JÄNICHE, W., G. PETER und C. HÜCKLING: Entwicklung der Sigma-Spannstähle. Techn. Mitteilungen Hüttenwerk Rheinhausen, 1953, H. 2, S. 57/75.

Spannbetonstähle kritisch beleuchtet und ihre wichtigsten Eigenschaften in der nachfolgend wiedergegebenen Tabelle 1 zusammengefaßt.

Tabelle 1.

Bezeichnung	Zustand und Abmessung in mm	Werte in kg/mm² oder %						
		Elastizitätsgrenze		Streckgrenze	Zugfestigkeit	$\frac{\sigma_B}{\sigma_S}$	Bruchdehnung	Kriechgrenze
		$\sigma_{0,01}$	$\sigma_{0,03}$	σ_S	σ_B		$L_0 = 10\,d$	σ_{Kr}
Stabstähle:								
SIGMA-St 55/85	Walzzustand, 10 bis 20 Φ	50	52	55	85	1,6	10	50
SIGMA-St 60/90	Walzzustand, 15 bis 30 Φ	55	57	60	90	1,5	8	55
SIGMA-St 70/105	Walzzustand, 8 bis 12 Φ	63	67	70	105	1,5	8	65
Drähte:								
SIGMA-St 70/105	luftvergütet, 5 bis 8 Φ	63	67	70	105	1,5	8	65
SIGMA-St 135/150	ölvergütet, 7 und 8 Φ	110	130	135	150	1,1	6	110
SIGMA-St 145/160	ölvergütet, 5,2 und 6 Φ	120	140	145	160	1,1	6	120
	8 × 2,8 und 9 × 4,2 oval, gerippt	120	140	145	160	1,1	5	120

In die Tabelle 1 wurde auch das Verhältnis $\frac{\sigma_B}{\sigma_S}$ mit aufgenommen, das nach den Ausführungen des vorigen Abschnitts bei Druckrohrleitungen nicht unter den Wert

$$\frac{\sigma_B}{\sigma_S} = 1{,}5$$

sinken sollte. Unter diesem Kriterium müssen die ölvergüteten Sigma-Stahl-Drähte für die Verwendung in Spannbeton-Druckrohrleitungen ausscheiden.

Die weitaus beste Eignung besitzen die luftvergüteten Sigma-Stahl-Drähte 70/105 für Durchmesser von 5 bis 8 mm, die zur Vermeidung plastischer Biegeverformungen in Ringwicklungen von 1,8 m Durchmesser angeliefert werden. Die Drähte lassen sich ohne Richten verwenden, da sie sich nach dem Abziehen vom Ring gerade ausstrecken. Durch die Luftvergütung, die darin besteht, daß der Drahtring nach einer Wärmebehandlung bis zur Lösungstemperatur des Kohlenstoffs gleichmäßig abgekühlt wird, gehen praktisch alle Eigenspannungen aus dem Draht heraus.

3. Die Kriechgrenze als Gütemaßstab für Spannbetonstähle.

In der in Ziffer 2 aufgeführten Tafel von JÄNICHE zeigt die letzte Spalte die Kriechgrenze, d. h. diejenige Spannung, bei der auch unter Dauerlast keine plastische Verformung des Stahles bzw. Drahtes eintritt. In der für Spannbeton-Druckrohre empfohlenen Klasse der luftvergüteten Drähte 5 mm bis 8 mm Durchmesser fällt die Kriechgrenze praktisch mit der der Elastizitätsgrenze zusammen, was die hervorragende Güte der luftvergüteten Sigmadrähte kennzeichnet.

Im Gegensatz zu diesen siliziumlegierten naturharten Drähten weisen kaltgezogene Drähte hoher Festigkeit oft Kriechgrenzen auf, die nur die halbe Höhe der hochgezüchteten Streckgrenze erreichen und damit, wenn die Kriechgrenze als oberstes Maß der Belastung angesehen wird, auch nicht höher belastet werden können, als der naturharte, luftvergütete Stahl 70/105. Da nach den Ausführungen unter II hochgezüchtete Streckgrenzen nur dann für Druckrohrleitungen wirkliche Vorteile bringen können, wenn dabei

$$\frac{\sigma_B}{\sigma_S} \geqq 1{,}5$$

bleibt — was bei den kaltgezogenen Drähten selten der Fall ist —, so bieten, da die Kriechgrenze nicht entsprechend mit steigt, die kaltgezogenen Drähte für Druckrohrleitungen meist mehr Nachteile als Vorteile.

4. Auswirkungen der hochliegenden Elastizitätsgrenze der Spannbetonstähle.

Eine hochliegende Elastizitätsgrenze der Stähle von Spannbeton-Druckrohrleitungen hat den großen Vorteil, daß bei hohen, unvorhergesehenen Druckstößen der Beton zwar reißt, die Leitung aber trotzdem nicht undicht wird. Entsprechend der hohen Wellenfortpflanzungsgeschwindigkeit (s. I, 4) öffnet sich der Riß nur für einen ganz kurzen Augenblick, der nicht ausreicht, um Wasser herauszulassen. Sobald der Druckstoß vorüber ist, federt die Leitung dank der hochliegenden Elastizitätsgrenze in den vollelastischen Zustand zurück.

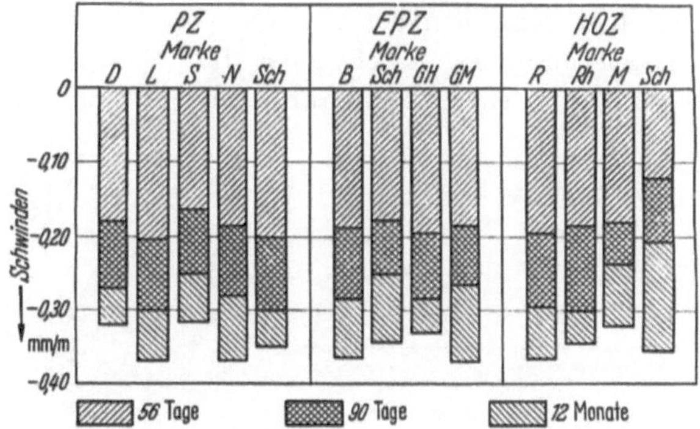

Abb. 35. Schwindung von Beton (Nach GRAF).

Der Verfasser hatte vor zwei Jahren Gelegenheit, einem Belastungsversuch an einem 1200 mm Schuß

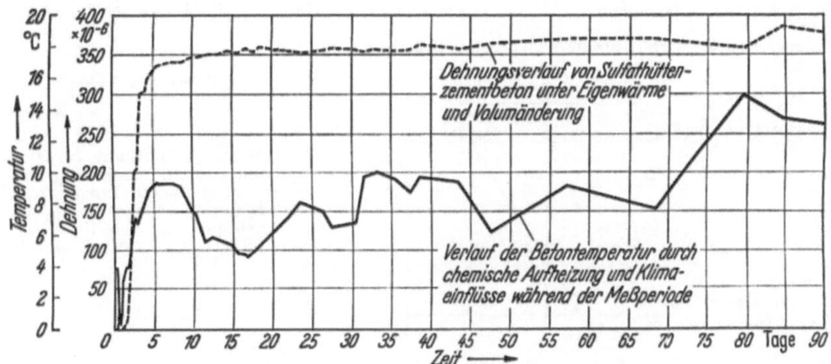

Abb. 36. Schwindverhalten von Sulfathüttenzementbeton.

Abb. 37. Spannbetonrohr von Züblin beim Schleudern.

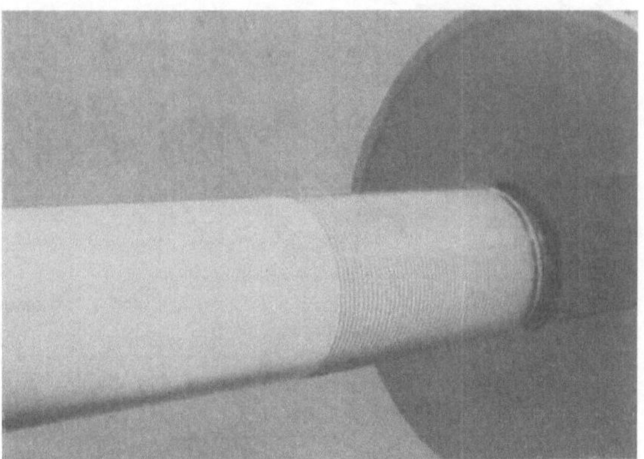

Abb. 38. Ringvorspannung.

einer Spannbetondruckleitung bei der N. V. Betondak in Arkel (Holland) beizuwohnen, die unter 6 atü Betriebsdruck stand. Der Rohrschuß, der bei 33 atü lebhaft undicht wurde, war bei 31 atü schon wieder knochendicht.

5. Herabsetzung der Schwind- und Kriechwirkungen des Betons.

Durch das Schwinden und Kriechen des Betons wird bekanntlich die Vorspannkraft in den Spannstählen ständig vermindert, bis schließlich nach Jahren ein Gleichgewichtszustand eintritt. Dieser Vorgang läßt sich durch geeignete Zementauswahl günstig beeinflussen, wenigstens soweit es das Schwinden anbetrifft. Während nach Untersuchungen von Graf für Portlandzement, Eisenportlandzement und Hochofenzement das Gesamtschwindmaß innerhalb eines Jahres bei allen drei Zementarten etwa gleich groß ist (s. Abb. 35), tritt bei Sulfathüttenzementbeton nach Abb. 36 das Schwinden stark zurück. Zuweilen tritt bei diesem Beton sogar Schwellen statt Schwinden ein. Sulfathüttenzementbeton ist daher in besonderem Maße für Spannbetondruckrohrleitungen geeignet[1].

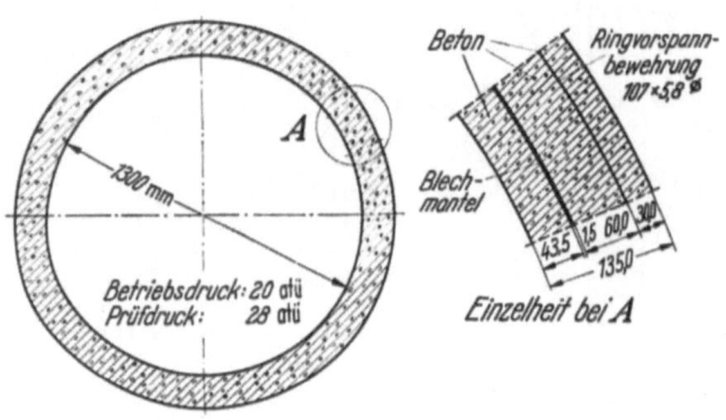

Abb. 39. Spannbetonversuchsrohrschuß für die Bodenseewasserleitung.

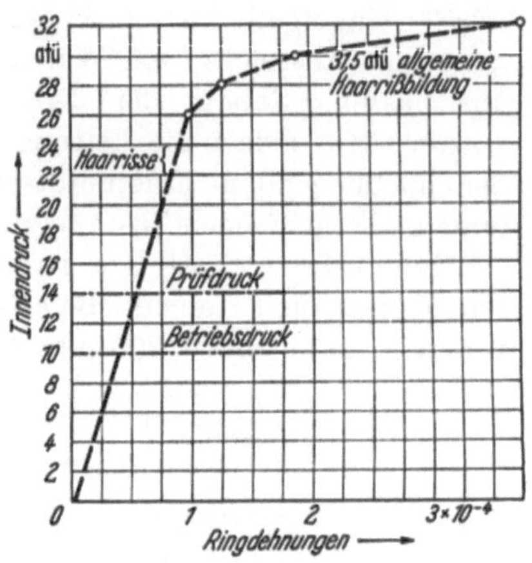

Abb. 40. ∅ 600-Rohre für die Stuttgarter Probeleitung, Bona-Spannbetonrohre mit eingebettetem Blechmantel. Innendruck-Probe und Ringdehnungs-Messungen an einem Rohr der laufenden Herstellung. Betriebsdruck 10 atü, normaler Prüfdruck 14 atü.

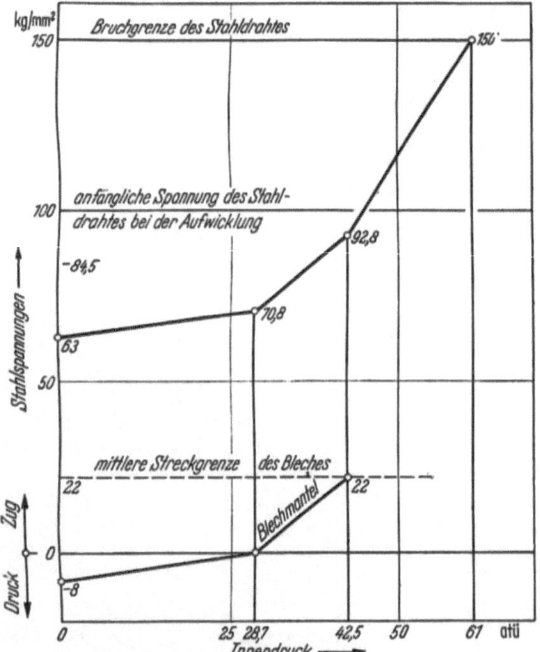

Abb. 41a. Vorgespannte Blechmantelrohre, System Bona, ∅ 1300 mm, Graphische Darstellung der Stahlbeanspruchungen.

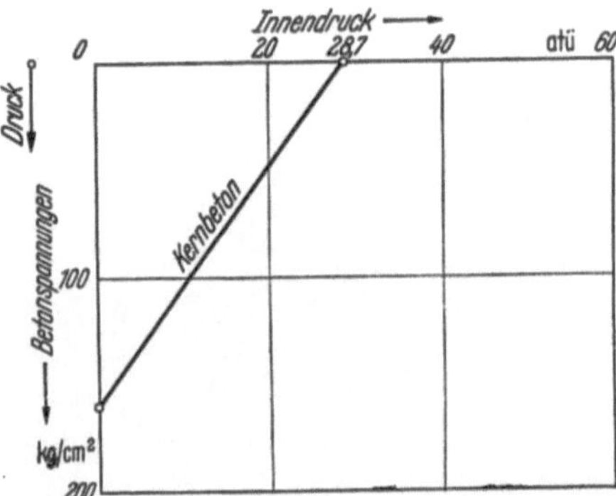

Abb. 41b. Vorgespannte Blechmantelrohre, System Bona, ∅ 1300 mm, Graphische Darstellung der Betonbeanspruchung.

6. Konstruktive Fortschritte der Spannbetonrohrherstellung.

Spannbetonrohre werden, von wenigen Ausnahmen abgesehen, heute in der Weise hergestellt, daß man den Beton in eine Schleudermaschine einführt, die ein sehr dichtes Gefüge liefert und vor allem das Überschußwasser herausschleudert, wodurch ein kleiner Wasserzementfaktor und eine Druckfestigkeit des Betons bis zur Größenordnung von 1000 kg/cm²

[1] Abb. 36 wurde von der Baugesellschaft Brüggemann in Duisburg-Hamborn freundlichst zur Verfügung gestellt.

erzielt wird. Abb. 37 zeigt eine Schleuderanlage von ZÜBLIN, in welcher gerade ein Rohr von 2500 mm Durchmesser geschleudert wird. Die Schleuderform dient gleichzeitig als Spannbett für die Längsvorspannstähle, die ihre Vorspannkraft beim Ausschalen auf das Rohr übertragen. Die Ringvorspannung erfolgt durch Spiralarmierung der Außenfläche (Abb. 38). Die Wickelmaschine ist so gebaut, daß beim Aufwickeln die Drahtspannung konstant gehalten wird. Zum Schluß wird das vorgespannte Rohr noch in eine vertikale Stahlform gesetzt, um mit einem Betonmantel versehen zu werden, der die Vorspanndrähte gegen Korrosion schützt.

In den Vereinigten Staaten wurden schon vor mehreren Jahrzehnten Betonrohre entwickelt, die gegen einen dünnen Blechmantel geschleudert und in einem zweiten Fertigungsgang mit einem Betonmantel versehen wurden. Das 1 bis 1,5 mm starke Blech diente hierbei gleichzeitig zur Armierung und Dichtung des Betons. Nach der Entwicklung der Vorspanntechnik wurden diese Rohre in Frankreich wesentlich tragfähiger gemacht, indem man das Kernrohr mit dem Blechmantel in üblicher Weise spiralarmierte (sogenannte Bona-Rohre). Diese Rohre werden neuerdings dreischichtig hergestellt, indem die Vorspannspirale nicht auf den Blechmantel, sondern auf eine zweite, auf dem Kernrohr sitzende Betonschale aufgebracht wird, die dann durch eine dritte Deckschicht geschützt wird. Abb. 39 zeigt die Abmessungen eines derartigen Bonarohres für 1300 mm Durchmesser und 28 atü Betriebsdruck, das für die Bodensee-Fernwasser-Druckleitung vorgeschlagen wurde. Ein für diese Leitung hergestelltes Versuchsrohr ließ sein hochelastisches Verhalten (Abb. 40) und die in Vorspannspirale und Beton auftretenden Spannungen (Abb. 41 a und b) sehr schön erkennen[1].

7. Die Längsverbindung von Spannbetonrohren.

Der schwache Punkt einer Spannbeton-Druckrohrleitung ist die Längsverbindung, für die nach Lage der Dinge nur eine Muffenverbindung in Frage kommt (Abb. 42). Die früher allgemein übliche Verstemmung der Muffe wird heute in steigendem Maße durch eine Ringwulst-Gummidichtung ersetzt. Der Gummiring wird hierbei an dem bereits fertig verlegten Rohr in eine Ringnut eingelassen, über welcher der nach außen zu konische Flansch des Aufschiebrohres unter immer stärkerer Zusammendrückung des Gummiringes gewissermaßen eingerollt wird. Bei richtiger Bemessung von Ringnut und Gummiwulst füllt der letztere den Nutquerschnitt vollständig aus. Es liegt in der Natur dieser Dichtung, daß sie

Abb. 42. Muffenverbindung für Spannbetonrohre, System Bona.

Abb. 43. Blechmantel für Krümmer für Spannbetonrohre, System Bona, mit eingelegtem Spantring.

[1] Für die freundliche Überlassung der Versuchsunterlagen spreche ich der Fa. Dyckerhoff u. Widmann KG. meinen verbindlichen Dank aus.

unter dem Wasserdruck fest gegen die beiden Flansche der Muffe gepreßt wird. Die Verbindung ist daher dicht, wenn der Gummi-Ringwulst beim Einrollen nicht beschädigt wird.

Bei höheren Drucken ist es sehr wesentlich, daß die sich gegeneinander bewegenden Flanschen durch profilierte und zweckmäßig verzinkte Stahlblechmäntel eine ausreichende Maßhaltigkeit aufweisen. Als tragbare Gesamttoleranz kann hierbei das Maß von 1 mm angesehen werden. Die Rundheit der Blechmäntel wird durch das Einlegen in die Schleudermaschine gesichert.

Abb. 44. Bona-Spannbetonrohre bei Versuchsmontage (bei Abwinkelungsversuch).

Bei den vorerwähnten Rohren mit durchgehendem Blechmantel lassen sich die profilierten Randbleche unmittelbar anschweißen. Die Rundheit der dünnen Bleche wird hierbei durch vorübergehend eingelegte Spantringe gewährleistet (s. Abb. 43).

Durch die Ringwulst-Gummidichtung lassen sich über das Rohr hinaustretende Aufschiebflansche vermeiden, so daß nach Auszementieren des Schlitzes vollständig glatte Rohre entstehen (s. Abb. 44).

Abb. 45. Druckrohrabzweigstück aus Spannbeton der Betondak (GORINCHEM, Holland).

8. Abzweigungen und Hosenrohre in Spannbetonleitungen.

Wie die aus Abb. 45 ersichtliche Abzweigungskonstruktion einer Spannbetonleitung der Betondak zeigt, bereiten Abzweigungen und Hosenrohre in Spannbetondruckrohrleitungen grundsätzlich keine Schwierigkeiten. Im Hinblick auf die Druckstöße, die bei steiler Wellenfront sehr hart sein können, empfiehlt es sich aber, die Verteilleitungen grundsätzlich in Stahl herzustellen.

IV. Die Stollen- und Kavernenbauweise.

1. Talsperrenkraftwerke.

Die Steigerung der Fallhöhen der Talsperren bis zu 250 m hat sehr oft dazu geführt, eine erste Ausbaustufe unmittelbar am Fuße der Talsperren anzuordnen und Kraftwerk und Talsperre zu einer baulichen Einheit zu verbinden (Abb. 46). Hinsichtlich der Druckstöße bietet ein Talsperrenkraftwerk große Vorteile, da die Leitungslänge L sehr kurz wird, der nach Gl. (21) der Druckstoß proportional ist. Bei den in steigendem Maße bevorzugten Bogenstaumauern ergeben sich besonders vorteilhafte Verhältnisse (Abb. 47).

Die Talsperrenkraftwerke bieten ferner stets die Möglichkeit, für jede Maschine eine eigene Druckrohrleitung vorzusehen und dadurch Resonanzstöße, deren Beurteilung bei Kraftwerken mit Verteilleitungen oft langwierige Rechnungen erfordert, von vornherein zu eliminieren.

Beim Talsperrenkraftwerk tritt an Stelle der Druckrohrleitung ein Stollen, der im allgemeinen gepanzert wird. Außerdem muß der Mauerbeton um den Stollen herum stark armiert werden, da wegen der größeren Elastizität der Panzerung etwa 80% des Wasserdruckes und der Stoßdrücke vom Mauerbeton aufgenommen werden müssen.

Zuweilen ergibt sich die schwierige Aufgabe, ein Talsperrenkraftwerk nachträglich zu errichten, ein Fall, der bei dem Assuan-Projekt in Ägypten aufgetreten ist. Hier sollte ein Teil der Hochwasserdurchlässe in geeigneter Weise umgebaut werden, um das Nilwasser dem Kraftwerk zuzuführen. Da die Assuan-Staumauer zweimal erhöht worden war und unter den harten klimatischen Bedingungen der Wüste im Laufe der Jahrzehnte viele hundert Risse in der Mauer entstanden waren, ging man verständlicherweise sehr vorsichtig an diese Aufgabe heran. Auf alle Fälle sollte die Übertragung von Druckstoßpulsationen auf die Mauer unbedingt vermieden werden.

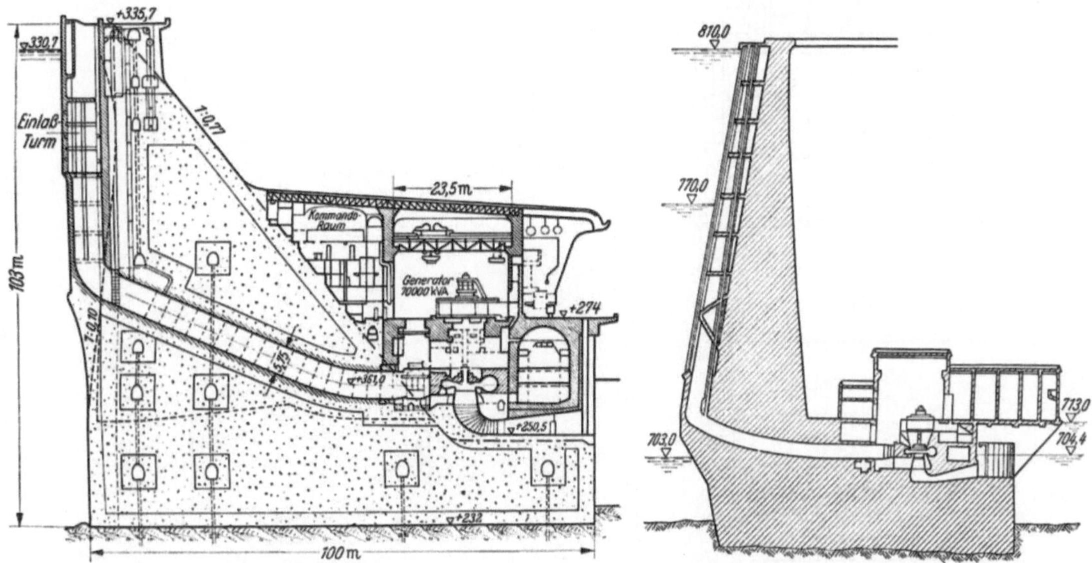

Abb. 46. Talsperrenkraftwerk Génissia (Frankreich). Querschnitt.

Abb. 47. Bogenmauer mit Talsperrenkraftwerk Bin-el-Ouidane in Marokko.

Ein Gremium internationaler Experten, dem die Projektbearbeitung übertragen wurde, schlug vor, je vier Hochwasserdurchlässe zu einer Einheit zusammenzufassen und in jedem Durchlaß drei Rohrleitungen übereinander anzuordnen. Die zwölf Rohrleitungen sollten dann einem gemeinsamen Wasserschloß zugeführt werden, das durch eine Druckrohrleitung mit der Maschine verbunden war (s. Abb. 48). Die Druckstoßuntersuchung dieses Verbundsystems stellte ein schwieriges hydraulisches Schwingungsproblem dar, das erst nach mehrjährigen Versuchen durch Herrn Professor MEYER-PETER in Zürich geklärt werden konnte. Das Projekt ist trotz der außerordentlichen Arbeit, die sowohl seitens der Projektbearbeiter als auch der anbietenden Firmen aufgewendet wurde, nicht zur Ausführung gekommen. Es steht zu vermuten, daß die Schwierigkeit, die Druckstöße in erträglichen Grenzen zu halten, zu einem solchen Entschluß nicht unbeträchtlich beigetragen haben wird.

2. Stollen-Freiluftkraftwerke.

Ist die Talsperre ein Staudamm, so wird das Kraftwerk unterhalb des Staudammes an einem der beiden Hänge angeordnet und der Stollen seitlich durch den Hangfelsen geführt. Bei einer solchen Anordnung wird eine Durchtunnelung des Staudammes vermieden, die stets die Gefahr von Sickerverlusten längs der Nahtfläche in sich schließt.

Entsprechend den flacheren Böschungen der Staudämme wird der Stollen erheblich länger, und die Druckstöße in solchen Stollen-Freiluftkraftwerken sind daher beträchtlich. So weist das kürzlich in Betrieb genommene Kraftwerk Roßhaupten (Abb. 49)[1] bei 40 m

[1] Abb. 49 wurde von der Bayrischen Wasserkraftwerke A.G. München freundlichst zur Verfügung gestellt.

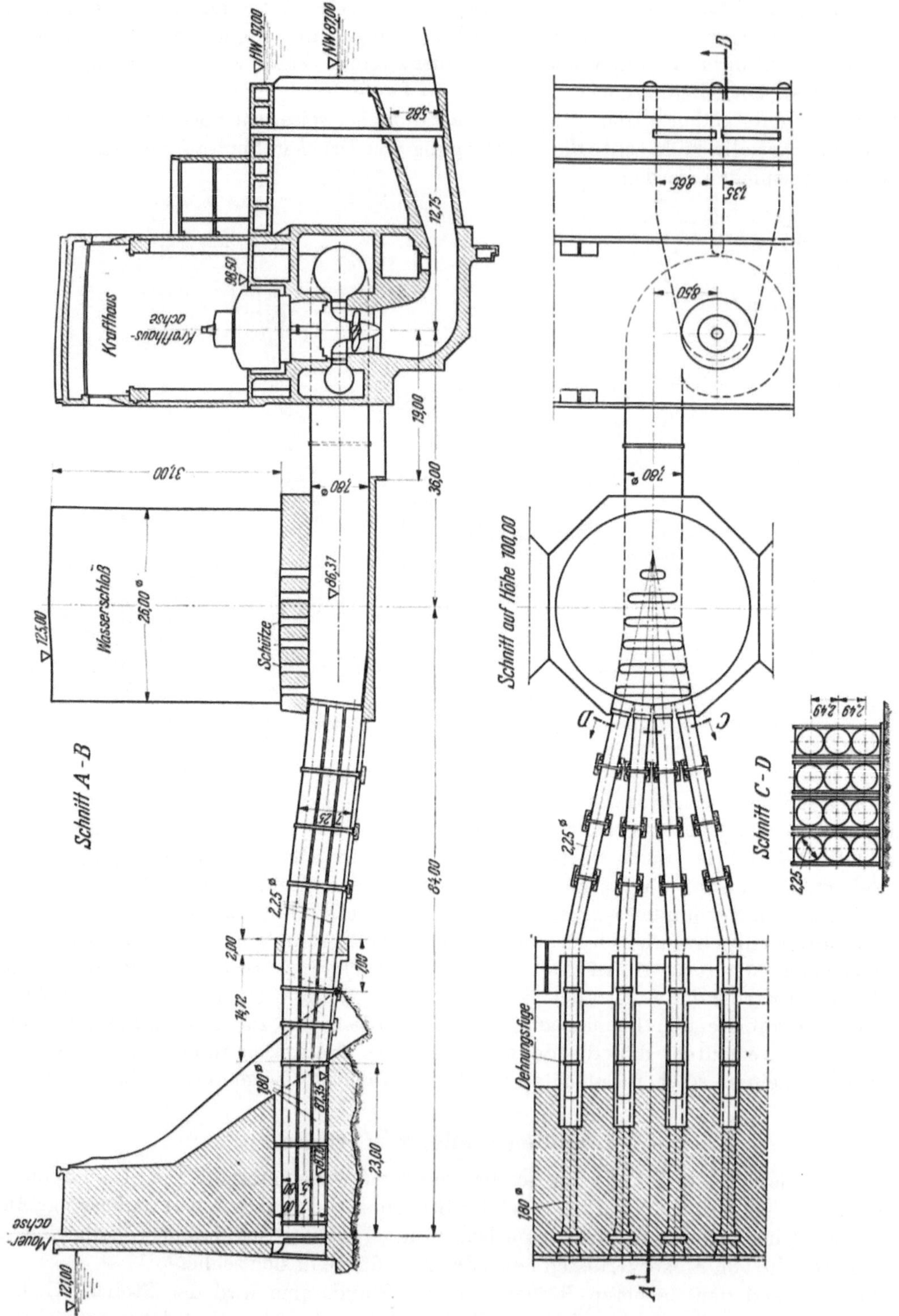

Abb. 48. Assuan-Kraftwerk, Druckleitung und Krafthaus (inzwischen überholt).

Dammhöhe eine Stollenlänge von 350 m auf. Wenn man trotzdem derartige Kraftwerke heute in Europa ohne Wasserschloß baut, so deswegen, weil in Stollen die Durchflußgeschwindigkeit c nur etwa halb so groß ist wie in Druckrohrleitungen, wodurch nach

Abb. 49. Krafthaus Roßhaupten.

Gl. (21) auch der Druckstoß auf die Hälfte reduziert wird. Im Kraftwerk Roßhaupten ist $c_{max} = 3$ m/sec, während der größte Druckstoß 62% des statischen Druckes beträgt. Dies ist für Kaplanturbinen ein hoher Wert, der erkennen läßt, daß die Anlage Roßhaupten trotz des hohen Speichervolumens von 160 Millionen m³ weitgehend als Spitzenkraftwerk gefahren wird. Die beiden Kaplanturbinen (Abb. 50) können bei 40 m Gefälle 150 m³/sec verarbeiten; ihre Leistung beträgt 2 × 33800 PS[1].

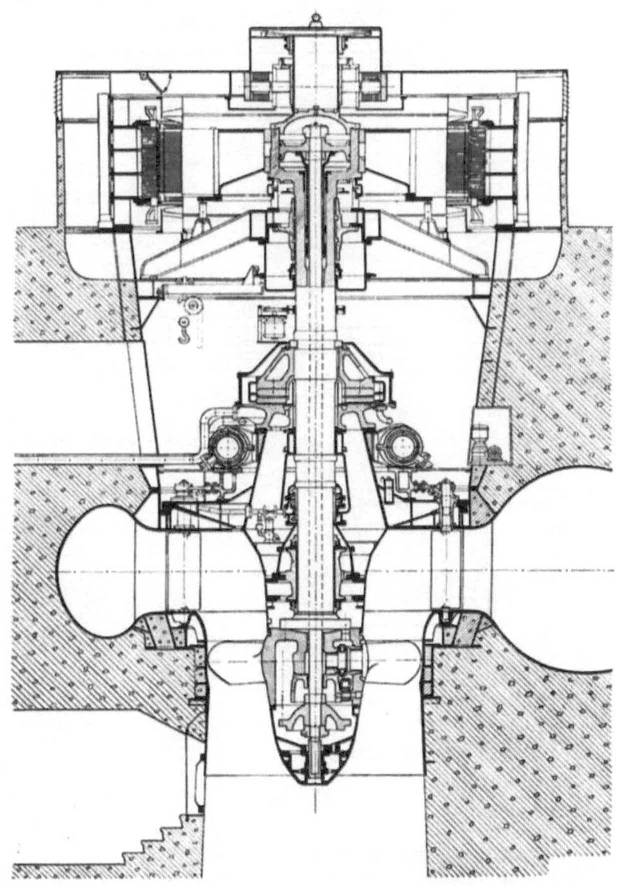

Abb. 50. Kaplanturbine für Lechspeicher-Kraftwerk Roßhaupten.

Die amerikanischen Ingenieure bevorzugen bei Stollen-Freiluftkraftwerken Lösungen mit Wasserschlössern, wie das kürzlich fertiggestellte Seyhan-Kraftwerk in Adana (Türkei) beweist. Obwohl mit 65 m Dammhöhe und 570 m Stollenlänge die Druckstoßverhältnisse ähnlich denen bei der Anlage Roßhaupten sind, weist hier jeder Verteilleitungsstrang ein Wasserschloß auf (Abb. 51). Lösungen dieser Art sind zwar teuer, eliminieren aber praktisch jeden Druckstoß.

Weiterhin bemerkenswert ist bei der Seyhan-Anlage der Anschluß des Grundablasses an die Verteilleitung. Hierdurch werden einmal zusätzliche wasserseitige Verschlüsse vermieden,

[1] Abb. 50 wurde von der J. M. Voith, Maschinenfabrik, Heidenheim, freundlichst zur Verfügung gestellt.

und zum andern werden die Druckstöße beim Öffnen und Schließen der beiden Kegelschieber ebenfalls durch die Wasserschlösser in den Verteilleitungen stark gebremst[1].

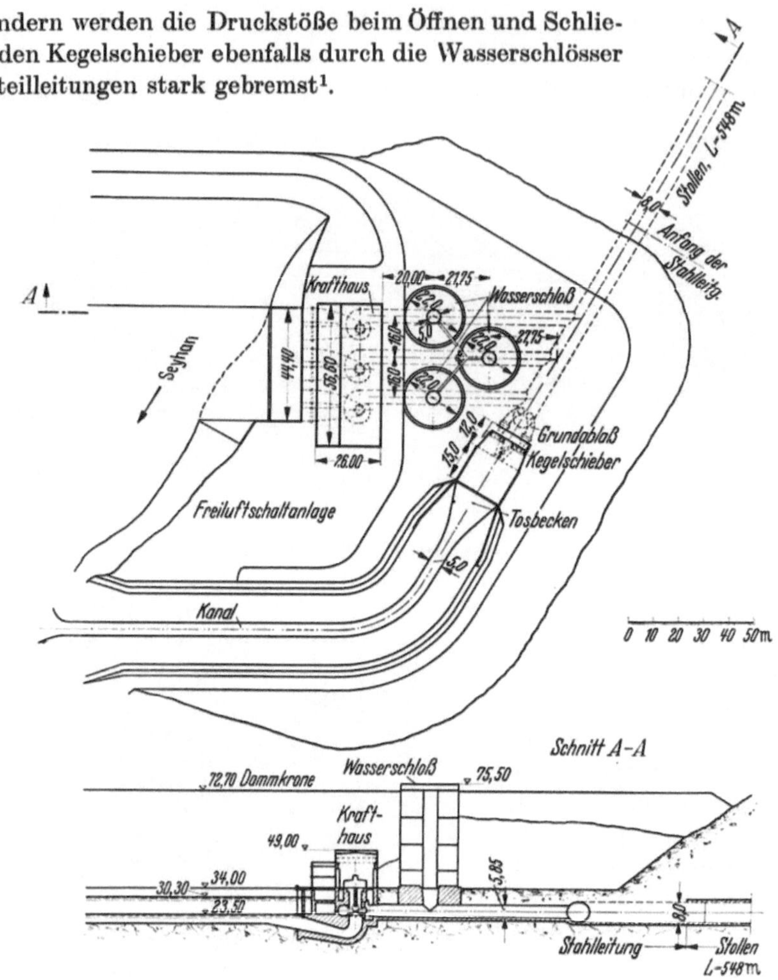

Abb. 51. Seyhan-Kraftwerk. Druckleitung und Krafthaus.

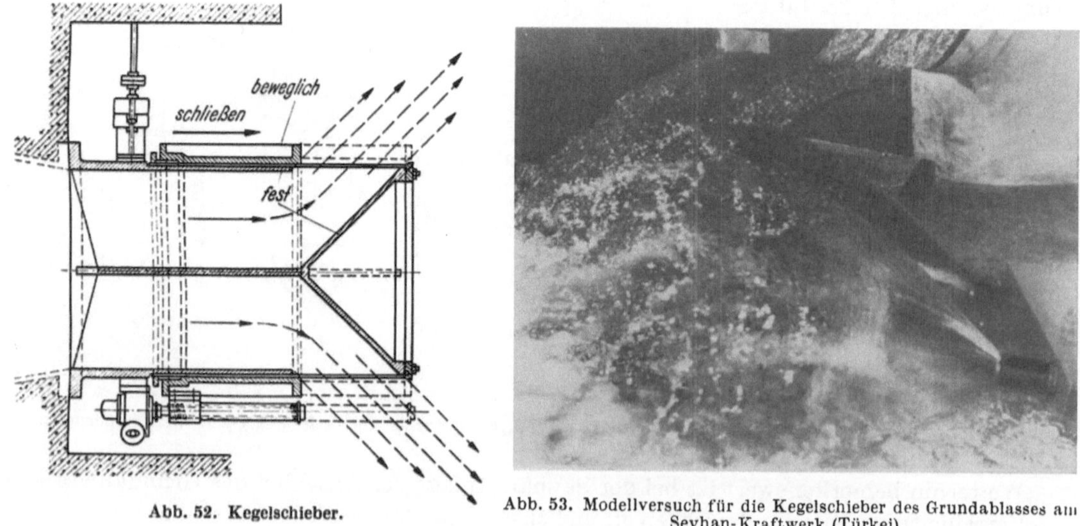

Abb. 52. Kegelschieber.

Abb. 53. Modellversuch für die Kegelschieber des Grundablasses am Seyhan-Kraftwerk (Türkei).

[1] Abb. 51 wurde von der Projektbearbeiterin: Knappen-Tibbetts-Abbey-McCarthy Engineers, New York, freundlichst zur Verfügung gestellt.

Kegelschieber als Abschlußorgane von Grundablässen sind nur halb so teuer wie Düsenschieber und zeichnen sich durch eine hervorragende hydraulische Wirkung aus. Das frei in die Luft austretende Wasser (Abb. 52) reißt große Mengen von Luft mit sich, die den Strahlkonus weitgehend zerreißen und zerstäuben und damit eine schnelle Energievernichtung herbeiführen.

Die Untersuchungen der Seyhan-Kegelschieber am Modell durch Prof. BÖSS in Karlsruhe haben dies weitgehend bestätigt (s. Abb. 53). Der Kegelschieber, der in Europa kaum bekannt ist, ist mit Abstand der beste Grundablaßschieber und verdient größte Verbreitung.

3. Druckschacht-Freiluftkraftwerke.

Bei Druckschacht-Freiluftkraftwerken tritt an die Stelle der an das Wasserschloß anschließenden Druckrohrleitung ein Druckschacht. Ein in vieler Hinsicht vorbildliches Beispiel hierfür ist das Schluchseewerk, das in seinen drei Ausbaustufen nur noch durch Wasserschlösser getrennte Druckstollen und Druckschächte aufweist (s. Abb. 54)[1].

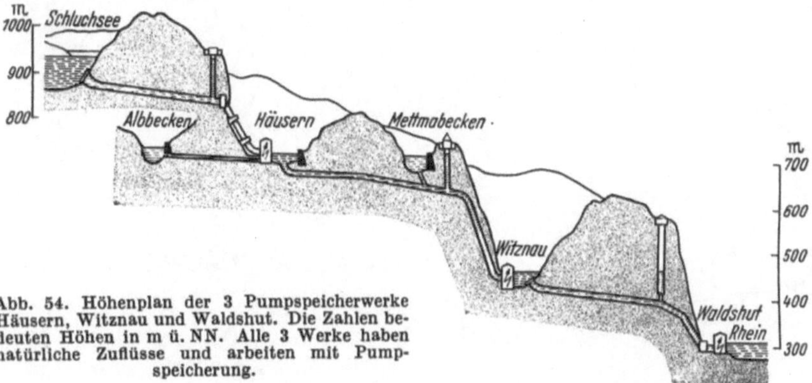

Abb. 54. Höhenplan der 3 Pumpspeicherwerke Häusern, Witznau und Waldshut. Die Zahlen bedeuten Höhen in m ü. NN. Alle 3 Werke haben natürliche Zuflüsse und arbeiten mit Pumpspeicherung.

Unabhängig von der Kostenersparnis, auf die bei Besprechung der Kavernenanlagen näher eingegangen werden wird, besitzt die Druckschachtanordnung gegenüber der Druckrohrleitung den großen Vorteil der Verkürzung der Leitungslänge L und der Herabsetzung der Durchflußgeschwindigkeit c. Beides reduziert das Produkt $L \cdot c$, dem nach Gl. (21) der Druckstoß proportional ist.

Die Verkürzung von L ergibt sich durch die geradlinige Druckschachtführung zwischen Wasserschloß und Verteilleitung, die bei Druckrohrleitungen aus topographischen Gründen nur selten möglich ist. Wird die Durchflußgeschwindigkeit in den Druckschächten mit 2 bis 3 m/s vorausgesetzt, gegenüber 4 bis 6 m/s in den Druckrohrleitungen, und setzt man die Verkürzung der Leitungslänge mit dem Durchschnittswert $^2/_3$ ein, so ergibt sich für $L \cdot c$ ein Reduktionsfaktor

$$\frac{(Lc)'}{(Lc)} = \frac{1}{2} \cdot \frac{2}{3} = \frac{1}{3}.$$

In Druckschacht-Freiluftanlagen kann man also im Vergleich zu Druckrohrleitungsanlagen mit einer Reduzierung der Druckstöße auf $^1/_3$ rechnen.

Es ist beiläufig noch zu erwähnen, daß die Reduzierung der Durchflußgeschwindigkeit auf die Hälfte das Geschwindigkeitsquadrat und damit die Verlusthöhe auf $^1/_4$ herabsetzt.

4. Druckschacht-Kavernenkraftwerke.

Das Druckschacht-Kavernenkraftwerk (Abb. 55) stellt die Endstufe dieser Entwicklung dar, die nicht zuletzt darin begründet liegt, daß in einer Zeit, in der sich die Betonpreise verdoppelt und die Stahlpreise vervierfacht haben, die Stollenpreise stehengeblieben,

[1] HENNINGER, O., u. J. DORER: Das Schluchseewerk. Die Wasserwirtschaft 41 (1951), Nr. 9, S. 231 u. 259.

wenn nicht kleiner geworden sind. Die Auffassung, daß Kavernenkraftwerke aus Luftschutzgründen entwickelt wurden, entspricht nicht den Tatsachen. Kavernenkraftwerke ergeben gegenüber Freiluftkraftwerken eine echte Kostenersparnis von 15 bis 25%. Eine besonders hohe Kostenersparnis ergibt sich bei senkrechten Druckschächten und Großraumkavernen.

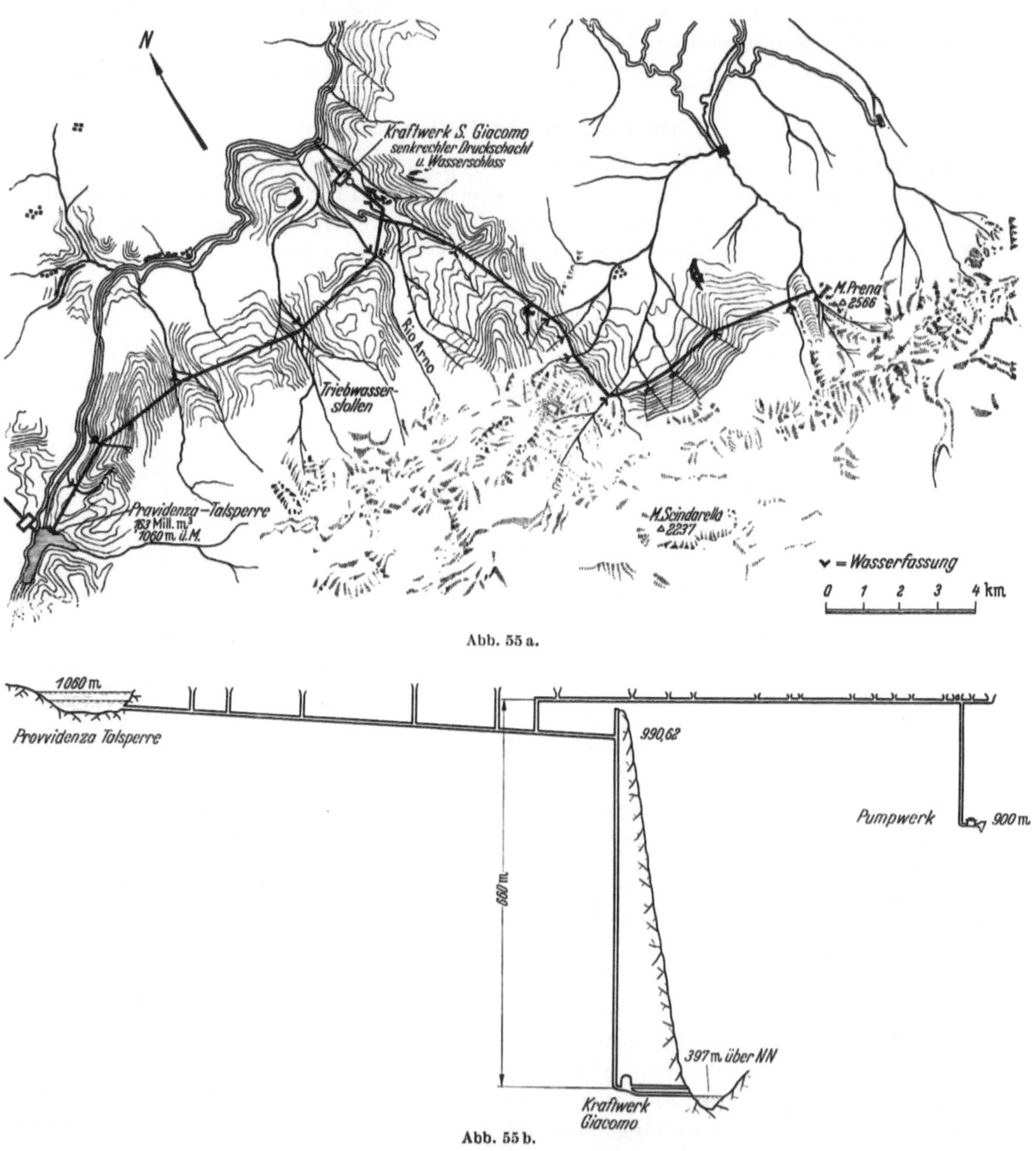

Abb. 55 a.

Abb. 55 b.

In vielen Ländern und insbesondere in Schweden hat sich gezeigt, daß bei den heutigen Arbeitsverfahren ein lotrechter Druckschacht billiger wird als ein Schrägschacht. Man bohrt heute mit Senkrechtbohrmaschinen zunächst ein Kernloch von etwa 20 cm Durchmesser ganz aus und nimmt dann den Vollausbruch des senkrechten Schachtes vom Zugangsstollen aus, d. h. von unten her, vor. Das Kernloch dient dabei zum Durchstecken der Aufhängung für eine in dem unteren ausgebrochenen Schachtteil auf- und abfahrende Arbeitsbühne, von der aus das Lockergestein beseitigt, gebohrt und der Sprengstoff gelegt wird. Zwischendurch wird immer die Arbeitsbühne herabgelassen und nach Lösen der Tragseile in den Stollen gefahren, damit gesprengt werden kann. Vor der Sprengung wird ein schwerer

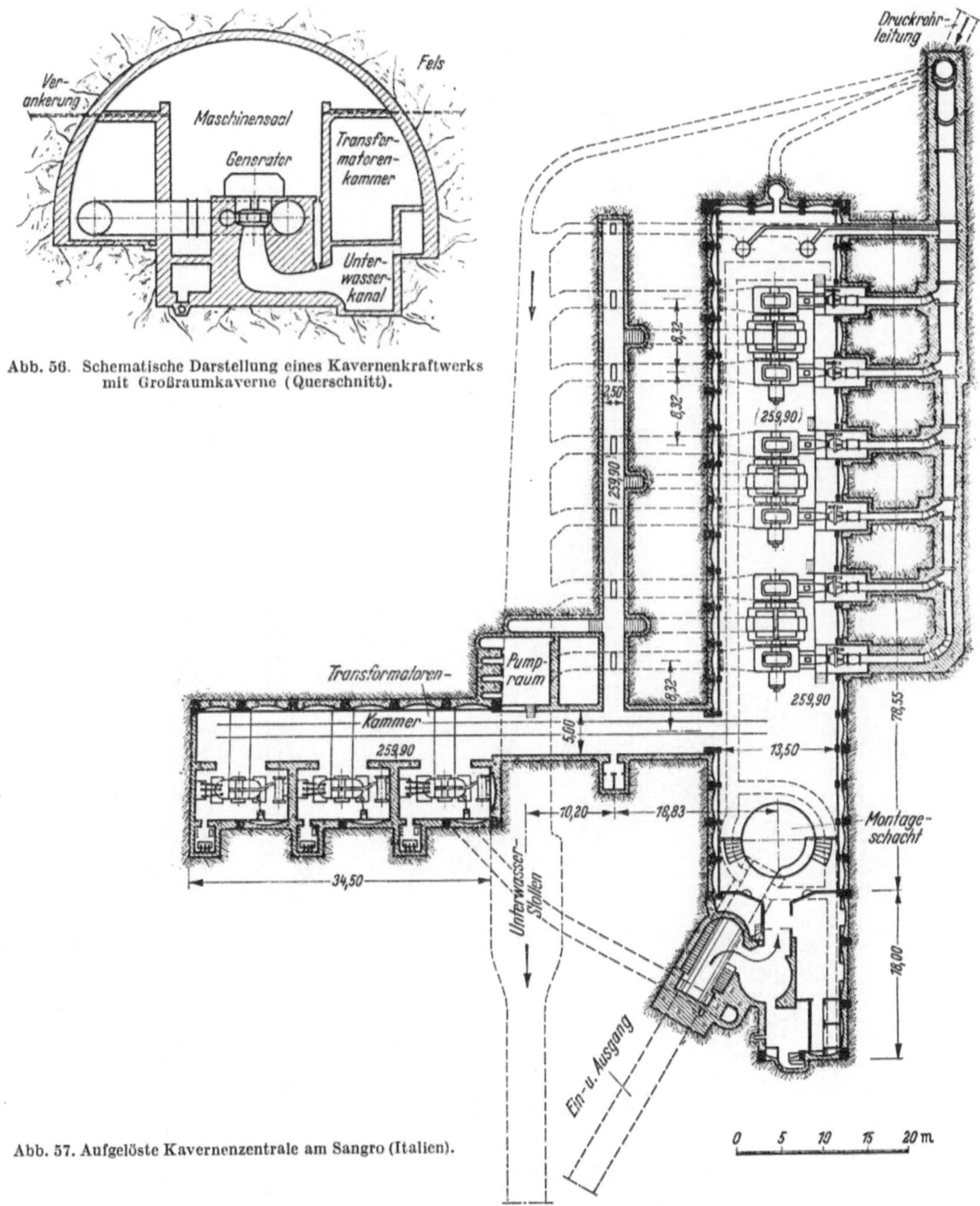

Abb. 56. Schematische Darstellung eines Kavernenkraftwerks mit Großraumkaverne (Querschnitt).

Abb. 57. Aufgelöste Kavernenzentrale am Sangro (Italien).

Plattformwagen in der Schachtsohle aufgestellt, der das herunterstürzende Sprenggut unmittelbar aufnimmt und durch den Zugangsstollen herausfährt.

Die in Abb. 55 dargestellte Kavernenkraftwerksanlage S. Giacomo besitzt mit 660 m Höhe den längsten lotrechten Druckschacht (Durchmesser 2,5 m). Parallel zu diesem Schacht wurde ein zweiter ebenso langer Stromschienenschacht durchgeschlagen, der den hochgespannten Strom des Provvidenza-Kraftwerks an das S. Giacomo-Kraftwerk weiterleitet. Entgegen teilweise geäußerten Befürchtungen bereitete das Füllen des 660 m tiefen Schachtes nicht die geringsten Schwierigkeiten[1].

Großraumkavernen sind Kavernen, in welchen im mittleren Teil die Maschinen, links davon die Verteilleitung mit Schiebern und rechts davon die Transformatoren und Schalt-

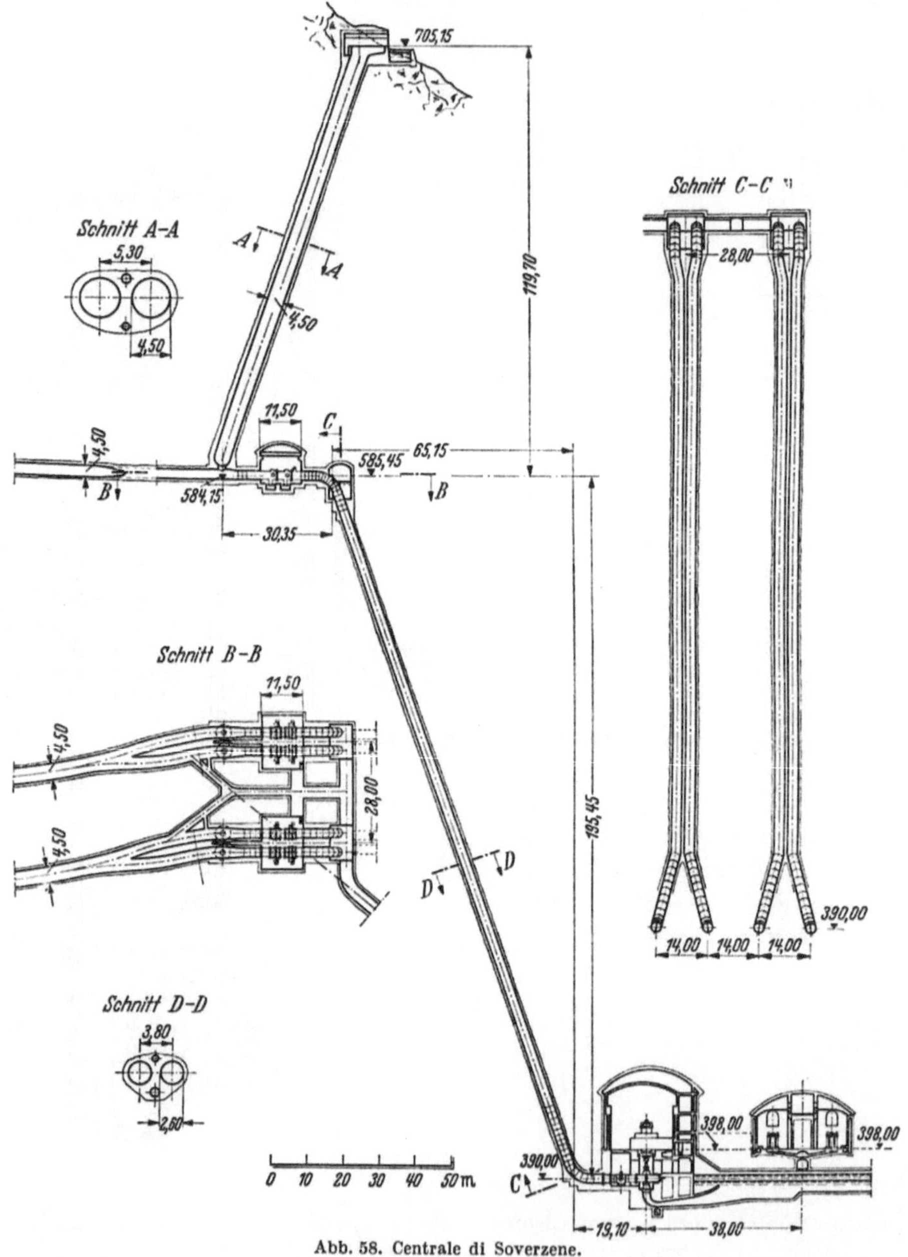

Abb. 58. Centrale di Soverzene.

anlagen untergebracht sind. Zwei senkrechte Wände mit einem dazwischen gespannten Schallschluckgewölbe trennen das Maschinenhaus von den übrigen Teilen des Kraftwerks (s. Abb. 56). Im Gegensatz hierzu war man bei älteren Kavernenkraftwerken in der Festlegung der Kavernengröße vorsichtiger und bevorzugte mehrere Einzelkavernen oder auch Nischenkavernen (s. Abb. 57).

[1] Abb. 55 wurde von Herrn Direktor Dr. Ing. Harrauer von der Società Terni in Rom freundlichst zur Verfügung gestellt.

Der Gedanke der Großraumkaverne stammt von LUETHY und wurde beim Ausbau der Maggia-Wasserkräfte in konsequenter Weise in die Tat umgesetzt. Die Vorteile bestehen in dem erheblich verbilligten Aushub. Man treibt zunächst in den beiden unteren Ecken der Kaverne zwei Stollen von etwa 6 m² Querschnitt vor und hebt dann nach oben im Bereich der Ulmen aus. Dann wird streckenweise die Kappe ausgehoben und das armierte Traggewölbe eingezogen. Der Aushub des restlichen, die Hauptmasse bildenden Zentralteiles der Kaverne erfolgt unter Einsatz von Bohrwagen und Stollenbaggern, wodurch der Aushubpreis von etwa 75 DM/m³ für die Eckstollen auf 18 bis 20 DM/m³ für den Kern heruntergeht. In Verbindung mit den vorerwähnten Einsparungen durch Anordnung senkrechter Druckschächte werden daher echte Gesamteinsparungen gegenüber der Freiluftbauweise von 15 bis 25% durchaus verständlich.

Auch vom Standpunkt der Druckstöße stellen der senkrechte Druckschacht und die Großraumkaverne einen Fortschritt dar, denn beide erlauben eine weitere Verkürzung der Leitungslänge L.

5. Mehrschacht-Kavernenkraftwerke.

SEMENZA hat bei der Kavernenanlage Soverzene in den Dolomiten für jede Maschine einen getrennten Druckschacht vorgesehen und dadurch infolge Ausschaltung jeder Resonanzgefahr das Druckstoßproblem sehr vereinfacht. Außerdem entfällt die Verteilleitung und demit eine weitere Quelle von Gefahrenpunkten (s. Abb. 58)[1].

Mit der Einführung senkrechter Druckschächte in den Kavernenkraftwerksbau ist auch die Wirtschaftlichkeit der Mehrschachtanordnung verbessert worden, da zufolge des unter Ziff. 4 geschilderten Herstellungsverfahrens große Querschnitte gerade bei senkrechten Schächten unerwünscht sind.

Es liegt auf der Hand, daß Mehrschacht-Kavernenkraftwerke nur bei größeren Wassermengen in Frage kommen können.

6. Talsperren-Schacht-Kraftwerke.

In Schweden hat sich ein Typ von Kavernenkraftwerken herausgebildet, der durch die dort vorliegenden besonderen topographischen und hydrologischen Verhältnisse bedingt wurde und zu einer Lösung von großer Einfachheit und Wirtschaftlichkeit geführt hat.

Während bei den meisten Wasserkraftanlagen die topographischen und hydrologischen Verhältnisse zahlreiche Wasserfassungen verlangen, um einen möglichst hohen Ausbaugrad des Wasserdargebotes zu erzielen, hat in Schweden die Natur dies schon alles besorgt. Hydrologisch ist das Land wie ein Linienblatt in eine regelmäßige Folge von Westen nach Osten fließender Ströme eingeteilt, die Älfe genannt werden, und morphologisch befinden sich am Fuße der Haupteinzugsgebiete Seenketten, die bereits einen starken Wasserausgleich zwischen Sommer und Winter bereitstellen und dem Talsperrenbau die Aufgabe leicht machen. Die Wasserkraftanlagen befinden sich immer dort, wo die sehr wasserreichen Flüsse starke Gefällssprünge aufweisen, die dann durch Talsperren- und Stollenbauten so verändert werden, daß eine optimale Wasserkraftnutzung entsteht.

Im Gegensatz zu den bisher behandelten Kavernenkraftwerken, bei denen das Kraftwerk am Ende eines oft recht verzweigten Stollen-Druckschacht-Systems und nur wenige hundert Meter vom Flußlauf angeordnet ist, befindet sich bei den schwedischen Kavernenanlagen das Kraftwerk lotrecht unter der Stauanlage, so daß oft sehr lange Unterwasserstollen notwendig werden, um eine gute Gefällausnutzung zu erzielen (s. Abb. 59)[2].

Längere Unterwasserstollen, die, wie der Noce-Ausbau zeigt, zuweilen auch bei Kavernenanlagen üblicher Art auftreten (s. Abb. 60), erfordern — gewissermaßen als Gegenstück zum Wasserschloß — den Einbau ausgedehnter Schwallkammern, um den beim Öffnen der Maschinen entstehenden Schwall ganz oder teilweise aufzunehmen, je nachdem ob der

[1] Società Adriatica dí Elettricità, Venedig. The Piave-Boite-Maè-Vajont-Scheme. Venedig 1952.

[2] WESTERBERG, G.: Discussion of Desigu and Construction of Underground Hydroelectric Power Plants. Am. Soc. of Civil Eng., Pow. Div.

Unterwasserstollen ein Freispiegelstollen oder ein Druckstollen ist[1]. Die sehr interessanten hydraulischen Stoßprobleme, welche der Betrieb der Schwallkammern auslöst, können hier übergangen werden, da sich mit ihnen Herr Dr.-Ing. Blind in diesem Bande erschöpfend beschäftigt.

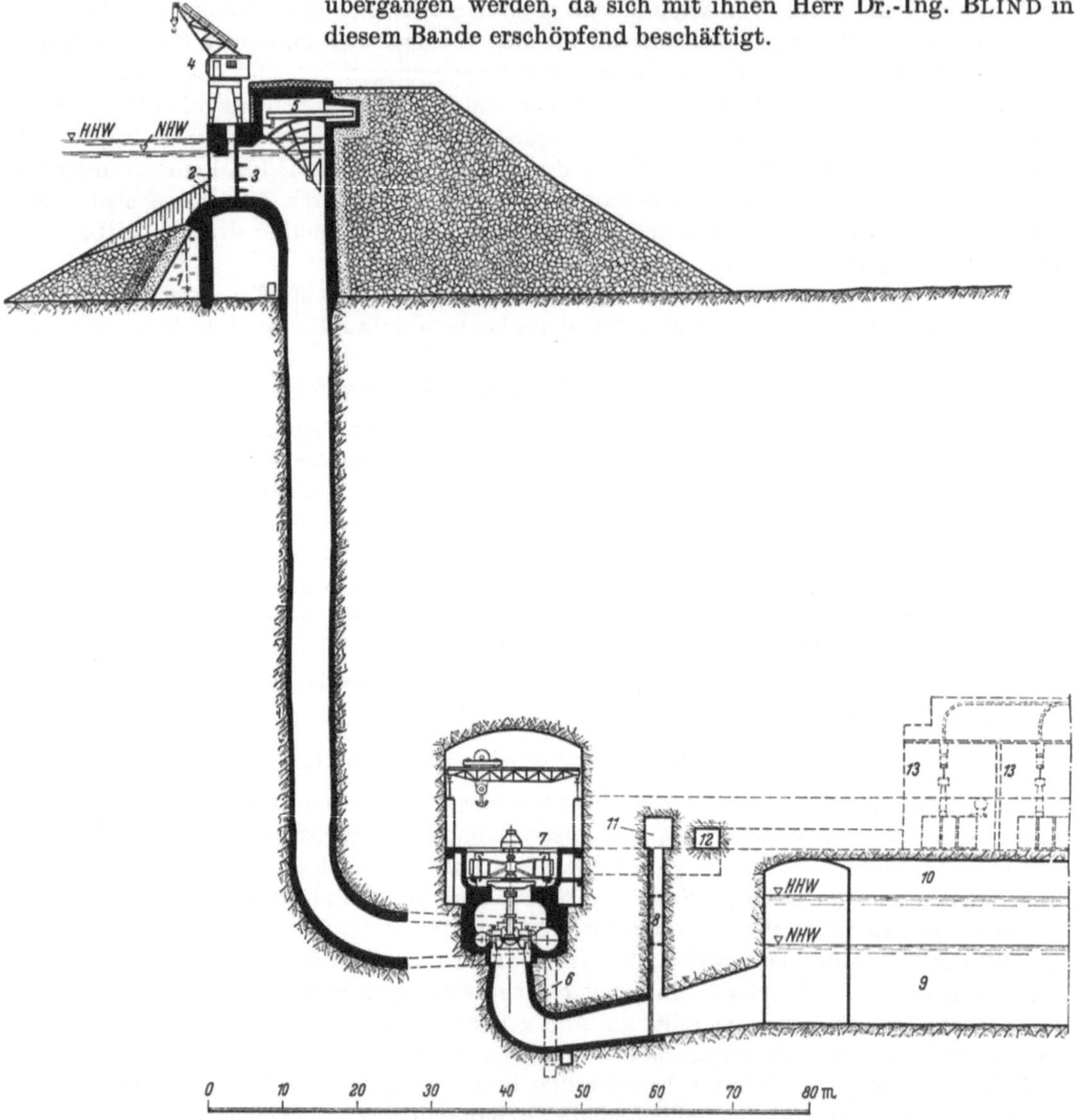

Abb. 59. Harsprangel-Kraftwerk (Schweden).

Eine weitere Besonderheit der schwedischen Kavernenanlagen sind die für jede Maschine getrennten lotrechten Einlaufschächte, die, ähnlich wie die unter Ziff. 5 behandelten Anlagen, jede Resonanzmöglichkeit ausschalten. Da diese Schächte verhältnismäßig kurz sind, kann man die Durchflußgeschwindigkeiten ähnlich wie bei Druckrohrleitungen wählen und gelangt so zu Schachtdurchmessern in der Größenordnung von 1,2 bis 1,5 m.

Die Einlaufschächte werden in Schweden oft nach den Ingersoll-Randverfahren hergestellt, d. h. mit Großbohrmaschinen aus dem vollen herausgebohrt. Abb. 61 zeigt solche Bohrkerne von 1,2 m Durchmesser. Wenn der Felsen gut ist, was in Schweden den Regelfall darstellt, werden die Einlaufschächte in ihrem natürlichen Zustande belassen[2].

[1] Tölke, F.: Kraftwerksanlage Santa Giustina. Bauing. 28 (1953) H. 7, S. 252.

[2] Vgl. auch: Tölke, F,: Schwedische Kavernen-Wasserkraftwerke. VDI-Z. Bd. 97 (1955) Nr. 33, S. 1210.

7. Besonderheiten von Druckschacht-Kavernenkraftwerksketten.

Eine Druckschacht-Kavernenkraftwerkskette sieht im Regelfall ganz ähnlich aus wie eine entsprechende Freiluftkraftwerkskette, wie ein Vergleich des Maggiawerkes (Abb. 62) mit dem Schluchseewerk (Abb. 54) zeigt. Es gibt aber auch Speicherkraftwerke, die erheblich verwickelter sind, wie das System der Oberen Aarekraftwerke, bei dem zwei in den oberen Stufen getrennte Kraftwerksketten miteinander verbunden wurden (Abb. 63). Die eine, ältere Kraftwerkskette ist ähnlich wie beim Schluchseewerk eine Druckschacht-Freiluftkraftwerkskette (Abb. 64), während die zweite, jüngere Kraftwerkskette alle Merkmale einer Kavernenkraftwerksanlage zeigt (Abb. 65). Die Grimseltalsperre, das Herz der älteren Kraftwerkskette, wurde hierbei von der höher ansetzenden jüngeren Kraftwerkskette unterfahren, was durch einen nur 2 km langen Druckschacht — fast möchte man sagen: spielend — bewältigt werden konnte. In der Zentrale Handeck II ist die zweite Kraftwerkskette zu Ende und führt ihr Wasser über einen Ausgleichsweiher von 82000 m³ Inhalt der ersten Kraftwerkskette zu, deren unterer Teil seinerzeit schon groß genug ausgebaut worden war, um das aus der zweiten Kette hinzukommende Wasser mit abzuführen. Lediglich im Kavernenkraftwerk Innertkirchen mußte der ursprüngliche Ausbau von $3 \times 65000 = 195000$ PS auf $5 \times 65000 = 330000$ PS erweitert werden.

Von der Druckstoßseite her gesehen weist die zweite Kraftwerkskette Oberaar eine hier wohl erstmals erprobte Neuerung auf, die besonders beachtet zu

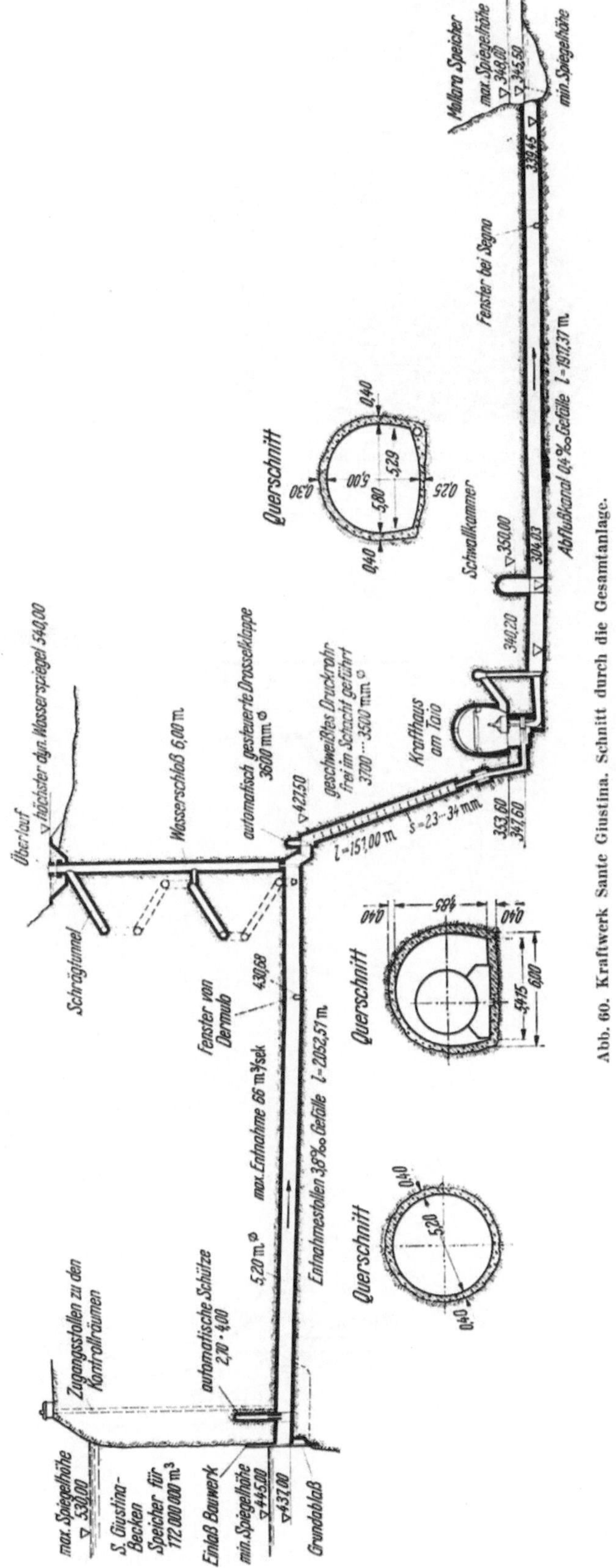

Abb. 60. Kraftwerk Sante Giustina. Schnitt durch die Gesamtanlage.

Abb. 61. Bohrkerne des Ingersoll-Rond-Verfahrens.

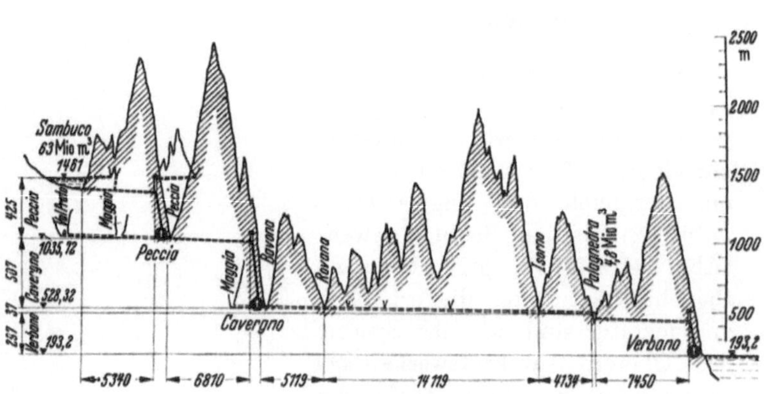

Abb. 62. Vertikalschnitt der Maggia-Werke.

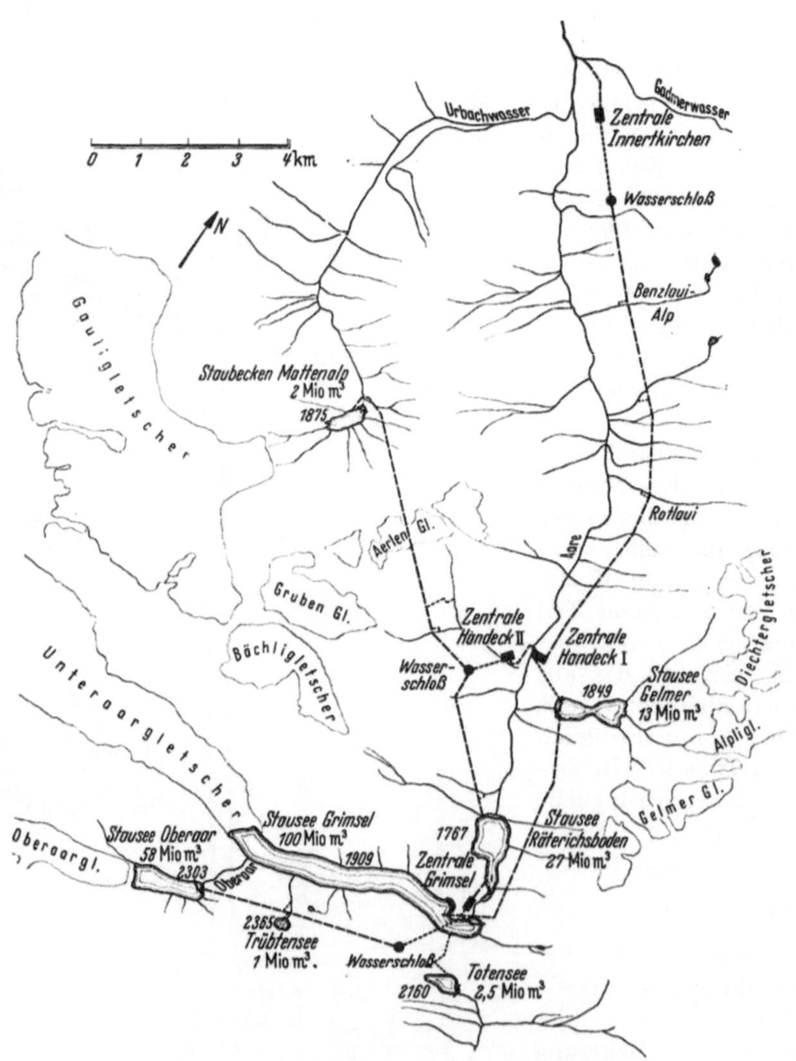

Abb. 63. Kraftwerke Oberhasli (Obere Aare Schweiz)

werden verdient[1]. Das Wasserschloß zwischen dem Druckstollen von der Talsperre Räterichsboden und dem Druckschacht zum Kavernenkraftwerk Handeck II reicht nicht aus, um das Auftreten größerer Druckstöße im Druckstollen zu verhindern. Um dieser Schwierigkeit zu begegnen, wurde der Gaulistollen zu dem kleinen Staubecken Mattenalp bei Hauptstollenbetrieb vom Räterichsboden her auf seine unteren 900 m Länge als Wasserschloß für den Hauptstollen ausgebaut. Gleichzeitig wurde die Wasserfassung Grubenbach

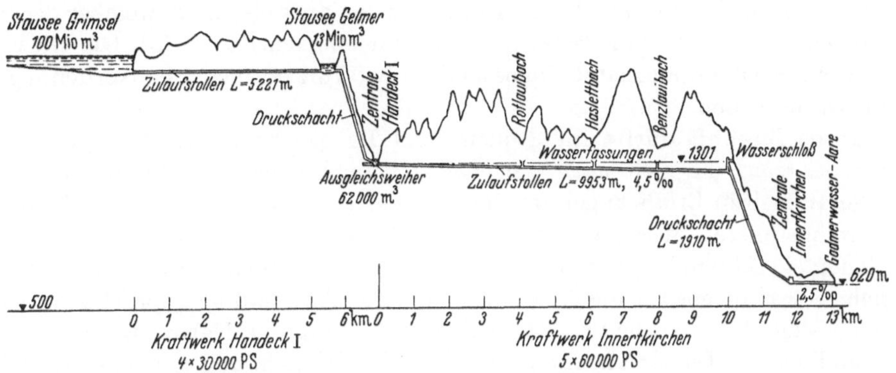

Abb. 64. Längenprofil rechte Talseite Grimselsee-Handeck I-Innertkirchen (älterer Ausbau der Ober-Aare).

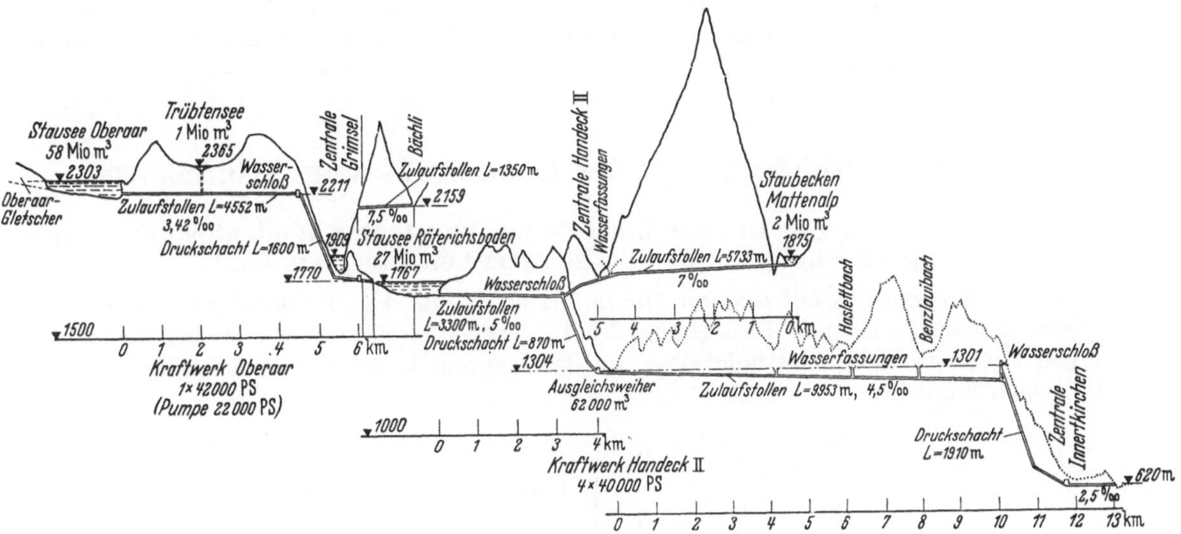

Abb. 65. Längenprofil linke Talseite Oberaar-Räterichsboden-Handeck II mit Unterstufe Handeck I-Innertkirchen (neuer Ausbau).

im Gaulistollen, die am Ende der 900 m Strecke liegt, mit einem Überfall ausgerüstet, der bei vollem Zufluß von 30 m^3/s zur Räterichssperre und plötzlichem Abstellen des Zuflusses zum Kavernenkraftwerk Handeck II kurzzeitig in Tätigkeit tritt.

Bei der Wasserkraftanlage Cap de Long-Pragnères in den Pyrenäen hat man es sehr bedauert, daß man diese Möglichkeit nicht rechtzeitig in die Planung hatte einbeziehen können. Man hätte die beiden Wasserschlösser ersparen oder zumindest baulich stark einschränken können, wenn Zuleitungsstollen in ihrer Nähe ähnlich wie im geschilderten Falle als Stollenwasserschlösser mit Überlauf ausgebaut worden wären[2].

---

1 Kraftwerk Oberaar. Denkschrift über den Bau 1949—1953. Kraftwerke Oberhasli A.G. Bern 1954.

2 TÖLKE, F.: Die Wasserkraftanlage Cap de Long-Pragnères. Bauing. 29 (1954) H. 2, S. 69.

8. Das Druckstoßverhalten von Stollen und Schächten im Vergleich zu Druckrohrleitungen.

Stollen und Schächte werden unverkleidet, betonverkleidet, betonarmiert, spannbetonarmiert, hydraulisch vorgespannt und gepanzert ausgeführt. Es würde viel zu weit führen, auch nur andeutungsweise auf diese Konstruktionsmöglichkeiten einzugehen und ihre Einflüsse auf das Druckstoßverhalten zu erörtern. Im Vergleich zu Druckrohrleitungen läßt sich aber behaupten, daß im allgemeinen Stollen und Schächte eine größere Sicherheitsreserve darbieten, wenn sie eine zusätzliche Tragkonstruktion aufweisen, bei welcher der Stahlquerschnitt so bemessen ist, daß die Streckgrenze nicht überschritten wird. Die Mitwirkung des Gebirges wird meist unterschätzt, insbesondere bei kurzzeitigen Beanspruchungen wie im Falle von Druckstößen.

Eine große Zukunft dürfte im Stollen- und Druckschachtbau die hydraulische Vorspannung besitzen, die sich nach den beim Schluchseewerk und beim Kraftwerk Roßhaupten gesammelten Erfahrungen im Betriebe bestens bewährt hat. Auch die mit Maihakgebern durchgeführten Messungen haben dies in vollem Umfange bestätigt. Prognosen, nach welchen ein Abbau der Vorspannung durch das Kriechen des Felsens zu erwarten ist, haben sich — wenigstens für das in Deutschland zur Anwendung gebrachte Kieser-Berger-Verfahren — nicht bewahrheitet, was bei der Tendenz der Natur, Löcher zu schließen, nur verständlich ist. Die Erfahrung zeigt, daß die Vorspannung zunächst zurückgeht, bis ein etwa bei 65% liegender Minimalwert erreicht ist, und dann wieder ansteigt. Wenn der Stollen in Betrieb geht, ist die ursprüngliche Vorspannung meist wieder erreicht, wenn nicht überschritten[1]. Trotzdem ist Vorsicht am Platze, und man sollte, schon im Hinblick auf die Druckstöße, einen Verspannfaktor von 2, bezogen auf den später zu erwartenden Innendruck, nicht unterschreiten.

V. Über die Abhängigkeit der Druckstöße vom Schließgesetz.

1. Das Formelwerk der Druckstoßtheorie bei konstanter Wellenfortpflanzungsgeschwindigkeit und konstantem Leitungsquerschnitt.

Unter Bezugnahme auf die von mir im ersten Bande der Druckstoßmitteilungen gegebene zusammenfassende Darstellung der Druckstoßtheorie erhält man bei konstanter Wellenfortpflanzungsgeschwindigkeit a und konstantem Leitungsquerschnitt F die nachfolgenden Formeln:

$$\left.\begin{aligned} \frac{\partial H}{\partial x} + \frac{1}{gF}\frac{\partial Q}{\partial t} &= 0, \\ \frac{\partial Q}{\partial x} + \frac{gF}{a^2}\frac{\partial H}{\partial t} &= 0. \end{aligned}\right\} \text{(Druckstoßgleichungen)} \qquad (1)$$

Hierin ist bei vernachlässigter Reibung

$$\left.\begin{aligned} H &= \frac{p}{\gamma} - y + \frac{c^2}{2g}, \\ Q &= cF. \end{aligned}\right\} \text{(Energielinienhöhe und Wassermenge)} \qquad (2)$$

Am Regelorgan, d. h. an der Düse einer Freistrahlturbine oder am Leitapparat einer Francis- oder Kaplan-Turbine, sei der Querschnitt F_R, der Druck p_R und die Geschwindigkeit c_R. Damit ist

$$c_R = \frac{Q_R}{F_R}. \qquad \text{(im Regler)} \qquad (3)$$

[1] Frohnholzer, J.: Messungen am Hauptstollen des Lechspeichers Roßhaupten. Selbstverlag Bayerische Wasserkraftwerke AG., München.

Der Druck p_R ist meist wenig vom Atmosphärendruck verschieden und kann für die vorliegenden Betrachtungen mit hinreichender Genauigkeit

$$p_R = 0 \qquad \text{(hinter dem Regler)}$$

gesetzt werden.

An der Talsperre bzw. am Wasserschloß kann F mit hinreichender Genauigkeit als unendlich groß

$$F_W = \infty \qquad \text{(am Einlauf)} \tag{5}$$

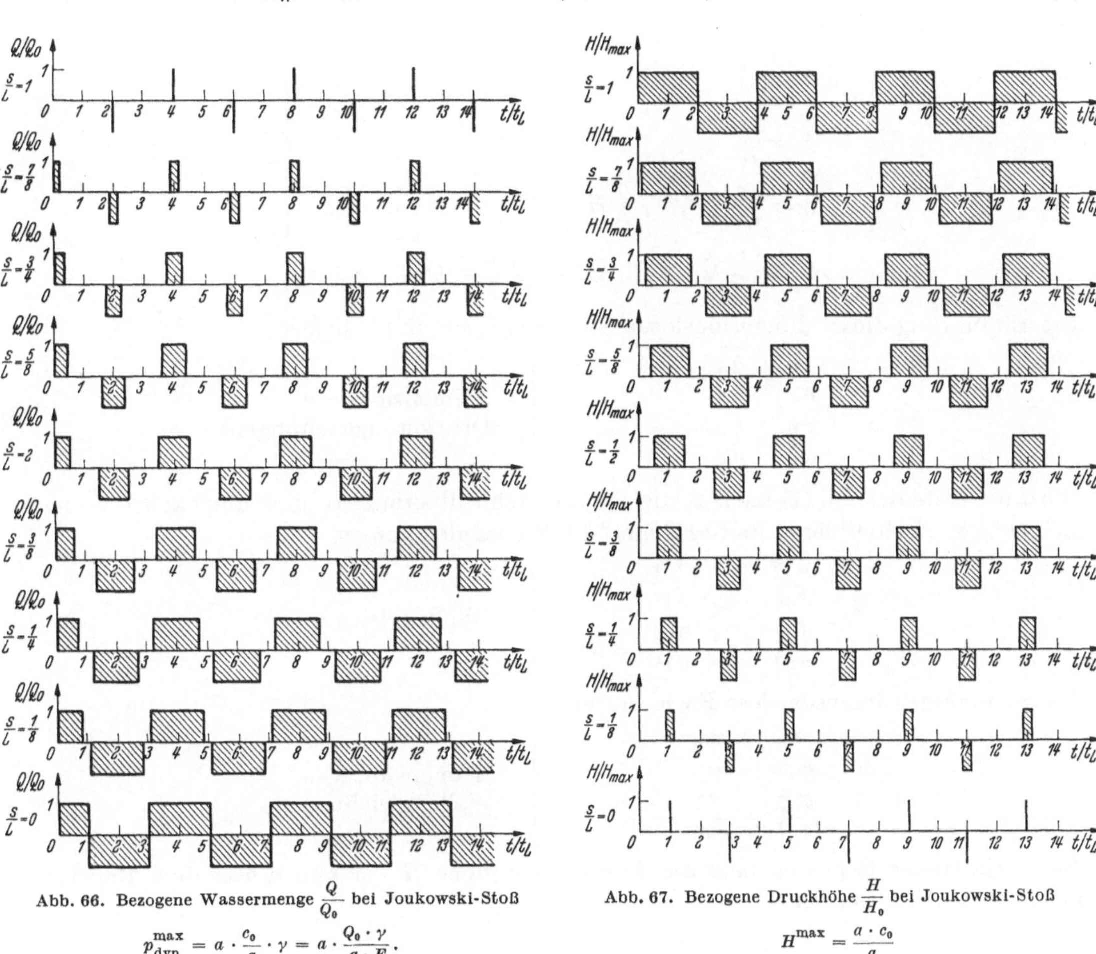

Abb. 66. Bezogene Wassermenge $\frac{Q}{Q_0}$ bei Joukowski-Stoß

$p_{\text{dyn}}^{\max} = a \cdot \frac{c_0}{g} \cdot \gamma = a \cdot \frac{Q_0 \cdot \gamma}{g \cdot F}$.

Abb. 67. Bezogene Druckhöhe $\frac{H}{H_0}$ bei Joukowski-Stoß

$H^{\max} = \frac{a \cdot c_0}{g}$

zugrunde gelegt werden, woraus

$$c_W = \frac{Q}{F_W} = 0 \qquad \text{(am Einlauf)} \tag{6}$$

folgt. Für den Druck ergibt sich am Einlauf

$$p_W = \gamma\, y_W. \tag{7}$$

Beides ergibt die Energielinienhöhe

$$H_W = \frac{p_W}{\gamma} - y_W + \frac{c_W^2}{2g} = 0 \qquad \text{(am Einlauf)}. \tag{8}$$

Wird das Bezugssystem gemäß Abb. 1 in den Wasserschloßspiegel gelegt, so ist

$$\begin{aligned} y &= y_R \qquad \text{(am Regler)},\\ y &= y_W \qquad \text{(am Wasserschloß)}. \end{aligned} \tag{9}$$

Alle Betrachtungen sollen hier auf Schließen bei voller Öffnung des Reglers abgestellt werden. Dementsprechend ist

$$c_{\max} = c_0. \quad \text{(Schließen aus vollgeöffneter Stellung.)} \tag{10}$$

Unter Benutzung der Laufzeit

$$T_l = \frac{L}{a}$$

der Druckwelle vom Regler zum Wasserschloß werden die folgenden dimensionslosen Veränderlichen eingeführt

$$\left.\begin{aligned} \tau &= \frac{t}{T_l}\,, & t &= T_l \cdot \tau\,, \\ \xi &= \frac{x}{L}\,, & x &= L \cdot \xi\,, \\ \eta &= \frac{g}{c_0 a} H\,, & H &= \frac{c_0 a}{g}\eta\,, \\ \zeta &= \frac{1}{c_0 F} Q\,, & Q &= c_0 F \zeta = Q_0 \zeta. \end{aligned}\right\} \tag{12}$$

Die Einführung dieser dimensionslosen Veränderlichen in (1) liefert

$$\left.\begin{aligned} \frac{\partial \eta}{\partial \xi} + \frac{\partial \zeta}{\partial \tau} &= 0, \\ \frac{\partial \eta}{\partial \tau} + \frac{\partial \zeta}{\partial \xi} &= 0. \end{aligned}\right\} \quad \text{(Dimensionslose Druckstoßgleichungen)} \tag{13}$$

Wird die erste der Gl. (1) nach x, die zweite nach t differenziert und umgekehrt, so lassen sich Q bzw. H eliminieren und es folgen die Wellengleichungen

$$\left.\begin{aligned} \frac{\partial^2 H}{\partial x^2} - \frac{1}{a^2}\frac{\partial^2 H}{\partial t^2} &= 0, \\ \frac{\partial^2 Q}{\partial x^2} - \frac{1}{a^2}\frac{\partial^2 Q}{\partial t^2} &= 0. \end{aligned}\right\} \quad \text{(Wellengleichungen)} \tag{14}$$

Die zugehörige dimensionslose Form lautet

$$\left.\begin{aligned} \frac{\partial^2 \eta}{\partial \xi^2} - \frac{\partial^2 \eta}{\partial \tau^2} &= 0, \\ \frac{\partial^2 \zeta}{\partial \xi^2} - \frac{\partial^2 \zeta}{\partial \tau^2} &= 0. \end{aligned}\right\} \quad \text{(Dimensionslose Wellengleichungen)} \tag{15}$$

Bei verlustfreier Regelung muß die Energielinienhöhe H vor und hinter dem Regelorgan gleich sein. Hieraus folgt

$$H_R = \frac{p}{\gamma} - y_R + \frac{c^2}{2g} = 0 - y_R + \frac{c_R{}^2}{2g} \tag{16}$$

oder, aufgelöst nach c_R, bei Beachtung von (3)

$$c_R = \sqrt{2g(y_R + H_R)} = \frac{Q_R}{F_R}. \tag{17}$$

Nun ist, wenn Q_R^{Torr} die TORRICELLIsche Ausflußwassermenge bezeichnet.

$$F_R \sqrt{2g\,y_R} = Q_R^{\text{Torr}} \tag{18}$$

Damit ergibt sich

$$Q_R = Q_R^{\text{Torr}} \sqrt{1 + \frac{H_R}{y_R}}. \tag{19}$$

Entsprechend dem mit der Zeit veränderlichen Reglerquerschnitt F_R ist hier Q_R^{Torr} als eine veränderliche Größe zu betrachten. Die Einführung von (12) in (19) liefert

$$\zeta_R = \frac{Q_R^{\text{Torr}}}{Q_0} \sqrt{1 + \frac{c_0 a}{g\,y_R}\eta_R} \quad \text{(Reglergesetz).} \tag{20}$$

Zu Beginn des Schließvorganges, wo noch stationäre Strömung herrscht, ist in Verbindung mit (8) und (12)

$$H_R = H_W = 0, \quad \eta_R = \eta_W = 0, \quad (t = 0 \text{ bzw. } \tau = 0) \tag{21}$$

und damit nach (19)

$$Q_R = F_R \sqrt{2 g y_R} = Q_R^{\text{Torr}} \qquad (t = 0 \text{ bzw. } \tau = 0). \tag{21'}$$

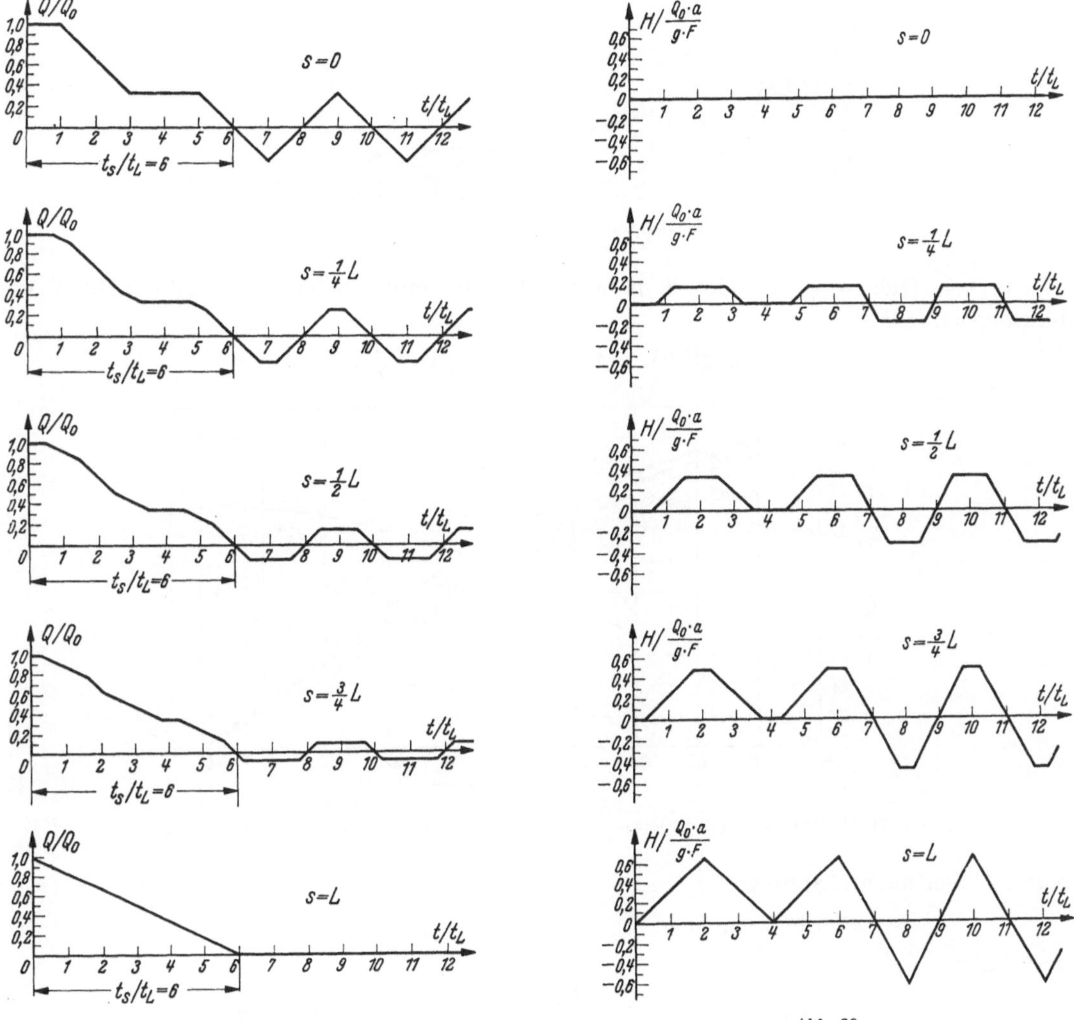

Abb. 68.

Abb. 69.

Andererseits ist im stationären Zustande

$$Q_R = Q_0$$

und damit

$$Q_R^{\text{Torr}} = Q_0 \qquad (t = 0 \text{ bzw. } \tau = 0). \tag{22}$$

Die Einführung von (21) und (22) in (20) liefert

$$\zeta_R = 1 \qquad (t = 0 \text{ bzw. } \tau = 0). \tag{23}$$

Unter linearem Schließen versteht man einen Regelvorgang, bei welchem der Regelquerschnitt F_R linear mit der Zeit auf null gedrosselt wird, also

$$F_R(t) = F_R^{\text{stat}}\left(1 - \frac{t}{t_s}\right) \quad \text{(lineares Schließen).} \tag{24}$$

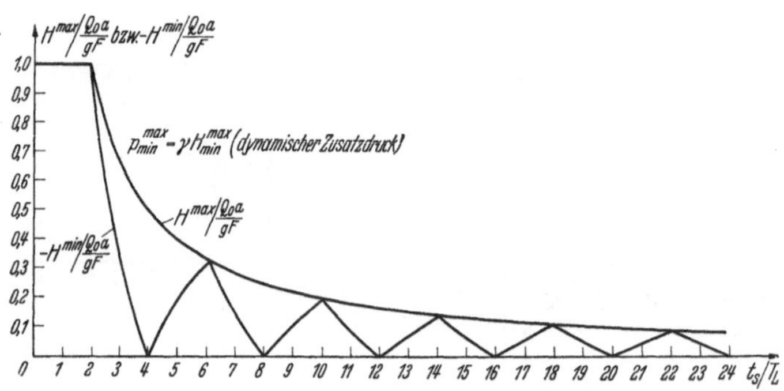

Abb. 70. Abhängigkeit des Druckstoßes von der Schließzeit t_s.

Wird diese Gleichung mit der Konstanten $\sqrt{2g\,y_R}$ multipliziert, so ergibt sich in Verbindung mit (18)

$$Q_R^{\text{Torr}}(t) = F_R^{\text{stat}}\sqrt{2g\,y_R}\left(1 - \frac{t}{t_s}\right).$$

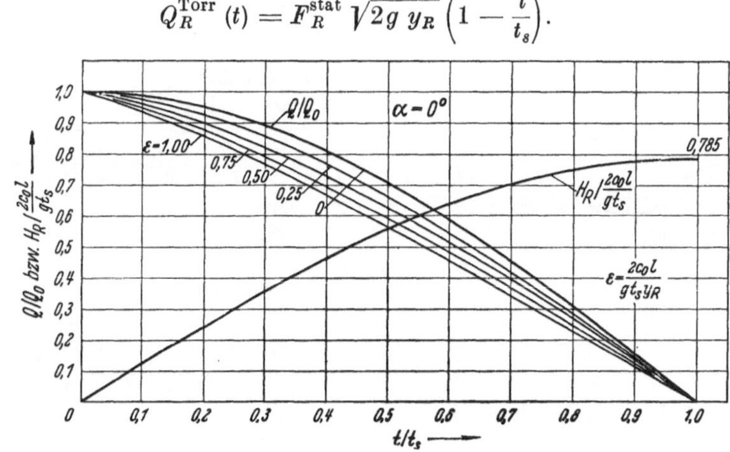

Abb. 71. Verlauf der Kennfunktionen $\frac{Q}{Q_0}$ bzw. $H_R\Big/\frac{2c_0 l}{g \cdot t_s}$ für Modularwinkel $\alpha = 0°$ bis $\alpha = 89°$.

Nun ist aber nach (18) und (22)

$$F_R^{\text{stat}}\sqrt{2g\,y_R} = Q_{R\,\text{stat}}^{\text{Torr}} = Q_0 \qquad (t = 0 \text{ bzw. } \tau = 0)$$

und damit

$$Q_R^{\text{Torr}}(t) = Q_0\left(1 - \frac{t}{t_s}\right) \quad \text{(lineares Schließen).} \tag{25}$$

Die Einführung von (25) in (20) liefert

$$\zeta_R = \left(1 - \frac{t}{t_s}\right)\sqrt{1 + \frac{c_0\,a}{g\,y_R}\eta_R} \quad \text{(lineares Schließen).} \tag{26}$$

Bei linearem Schließen wird somit die Wassermenge nicht linear gedrosselt, denn in diesem Falle wäre

$$\zeta_R = 1 - \frac{t}{t_s} \quad \text{(lineare Wassermengendrosselung).} \tag{27}$$

Wir haben diese Dinge so ausführlich dargestellt, weil es erfahrungsgemäß für denjenigen, der sich nur selten mit Regelvorgängen beschäftigen muß, schwierig ist, die Begriffe auseinanderzuhalten.

2. Der Druckstoß bei momentanem Absperren des Durchflusses.

Bei momentanem Absperren einer Druckrohrleitung oder eines Druckschachtes entsteht der sogenannte JOUKOWSKI-Stoß, der den größten nur denkbaren hydraulischen Stoß darstellt und den Wert

$$H^{\max} = \frac{c_0 a}{g} \qquad \text{(JOUKOWSKI-Stoß).} \tag{28}$$

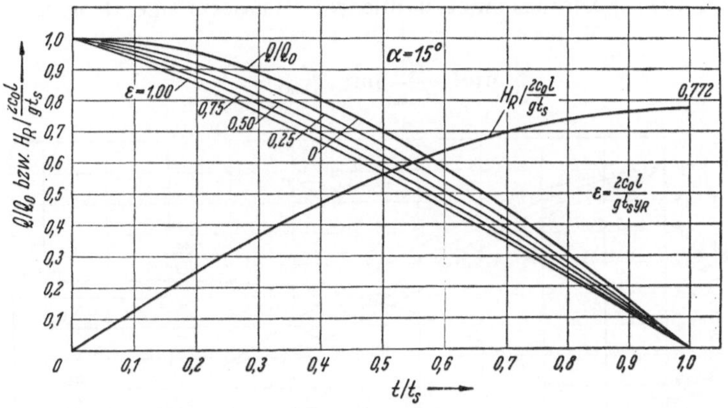

Abb. 72. Verlauf der Kennfunktionen $\frac{Q}{Q_0}$ bzw. $H_R / \frac{2 c_0 l}{g \cdot t_s}$ für Modularwinkel $a = 0°$ bis $a = 89°$.

annimmt[1]. Teilt man die Leitungslänge L in acht Teile, wobei gemäß Abb. 1 der Wert $\frac{x}{L} = 0$ dem Wasserschloßquerschnitt entspricht, so erhält man, aufgetragen über

$$\tau = \frac{t}{T_l}$$

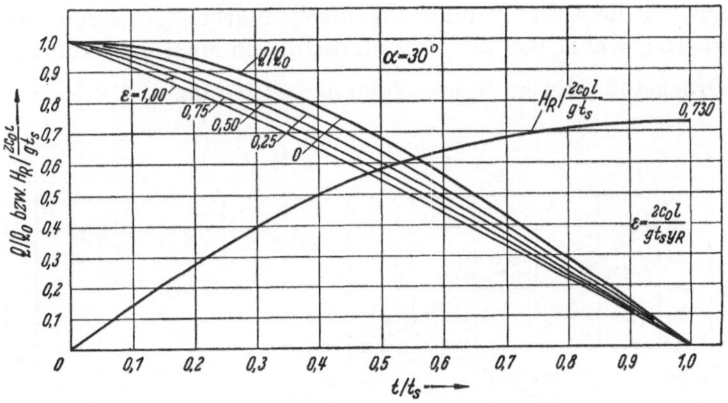

Abb. 73. Verlauf der Kennfunktionen $\frac{Q}{Q_0}$ bzw. $H_R / \frac{2 c_0 l}{g \cdot t_s}$ für Modularwinkel $a = 0°$ bis $a = 89°$.

als Abszisse den aus den Abb. 66 und 67 ersichtlichen Verlauf von

$$\frac{Q}{Q_0} \text{ und } \frac{H}{H_{\max}}.$$

Wie man sofort erkennt, sind diese Werte für alle Rohrquerschnitte entweder + 1,0 oder —1,0. Die einzelnen Querschnitte unterscheiden sich lediglich durch die Dauer der Stoßbeanspruchung, die am Regler permanent, am Wasserschloß nur noch einen Augenblick stattfindet. Durch den Vorzeichenwechsel wird angezeigt, daß auf jeden Druckstoß ein

[1] Vgl. z. B. F. TÖLKE: Praktische Funktionenlehre, Band I, 2. Aufl. Seite 306 bis 309. Berlin, Springer-Verlag, 1950.

gleich großer Sogstoß usw. folgt. Die Schwingdauer einer Stoßwelle entspricht der vierfachen Laufzeit

$$T = 4\,T_l.$$

3. Der Druckstoß bei linearer Wassermengendrosselung.

Bei der durch (27) gekennzeichneten linearen Wassermengendrosselung bestehen die Funktionen

$$\frac{Q}{Q_0} \text{ und } \frac{H}{H_{\max}} \text{ mit } H_{\max} = \frac{c_0\,a}{g}$$

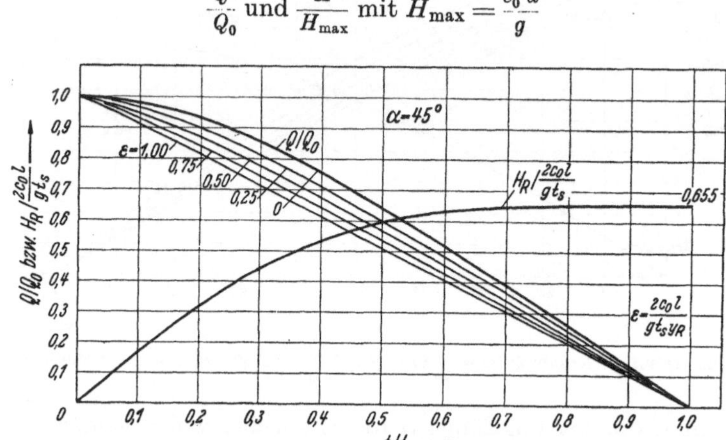

Abb. 74. Verlauf der Kennfunktionen $\frac{Q}{Q_0}$ bzw. $H_R\Big/\frac{2\,c_0\,l}{g\cdot t_s}$ für Modularwinkel $a = 0°$ bis $a = 89°$.

aus Geradenzügen, wie die Abb. 68 und 69 im einzelnen erkennen lassen. Hierbei wurde die Schließzeit gerade so gewählt, daß der Pulsationsstoß ein Maximum annimmt.

Der größte Druckstoß folgt in diesem Falle der Gleichung

$$H = \frac{c_0\,a}{g}\,\frac{2\,T_l}{t_s} = H_{\max}\,\frac{2\,T_l}{t_s}, \tag{29}$$

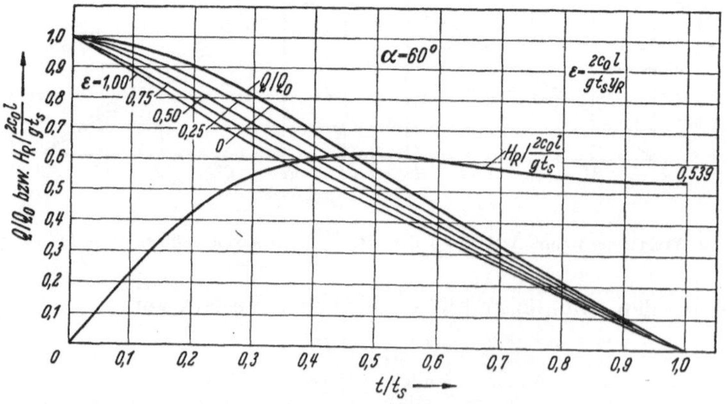

Abb. 75. Verlauf der Kennfunktionen $\frac{Q}{Q_0}$ bzw. $H_R\Big/\frac{2\,c_0\,l}{g\cdot t_s}$ für Modularwinkel $a = 0°$ bis $a = 89°$.

wobei t_s die Schließzeit bezeichnet. Die zugehörige Kurve in Abhängigkeit von t_s stellt eine Hyperbel dar (Abb. 70). Bei $t_s = 2\,T_l$ ist der Joukowski-Stoß erreicht und die Ordinate bleibt nunmehr bis $t_s = 0$ konstant.

Aus Abb. 70 ist ersichtlich, daß die Schließzeit t_s größenordnungsmäßig etwa 10mal so groß als die Laufzeit T_l sein muß, wenn die Druckstöße sich in tragbaren Grenzen halten sollen[1].

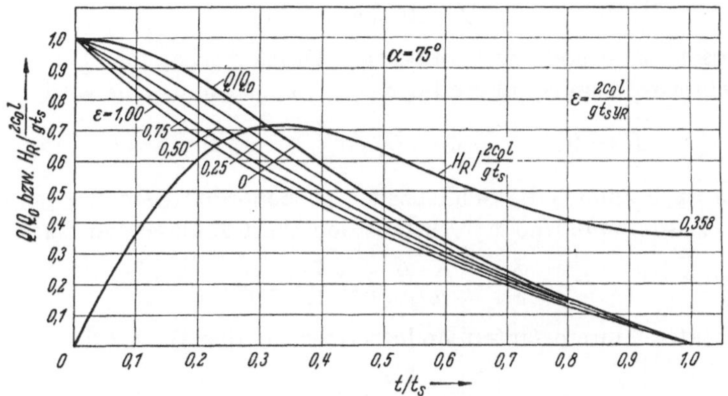

Abb. 76. Verlauf der Kennfunktionen $\frac{Q}{Q_0}$ bzw. $H_R \Big/ \frac{2\,c_0\,l}{g \cdot t_s}$ für Modularwinkel $\alpha = 0°$ bis $\alpha = 89°$.

4. Der Druckstoß bei Wassermengendrosselungen gemäß einer elliptischen cosinus-Funktion.

Bezeichnen *sn*, *cn*, *dn* bzw. die elliptische Sinus-, Cosinus- und Delta-Funktion und ist k deren Modul, K das vollständige elliptische Normalintegral erster Gattung, so genügen die Funktionen[2]

$$H = \frac{c_0\,a}{g}\,\frac{\operatorname{sn}\frac{K x}{a t_s}\operatorname{dn}\frac{K x}{a t_s}\operatorname{sn}\frac{K t}{t_s}\operatorname{dn}\frac{K t}{t_s}}{1 - k^2\operatorname{sn}^2\frac{K x}{a t_s}\operatorname{sn}^2\frac{K t}{t_s}} \qquad Q = Q_0\,\frac{\operatorname{cn}\frac{K x}{a t_s}\operatorname{cn}\frac{K t}{t_s}}{1 - k^2\operatorname{sn}^2\frac{K x}{a t_s}\operatorname{sn}^2\frac{K t}{t_s}} \tag{30}$$

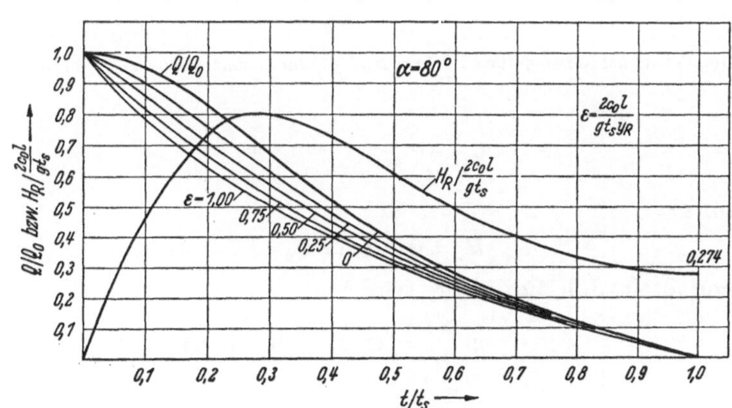

Abb. 77. Verlauf der Kennfunktionen $\frac{Q}{Q_0}$ bzw. $H_R \Big/ \frac{2\,c_0\,l}{g \cdot t_s}$ für Modularwinkel $\alpha = 0°$ bis $\alpha = 89°$

wie sich auf Grund des Additionstheorems der elliptischen Funktion

$$\operatorname{cn}\frac{K}{a t_s}(x + a t)$$

[1] Für eine ausführlichere Darstellung vgl. F. Tölke: Praktische Funktionenlehre, Band I, 2. Aufl. Seite 310 bis 314. Berlin, Springer-Verlag, 1950.

[2] Tricomi, F.: Elliptische Funktionen. Übersetzt und bearbeitet von M. Krafft, Leipzig 1948, Akademische Verlagsgesellschaft Geest u. Portig K.-G.

beweisen läßt, den Druckstoßgleichungen (1). Der Ansatz (30) genügt aber auch den örtlichen und zeitlichen Randbedingungen. Da der elliptische sinus ähnlich wie der trigonometrische sinus für $x = 0$ verschwindet, folgt zunächst

$$H = 0 \text{ für } x = 0, \tag{31}$$

d. h. am Wasserschloß ist stets hydrostatischer Druck vorhanden. Ferner erhält man, da für $t = 0$ der elliptische sinus null und der elliptische cosinus eins wird,

$$H = 0, \qquad Q = Q_0 \operatorname{cn} \frac{K x}{a t_s} \qquad \text{für } t = 0. \tag{32}$$

Nun ist aber, da nach Ziffer 3 die Schließzeit t_s größenordnungsmäßig etwa 10mal so groß als die Laufzeit T_l sein muß und x höchstens den Wert L annehmen kann, das Argument

$$\frac{K x}{a t_s} < \frac{K \cdot L}{a t_s} < K \frac{T_l}{t_s} \approx \frac{K}{10}.$$

Da K für den praktisch interessanten Modulbereich um den Wert 2 herumschwankt, ist

$$\frac{K x}{a t_s} < \frac{1}{5} \tag{33}$$

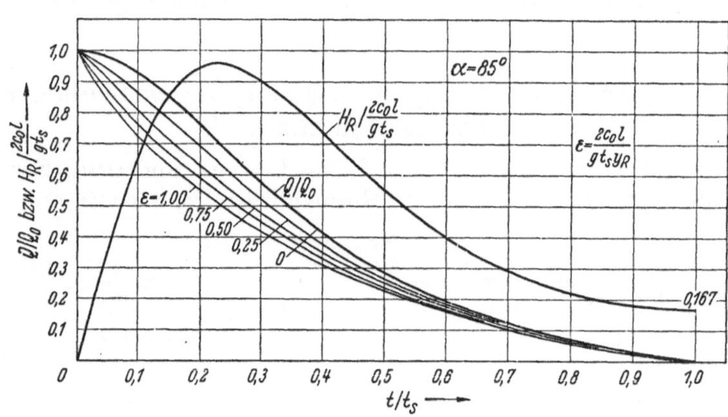

Abb. 78. Verlauf der Kennfunktionen $\frac{Q}{Q_0}$ bzw. $H_R\Big/\frac{2c_0 l}{g \cdot t_s}$ für Modularwinkel $\alpha = 0°$ bis $\alpha = 89°$.

und damit

$$\operatorname{cn} \frac{K x}{a t_s} \approx 1. \tag{34}$$

Es folgt damit für $t = \sigma$

$$H = 0, \quad Q = Q_0 \quad \text{für } t = 0. \tag{35}$$

Am Ende der Schließzeit, d. h. für $t = t_s$ wird

$$\operatorname{cn} \frac{K t}{t_s} = \operatorname{cn} K = 0 \quad \text{für } t = t_s$$

und damit

$$Q = 0 \qquad \text{für } t = t_s. \tag{36}$$

Mit (31), (35) und (36) sind sämtliche räumlichen und zeitlichen Randbedingungen erfüllt.

Wird die Argumentabschätzung (33) bei der elliptischen sinus-Funktion berücksichtigt, so ergibt sich

$$\operatorname{sn} \frac{K x}{a t_s} < \operatorname{sn} \frac{1}{5} \approx \frac{1}{5}, \quad \operatorname{sn}^2 \frac{K x}{a t_s} < \operatorname{sn}^2 \frac{1}{5} \approx \frac{1}{25}. \tag{37}$$

Ferner gehört zu $K = 2$ ein $k^2 \approx \frac{1}{2}$. Damit wird

$$k^2 \operatorname{sn}^2 \frac{K x}{a t_s} \operatorname{sn}^2 \frac{K t}{t_s} < \frac{1}{50} \text{ und } 1 - k^2 \operatorname{sn}^2 \frac{K x}{a t_s} \operatorname{sn}^2 \frac{K t}{t_s} \approx 1. \tag{38}$$

Nun ist weiter wegen (37)

$$\mathrm{dn}^2 \frac{Kx}{at_s} = 1 - k^2 \,\mathrm{sn}^2 \frac{Kx}{at_s} = 1 - \sim \frac{1}{50}$$

und damit

$$\mathrm{dn} \frac{Kx}{at_s} = \sqrt{1 - \sim \frac{1}{50}} = 1 - \sim \frac{1}{100} \approx 1. \tag{39}$$

Die Berücksichtigung von (34), (37) und (39) zusammen mit

$$\mathrm{sn} \frac{Kx}{at_s} \sim \frac{Kx}{at_s}$$

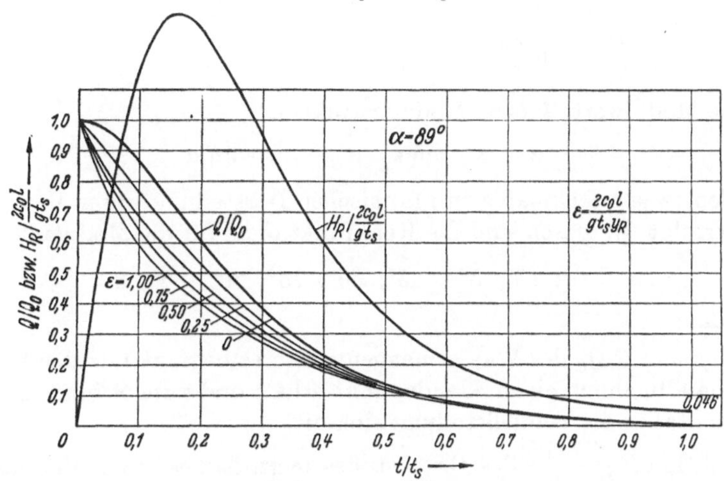

Abb. 79. Verlauf der Kennfunktionen $\frac{Q}{Q_0}$ bzw. $H_R\Big/\frac{2c_0 l}{g \cdot t_s}$ für Modularwinkel $\alpha = 0°$ bis $\alpha = 89°$.

in (30) liefert die vereinfachte Darstellung

$$\left.\begin{aligned} H &= \frac{c_0 a}{g} \frac{Kx}{at_s} \,\mathrm{sn} \frac{Kt}{t_s} \,\mathrm{dn} \frac{Kt}{t_s} \quad , \\ Q &= Q_0 \,\mathrm{cn} \frac{Kt}{t_s} \quad , \end{aligned}\right\}$$

oder zusammengefaßt

$$\left.\begin{aligned} H &= \frac{c_0 Kx}{gt_s} \,\mathrm{sn} \frac{Kt}{t_s} \,\mathrm{dn} \frac{Kt}{t_s} \quad , \\ Q &= Q_0 \,\mathrm{cn} \frac{Kt}{t_s} \quad . \end{aligned}\right\} \tag{41}$$

Wird in (41) nach (12) ξ an Stelle von x eingeführt, so folgt bei leichter Umstellung

$$\left.\begin{aligned} H &= \frac{2\,c_0 \cdot L}{gt_s}\, \xi \left[\frac{K}{2} \,\mathrm{sn} \frac{Kt}{t_s} \,\mathrm{dn} \frac{Kt}{t_s}\right], \\ Q &= Q_0 \,\mathrm{cn} \frac{Kt}{t_s} \quad . \end{aligned}\right\} \tag{42}$$

In Gl. (42) ist bei H der gleiche Faktor vorgezogen wie in Gl. (21) von Seite 4. Da in dieser für $\lambda = 0$ der größte Druckstoß auftrat, stellt die eckige Klammer in (42) die Abminderungsfunktion gegenüber dem größten Druckstoß dar.

$$\frac{1}{1 + \lambda(\xi, \varepsilon_s)} = \frac{K}{2} \,\mathrm{sn} \frac{Kt}{t_s} \,\mathrm{dn} \frac{Kt}{t_s},$$

$$\lambda(\xi, \varepsilon_s) = -1 + \frac{1}{\frac{K}{2} \,\mathrm{sn} \frac{Kt}{t_s} \,\mathrm{dn} \frac{Kt}{t_s}}.$$

Nach (42) verläuft der Druckstoß in Abhängigkeit von ξ linear, d. h. er nimmt geradlinig vom Wasserschloß zum Regelorgan zu. Die weiteren Betrachtungen können daher auf den Größtwert am Regler

$$H_R = \frac{2\,c_0 L}{g t_s}\left[\frac{K}{2}\,\mathrm{sn}\,\frac{K t}{t_s}\,\mathrm{dn}\,\frac{K t}{t_s}\right] \tag{43}$$

beschränkt werden. Die Wassermenge ist für alle Punkte der Leitung dieselbe.

Die durch (42) bzw. (43) dargestellten Gesetze sollen nun in der dimensionslosen Form

$$\left.\begin{aligned} H_R\Big/\frac{2\,c_0 L}{g t_s} &= H_R\cdot\frac{g t_s}{2\,c_0 L} = \frac{K}{2}\,\mathrm{sn}\,\frac{K t}{t_s}\,\mathrm{dn}\,\frac{K t}{t_s} \\ \frac{Q}{Q_0} &= \mathrm{cn}\,\frac{K t}{t_s} \end{aligned}\right\} \tag{44}$$

für verschiedene Modulwerte k bzw. Modularwinkel α

$$\alpha = \mathrm{arc\,sin}\,k, \qquad k = \sin\alpha$$

diskutiert werden, was zweckmäßig in graphischer Darstellung unter Bezugnahme auf die Abb. 71 bis 79 erfolgt. In diesen sind die Kennfunktionen für die Modularwinkel

$$\alpha = 0^\circ,\ 15^\circ,\ 30^\circ,\ 45^\circ,\ 60^\circ,\ 75^\circ,\ 80^\circ,\ 85^\circ,\ 89^\circ$$

dargestellt worden.

Die Kennfunktion Q/Q_0 des Wassermengenverlaufes beginnt mit der Viertelwelle einer cosinus-Linie, die allmählich einen Wendepunkt erhält und zum Schluß, d. h. für $\alpha = 89^\circ$ schon fast horizontal in die Schließstellung einläuft.

Die Kennfunktion $H_R\Big/\frac{2\,c_0 L}{g t_s}$ des Druckstoßes zeigt, daß es einen Modularwinkel α gibt, bei dem der größte Druckstoß einen kleinsten Wert annimmt. Trägt man das Maximum in Abhängigkeit vom Modularwinkel α auf (Abb. 80), so liegt der Minimalwert nahezu bei 60°.

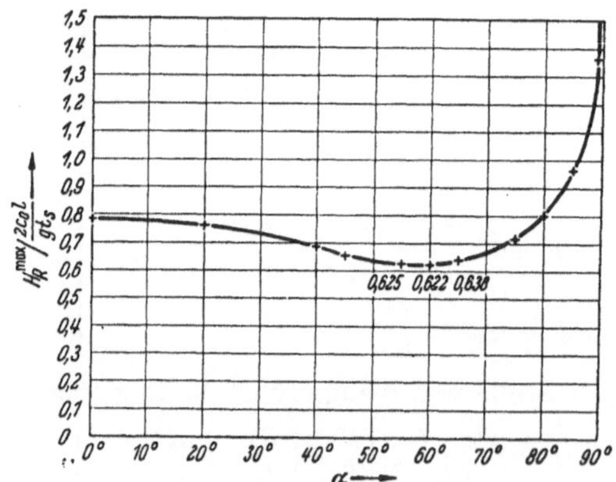

Abb. 80. Verlauf des größten Druckstoßes $H_R^{\max}\Big/\frac{2\,c_0\,l}{g\cdot t_s}$ in Abhängigkeit vom Modularwinkel α.

Nach Gl. (21) von Seite 4 entspricht der größte Druckstoß dem Wert $\lambda = 0$ oder in (44) einer rechten Seite vom Wert 1. Man kann beweisen, daß hierzu eine lineare Wassermengendrosselung mit einer GIBSON-Fläche gehört, die in dem in den Abbildungen gewählten dimensionslosen System den Wert

$$G = \frac{1}{2}$$

annimmt. Dieser Wert muß nun nach einem bekannten Satze der Druckstoßtheorie für alle Druckstoßverteilungen konstant sein. Wie aus den in der nachfolgenden Zahlentafel zusammengestellten Ergebnissen der Planimetrierung der $H\Big/\frac{2\,c_0 L}{g t_s} =$ Flächen hervorgeht, ist die GIBSON-Fläche in der Tat praktisch konstant.

α	0°	15°	30°	45°	60°	75°	80°	85°	89°
G	0,501	0,496	0,497	0,498	0,496	0,502	0,501	0,499	0,501

Es folgt somit aus Abb. 75, daß es möglich ist, durch eine zu dem Modularwinkel $\alpha = 60°$ gehörige Wassermengendrosselung den Druckstoß der linearen Wassermengendrosselung von Ziff. 3 auf 62% zu reduzieren, vorausgesetzt, daß die Schließzeit größenordnungsmäßig gleich oder größer als die zehnfache Laufzeit ist.

Die Reglergesetze, welche zu den betrachteten Wassermengendrosselungen gehören, folgen, da bei der zugrunde gelegten Anordnung Q unabhängig von x und damit $Q_R = Q$ ist, nach Division von (19) durch Q_0 zu

$$\frac{Q_R^{\text{Torr}}}{Q_0} = \frac{Q/Q_0}{\sqrt{1 + \frac{H_R}{y_R}}} = \frac{Q/Q_0}{\sqrt{1 + \frac{2 c_0 L \eta^*}{g t_s\, y_R}}} \qquad \text{mit } \eta^* = H_R\Big/\frac{2\,c_0\, L}{g t_s}. \tag{46}$$

Werden dem Parameter

$$\varepsilon = \frac{2 c_0\, L}{g\, t_s\, y_R}$$

die Werte

$$\varepsilon = 0{,}00, \quad 0{,}25, \quad 0{,}50, \quad 0{,}75 \quad \text{und} \quad 1{,}00$$

zugewiesen, die den gesamten praktisch vorkommenden Bereich erfassen, so ergeben sich die in den Abb. 71 bis 79 in das Q/Q_0-Diagramm eingezeichneten Reglerkurven. Dabei entsprechen die Q/Q_0-Kurven selbst dem Wert $\varepsilon = 0$.

Wie die Abb. 71 bis 79 zeigen, sehen die Reglergesetze sehr vernünftig aus, so daß eine Nutzbarmachung der hier erläuterten Möglichkeiten zur Herabsetzung der maximalen Druckstöße durchaus durchführbar erscheint. Jedenfalls lassen die Untersuchungen erkennen, daß das sogenannte lineare Schließen nicht unter allen Umständen das beste Reglergesetz darstellen kann und daß es auch vom Regler her möglich sein muß, den Druckstoßverlauf vorteilhaft zu beeinflussen.

Experimentelle Untersuchungen über die Stützwirkung der Druckschachtpanzerung der Druckrohrleitung eines Alpen-Wasserkraftwerkes.

Von W. Pelikan, Stuttgart.

Mit 21 Abbildungen.

Vorbemerkung.

In den letzten Kriegsjahren wurden auf Veranlassung des Deutschen Druckstoßausschusses gemeinsam von den Firmen Askania-Werke, Berlin und MAN Augsburg besondere Meßeinrichtungen zur Messung der Beanspruchungen von Rohrleitungen gebaut. Sie wurden an der Druckrohrleitung mit Druckschachtpanzerung eines Alpenkraftwerkes angesetzt, um die Stützwirkung der die Rohrleitung umgebenden Beton- und Felsmassen bei statischen und dynamischen Druckbeanspruchungen zu untersuchen. Obwohl die Untersuchungen wegen der Kriegs- und Nachkriegsverhältnisse nicht in dem geplanten Umfang durchgeführt werden konnten, verdienen die damaligen Arbeiten doch festgehalten zu werden, weil auf ihnen und den daraus folgernden Erkenntnissen die künftige Behandlung ähnlicher Untersuchungsaufgaben aufgebaut werden kann. In der vorliegenden Arbeit werden nach Darlegung des Festigkeitsproblems die Meßeinrichtungen und die mit ihnen angestellten Untersuchungen und ihre Ergebnisse besprochen.

Die theoretische Stützwirkung der Druckschachtpanzerung.

Ein durch Innendruck belastetes Eisenrohr kann durch eine äußere, eng anliegende Panzerung aus Beton und Felsen entlastet werden. Wenn die Rohrwandung sich unter dem Einfluß des Innendrucks p weitet, wird die Panzerung mit aufgeweitet und setzt der Aufweitung des Rohres den Außendruck q entgegen. Das Eisenrohr wird dadurch entlastet so, als ob es nur mit dem Differenzdruck $p - q$ als Innendruck beansprucht würde, und kann daher schwächer gehalten werden als das freiliegende Rohr.

Die Tangentialspannung des Rohres von dem Radius a, der Wandstärke t und dem Elastizitätsmodul E_e ist dann $\sigma_t = (p - q) \cdot \frac{a}{t}$, die Radialverschiebung

$$w = \frac{\sigma_t}{E_e} \cdot a = \frac{p - q}{E_e} \cdot \frac{a^2}{t}$$

Die Tangentialspannung der unendlich dick angenommenen Betonpanzerung mit dem Elastizitätsmodul E_b an einer Stelle vom Radius x beträgt $\sigma_t = q \cdot \frac{a}{x}$, an der Berührungsfläche $\sigma_t = q$; die Radialverschiebung ist $w = \frac{\sigma_t}{E_b} \cdot a = \frac{q}{E_b} \cdot a$.

Durch Gleichsetzung der radialen Verformung des mit $p - q$ belasteten Rohres und der mit q belasteten Betonbettung ergibt sich der Außendruck q zu

$$q = \frac{p}{1 + \frac{E_e}{E_b} \cdot \frac{t}{a}}$$

Das mit $p - q$ belastete Rohr erleidet damit die Tangentialspannung

$$\sigma_t = \frac{p}{\frac{t}{a} + \frac{E_b}{E_e}}$$

und die Radialverschiebung

$$w = \frac{a}{E_e} \cdot \frac{p}{\frac{t}{a} + \frac{E_b}{E_e}}$$

Wenn die Betonumhüllung gut anliegt, erleidet sie Tangentialspannungen, die im Verhältnis $\frac{E_b}{E_e}$ kleiner als die des Rohres sind. Da aber Beton bereits bei sehr kleinen Zugspannungen reißt, wird die Stützwirkung des Druckpanzers sicher geringer als theoretisch zu erwarten. (Durch ringförmige Eiseneinlagen im Beton könnte die Reißfestigkeit des Betonmantels wesentlich gesteigert werden, besonders wenn die Eisenringe so stark vorgespannt würden, daß der Beton nach Art des „Spannbetons" immer Druckspannung behält, auch bei den höchsten Innendrucken im Rohr.)

Um der Wirklichkeit möglichst nahe zu kommen, kann man in der Rechnung verschiedene Annahmen über das Verformungsbild machen. Die Bettungseigenschaften des Betons und des umschließenden Gebirges sind schließlich maßgebend für die Güte der Stützwirkung der Druckschachtpanzerung; die Güte hängt sowohl von der geologischen Beschaffenheit des Gebirges als von der Güte des Bettungsbetons und der Sorgfalt in seiner Herstellung ab, besonders auch von der Innigkeit der Umschließung des Rohres.

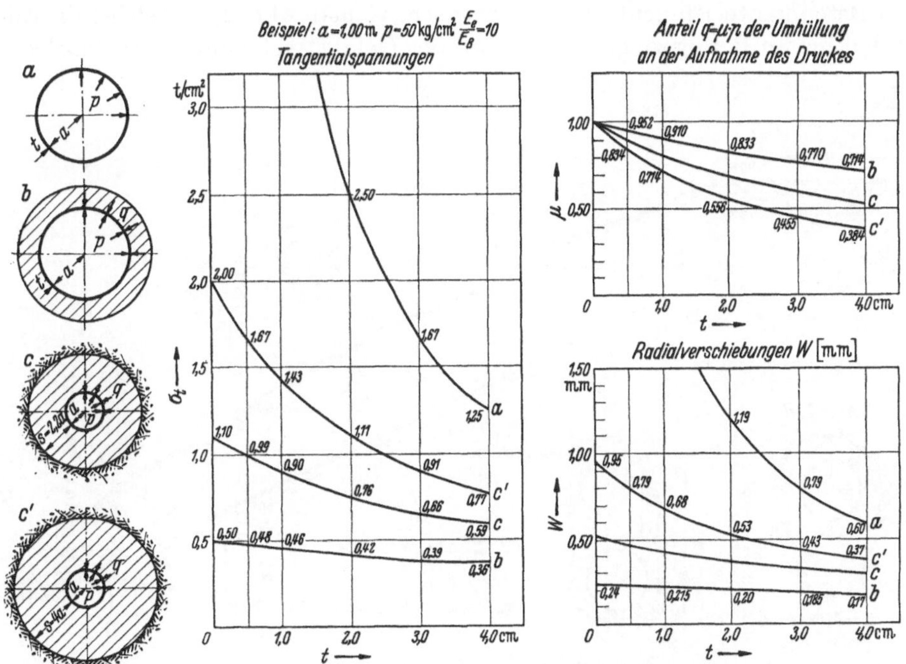

Abb. 1. Tangentialspannungen und Radialverschiebungen in Abhängigkeit von Stärke und Bettung des Rohres.

Wie weit gerade das fugenlose Umschließen des Rohres wichtig für die Stützwirkung des Panzers ist, geht aus einigen Zahlen für die Radialverschiebung des Rohres von 1 m Radius und 4 bzw. 2 cm Wandstärke bei 50 at Innendruck hervor. Sie beträgt b) bei Umhüllung des Rohres mit Beton, der beliebige Zugspannungen aufnehmen kann, 0,17 mm bzw. 0,2 mm, c′) bei Beton, der nur bis zu 2 kg/cm² Zugspannungen aushält, 0,37 bzw. 0,53 mm und a) beim freiliegenden Rohr 0,6 bzw. 1,2 mm. Die tangentialen Zugbeanspruchungen bei den genannten Verhältnissen betragen b) 0,36 bzw. 0,42 t/cm², c′) 0,77 bzw. 1,11 t/cm² und a) 1,25 bzw. 2,5 t/cm²; der von der Panzerung übernommene prozentuale Druckanteil beträgt b) 71 bzw. 83%, c′) 38 bzw. 56% und a) 0%.

Die Abhängigkeit der Tangentialspannungen und Radialverschiebungen von der Rohrstärke bei verschiedenen Bettungsverhältnissen zeigt Abb. 1. Theoretisch könnte bei guter

Bettung die Rohrwandung zu einer dünnen Haut zusammenschrumpfen, ohne daß sie übermäßig beansprucht würde. Die dargestellten Werte gelten unter der Voraussetzung, daß der Belastungs- und der Spannungszustand zentrisch symmetrisch sind. In der Praxis sind Abweichungen unvermeidlich, besonders infolge der Inhomogenität der Bettung; sie bedingen wesentliche Störungen im Spannungsbild.

Faktoren, welche die theoretische Stützwirkung der Druckschachtpanzerung vermindern.

1. Nur ein das Rohr satt umschließender Beton- und Felsmantel vermag die berechnete Druckentlastung zu bringen. In Wirklichkeit liegt der Betonmantel nicht satt an, weil er sich bei der auf das Abbinden folgenden Abkühlung und bei dem Schwinden des Betons ablöst. Es ist zwar versucht worden, die Hohlräume nachträglich durch Einspritzen von Zementmilch durch Injektionslöcher auszufüllen, die gleichmäßig über dem Umfang des Rohres in regelmäßigen Abständen verteilt sind und nach dem Ausspritzen verschraubt und zugeschweißt wurden. Ein völliges und gleichmäßiges Ausfüllen der Hohlräume ist aber nicht erreichbar.

2. Der Betonmantel ist nicht kreissymmetrisch. Gemäß Abb. 2, in welcher die Anordnung der Rohrleitung im Berg gezeigt wird, ist auf der Gefällstrecke unter der Rohrleitung statt

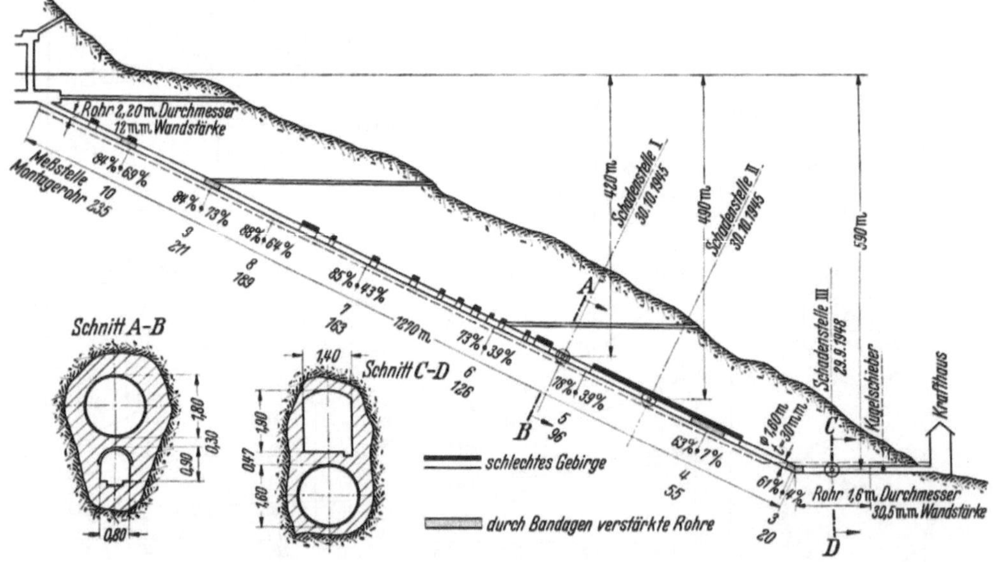

Abb. 2. Gesamtübersicht der Druckrohrleitung.

des sonst üblichen Entwässerungsstollens ein Revisionsstollen angebracht, durch den die zahlreichen Meßstellen längs der Rohrleitung zugänglich sind; auf der unteren waagerechten Strecke ist der Revisionsstollen noch größer und über der Rohrleitung verlegt. Durch diese Stollen ist die Symmetrie gestört. Die Panzerung ist an der Stollenseite nachgiebiger als sonst.

3. Der Fels ist von sehr unterschiedlicher Festigkeit. Insbesondere können die Einschlüsse aus Schiefer und Lehm sowie Risse und Spalten in dem Maße der Rohraufweitung plastisch nachgeben. An solchen Stellen tritt demnach nur eine sehr geringe Entlastung des Rohres auf. (Wo der Fels offensichtlich brüchig war, wurde das Rohr streckenweise mit aufgeschweißten Bandagen versehen.)

Die Messung der Rohrbeanspruchung.

Es ist einleuchtend, daß nur die Messung der Spannungen bzw. Dehnungen am eingebauten Rohr die wirklichen Verhältnisse erkennbar machen kann. Da die „Druckschachtpanzerung" in Deutschland bis dahin noch nicht angewandt worden war, war es notwendig, die Verhältnisse eingehend zu klären. Außer dem unmittelbaren wirtschaftlichen Interesse der Beteiligten — im Vertrauen auf die Stützwirkung wurde die Wandstärke des Druckrohres nur etwa halb so groß gewählt als bei einer frei verlegten Druckrohrleitung üblich — war es für die Wissenschaft von großem Wert, Erkenntnisse zu sammeln über die wirkliche Festigkeit der Anlage; gerade vom Standpunkt der möglichen Druckstöße in der Rohrleitung ist ihre Kenntnis wichtig.

Wahl der Meßeinrichtung.

Man könnte die Dehnung in der Rohroberfläche an sich mit Dehnungsmessern messen und daraus die Spannungen in Abhängigkeit vom Innendruck ermitteln. Aus zwei Gründen ist diese Messung schwer durchführbar und gibt zudem kein zuverlässiges Bild: 1. Die Rohroberfläche ist allseitig einbetoniert und nur vom Revisionsstollen aus an einzelnen Stellen zugänglich. 2. Da einerseits der Querschnitt des Rohres nicht genau kreisförmig ist und andererseits auch die Bettung des Rohres nach Vorstehendem nicht zentrisch symmetrisch ist, erleidet das Rohr zusätzliche Biegespannungen, die örtlich große Unterschiede zeigen, sich aber auf dem Querschnitt ausgleichen werden. Die mittlere Spannung in einem Querschnitt könnte man nur durch eine große Anzahl von auf ihm angebrachten Dehnungsmessern als Mittelwert erhalten; sie wird zur Klärung der Stützwirkung der Druckschachtpanzerung benötigt.

Es wurde deshalb ein anderes Verfahren angewandt, wobei die mittlere Dehnung als Änderung des Rohrumfanges gemessen wird. Zu diesem Zweck wurde die nachstehend beschriebene „Polygon-Meßkette" konstruiert.

Die Polygon-Meßkette.

Der ursprüngliche Gedanke, die Änderung des Rohrumfanges durch Vergleich mit einem reibungsfrei um das Rohr gelegten, in seiner Länge unveränderlichen Stahlband erkennbar zu machen als Abstandsänderung der Band-Enden, wurde etwas abgewandelt in der Meßkette verwirklicht.

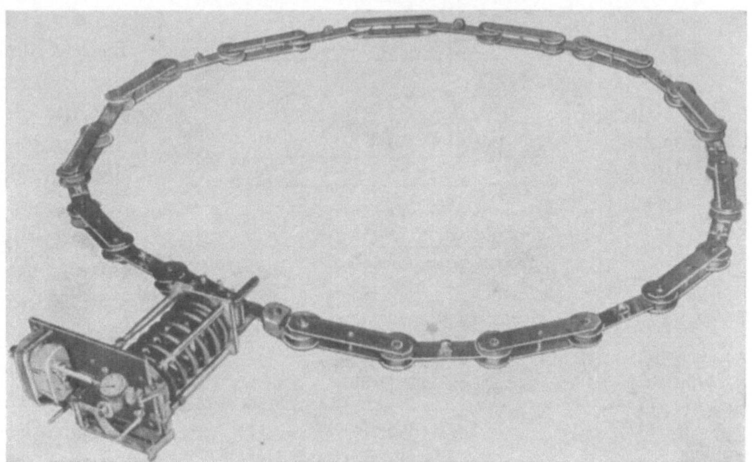

Abb. 3. Polygonmeßkette mit Meßkopf.

Die in Abb. 3 gezeigte Meßkette besteht aus einer das Rohr umschließenden vielgliedrigen (etwa 25 Glieder) Kette, die durch eine Schraubenfeder unter gleichbleibender Spannung von 500 kg gehalten wird, und einem Meßkopf, in dem die Abstandsänderung der Enden der Kette auf drei Arten gemessen wird, wie später dargelegt wird. Die Glieder sind abwechselnd aus ein und zwei Laschen gebildet, die in sehr reibungsarmen Gelenken ineinandergreifen, und stützen sich mit großen Rollen, die in Kugellagern auf den Gelenkbolzen sitzen, auf das Rohr ab

(Abb. 4). Bei Umfangsdehnungen rollen die Stützrollen etwas auf dem Rohrumfang ab, und die in ihrer Länge gleichbleibende Kette verändert feinfühlig und — wie die Erprobung ergab — ohne erkennbaren Reibungsfehler den gegenseitigen Abstand ihrer Enden.

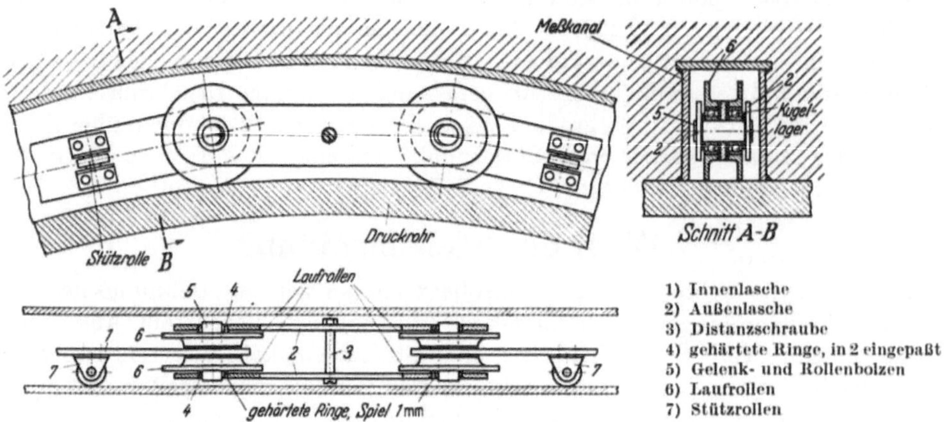

Abb. 4. Einzelheiten der Meßkette.

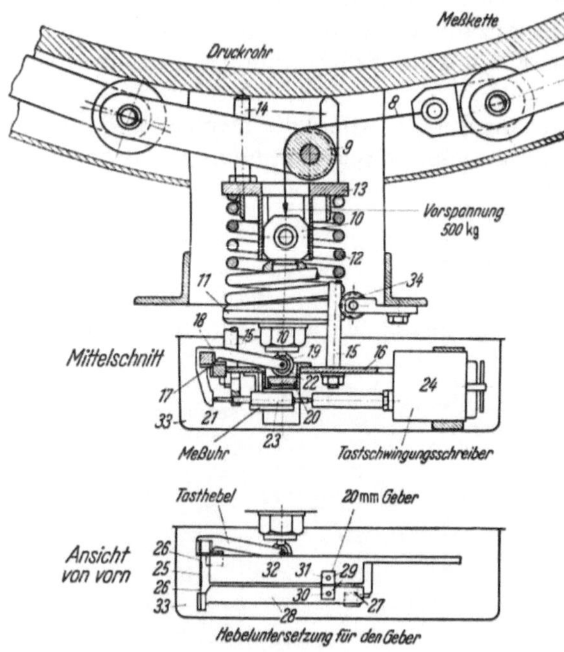

Abb. 5. Meßkopf und Spannvorrichtung.

8) Stahlband
9) Umlenkrolle
10) Spannschraube
11) Federteller
12) Druckfeder
13) Grundplatte
14) Stützfüße
15) Säulen zwischen 13 und 16
16) Lagerplatte
17) Kreuzfederbandgelenk
18) Winkelhebel
19) Kugellager
20) Gegendruckfeder
21) Federteller
22) Kugellager
23) Meßuhr
24) Tastschwingungsschreiber
25) Stoßband
26), 27) Federbandgelenk
28) Übertragungshebel
29) 20 mm-Geber
30), 31) Kegelstifte
32) Lagerleiste
33) Schutzgehäuse
34) Abstützrolle

Durch eine Öffnung von 20×20 cm wird die Kette um das Rohr gelegt. Zur Aufnahme der Kette ist an den Meßstellen vor dem Einbetonieren des Rohres ein aus aufgeschweißten Blechen gebildeter Ringkanal von 6 cm Breite und 10 cm Höhe angebracht, der beim Betonieren freibleibt. Der Kanal ist mehrfach radial geschlitzt, so daß er die Rohrdehnung nicht behindert.

Infolge seiner Kleinheit in Rohrachsrichtung beeinflußt der von Beton freibleibende Kanal die Stützwirkung der Panzerung nicht wesentlich, auch ist aus gleichem Grund die Umfangsdehnung an der Meßstelle derjenigen der benachbarten einbetonierten Rohrstrecke sehr angenähert gleich. — Durch kugelgelagerte Querrollen, die jeweils an den Einzellaschen befestigt sind, stützt sich die Kette an dem mit etwa 27° geneigten Rohr gegen die untere Seitenwand des Blechkanals reibungsarm ab und wird so stets in der Mitte des Kanals gehalten.

Der Meßkopf und die mit ihm verbundene Spannvorrichtung (Abb. 5) sind so gestaltet, daß beide vom Revisionsschacht aus durch die erwähnte Öffnung angesetzt und bedient werden können.

An dem letzten Kettenglied ist ein Stahlband befestigt, das über eine kugelgelagerte Leitrolle am ersten Kettenglied zu der im Meßkopf angeordneten Spannschraube geführt ist. Auf dem Grundgestell des Meßkopfes, das sich mit drei Füßen gegen das Druckrohr stützt, ist die Druckfeder gelagert, an deren anderem Ende ein Federteller mit Druckkugellager die Spannmutter stützt. Durch Anziehen dieser Mutter ist das Stahlband so gespannt, daß die Federspannkraft 500 kg beträgt; die richtige Spannung wird durch Einhaltung eines bestimmten Abstandes zwischen den Federtellern erzielt. Der Kopf der Spannschraube ist in seiner Führung gegen Verdrehen gesichert. Bei Abstandsänderung des ersten und letzten Kettengliedes bewegt sich die Spannschraube in dem Meßkopf und betätigt den kreuzfederbandgelagerten Winkelhebel, dessen eines Ende mit einem Kugellager auf der Spannschraube aufliegt; eine Schraubenfeder bewirkt kraftschlüssige Verbindung. Sein anderes 1 : 2 untersetztes Ende bewegt den Taststift einer Meßuhr und die Taststange eines Tastschwingungsschreibers [*5*]. (Die Meßuhr wird nur für rein statische Messungen zum Vergleich benutzt; bei Druckstoßmessungen wird sie durch einen gleich langen Übertragungsstift ersetzt.)

Zur elektrischen Messung und gemeinsamen oszillographischen Aufzeichnung der Meßwerte mehrerer Meßketten besitzt jeder Meßkopf einen induktiven Geber zur induktiven dynamischen Meßanlage mit Trägerfrequenz nach E. LEHR [*6*], der auf zwei Kegelstiften befestigt ist. Ein Kegelstift ist auf der Meßgerätegrundplatte, der andere auf einem weiteren (einarmigen) Untersetzungshebel angelötet. Durch Wahl des Anbringungsortes der Kegelstifte kann das Untersetzungsverhältnis zwischen 1 : 12 und 1 : 100 so eingestellt werden, wie es für die Anzeige des Gebers am günstigsten ist. — Die Säulen, welche die Meßgerätegrundplatte tragen, sind durch Führungsrollen gegen die Betonumrandung der Verbindungsöffnung zum Rohr abgestützt, so daß sie sich nicht verbiegen.

Die Meßgeräte sind durch eine Blechhaube vor Tropfwasser und Beschädigungen geschützt und können durch Öffnungen im Boden der Haube beobachtet werden.

Labor-Erprobung und Eichung der Meßkette und eines Rohrabschnittes.

Bevor die Meßketten an der Kraftwerksrohrleitung angebracht wurden, wurden sie in der Forschungsanstalt für Mechanik und Gestaltung in Augsburg unter betriebsmäßigen Bedingungen erprobt und geeicht; gleichzeitig wurde das Verhalten des Rohres an den aufgeschweißten Bandagen untersucht.

Zu diesen Zwecken wurde die in Abb. 6 wiedergegebene Anordnung getroffen:

Ein rund 3 m langer Rohrabschnitt in der Betriebsausführung, an beiden Enden durch Kesselböden abgeschlossen, ist in einem Gestell mit der gleichen Neigung von 27° aufgestellt, welche die Druckleitung an der steilsten Stelle aufweist. Das mit Wasser gefüllte Rohr wurde durch eine Druckluftflasche Drucken zwischen 5 und 65 at in Stufen von 10 at ausgesetzt.

Abb. 6. Versuchsrohr zur Erprobung und Eichung der Meßkette.

Das zur Druckmessung benutzte Röhrenfedermanometer wurde vor dem Versuch durch Vergleich mit einem Feinmeßmanometer geeicht, die Abweichungen in seiner Anzeige sind bei der Auswertung der Druckstufen berücksichtigt worden.

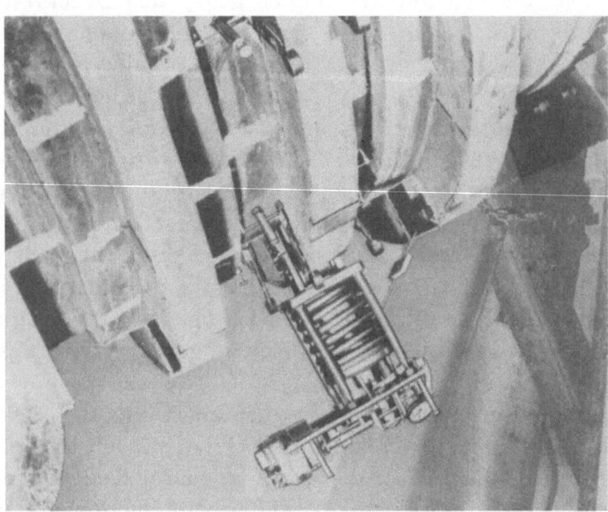

Abb. 7. Meßkopf am Versuchsrohr (vergrößertes Teilbild Abb. 6).

Zum Vergleich der Meßkettenanzeige wurde die Rohrdehnung mit 24 Huggenberger-Tensometern gemessen, die rechts und links dicht neben dem die Meßkette umschließenden Blechkanal am Umfang verteilt aufgesetzt waren.

Meßkopf und Huggenberger-Tensometer sind in Abb. 7 genauer erkennbar. Mit Huggenberger-Tensometern wurden noch weitere Rohrquerschnitte vermessen, die teils auf, teils neben den aufgeschweißten Bandagen liegen. Die Lage der Meßquerschnitte ist in Abb. 8 angegeben; die Meßkette war bei allen Versuchen in dem Blechkanal zwischen dem Meßquerschnitten Ir und Il eingebaut.

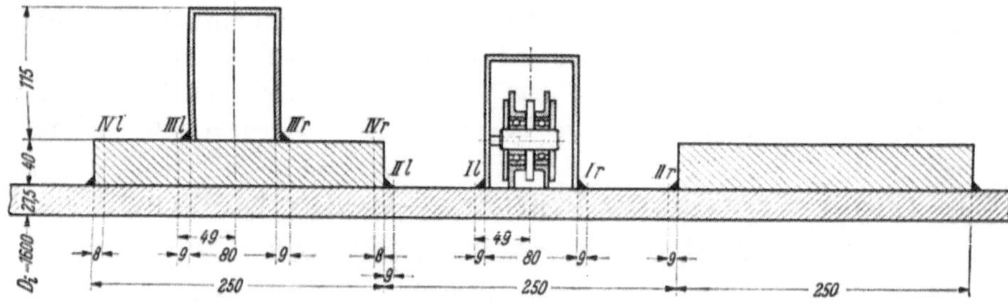

Abb. 8. Lage der Meßquerschnitte im Längsschnitt des Druckrohres.

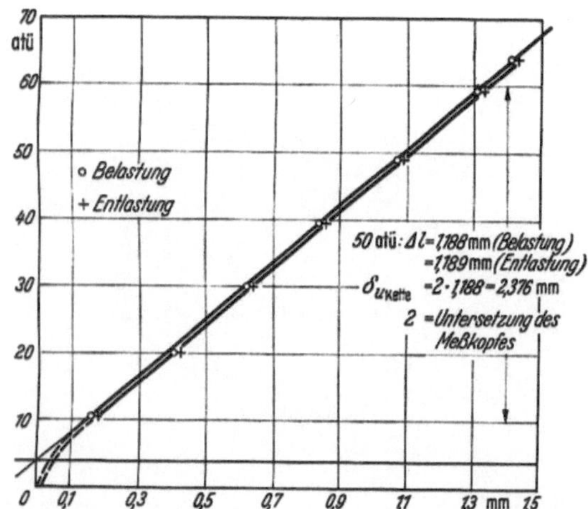

Abb. 9. Verlängerung des Rohrumfanges gemessen mit der Polygonkette in Abhängigkeit vom Druck.

Druck [atü]	An der Meßuhr des Meßkopfes abgelesene Umfangsverlängerung der Kette [mm]		Druck [atü]	Aus der Kurve ausgewertete Umfangsverlängerung der Kette [mm]	
	Belastung	Entlastung		Belastung	Entlastung
0	0	0,006	0	0	0
10,8	0,154	0,173	10	0,138	0,15
20,5	0,402	0,407	20	0,378	0,376
30,2	0,626	0,532	30	0,617	0,625
40,0	0,852	0,863	40	0,855	0,850
49,5	1,078	—	50	1,092	1,100
59,3	1,315	1,322	60	1,326	1,339
64,2	1,428	1,428	65	1,45	1,459

Die mit der Meßkette gemessene Verlängerung des Rohrumfanges in Abhängigkeit vom Druck ist in Abb. 9 dargestellt; die Verlängerung beträgt für 50 at $\delta_u = 2,376$ mm. Die auf den Meßquerschnitten Ir und Il angebrachten Tensometer erbrachten gemäß Abb. 10 den Mittelwert für die Dehnung $\varepsilon_0 = 4{,}552 \cdot 10^{-4}$ für die Verlängerung $\delta_u = 2{,}367$ mm. Wenn auch die auf den übrigen Meßquerschnitten ermittelten mittleren Umfangsdehnungen

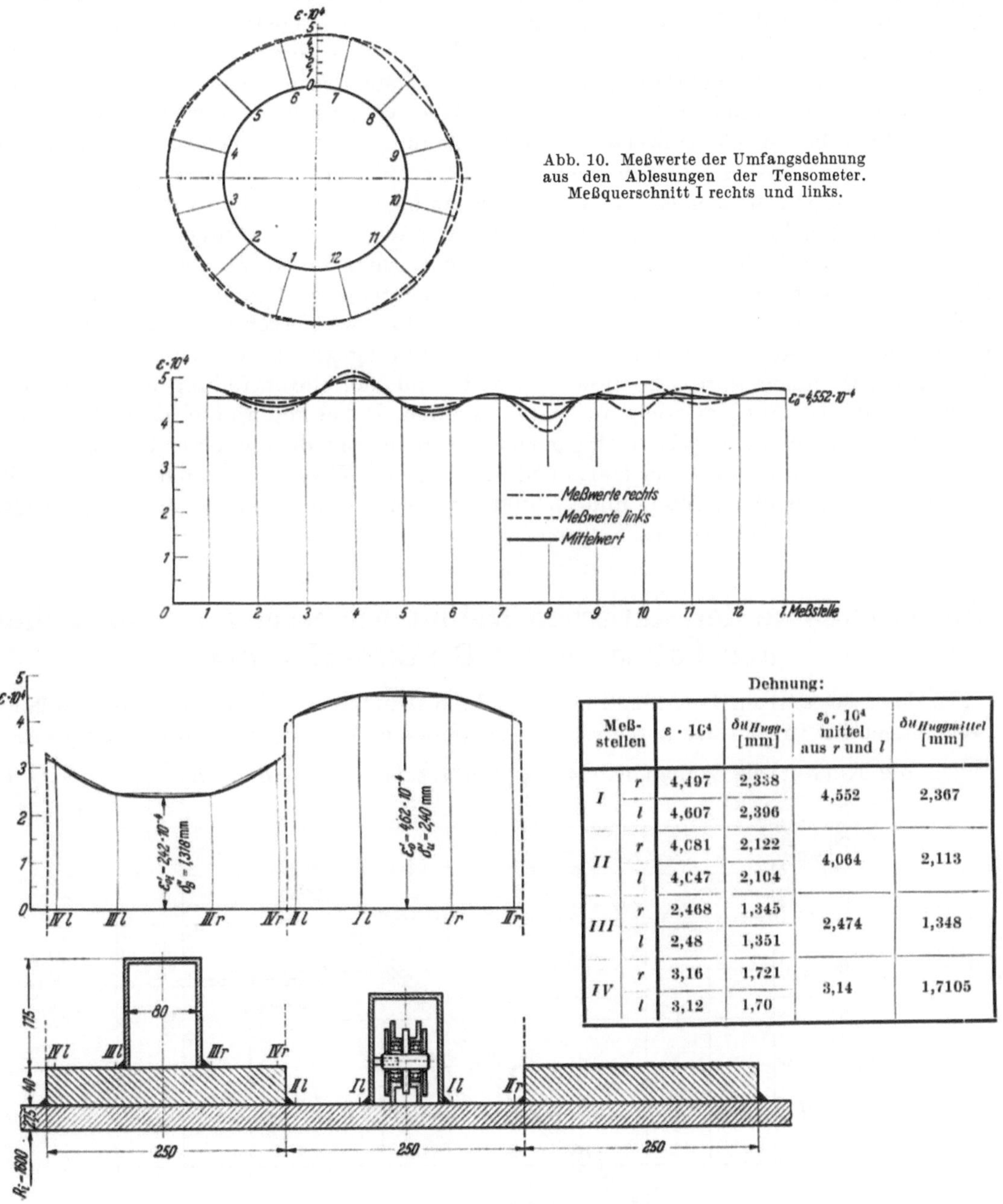

Abb. 10. Meßwerte der Umfangsdehnung aus den Ablesungen der Tensometer. Meßquerschnitt I rechts und links.

Dehnung:

Meß-stellen		$\varepsilon \cdot 10^4$	$\delta u_{Hugg.}$ [mm]	$\varepsilon_0 \cdot 10^4$ mittel aus r und l	$\delta u_{Huggmittel}$ [mm]
I	*r*	4,497	2,338	4,552	2,367
	l	4,607	2,396		
II	*r*	4,081	2,122	4,064	2,113
	l	4,047	2,104		
III	*r*	2,468	1,345	2,474	1,348
	l	2,48	1,351		
IV	*r*	3,16	1,721	3,14	1,7105
	l	3,12	1,70		

Abb. 11. Mittlere Umfangsdehnung der Meßquerschnitte I—IV.

über der Rohrlänge aufgetragen werden und durch einen Kurvenzug verbunden werden (Abb. 11), ergibt sich an der Meßstelle der Meßkette als wahrscheinlicher Mittelwert für die Dehnung $\varepsilon_0 = 4{,}62 \cdot 10^{-4}$ und für die Umfangsverlängerung $\delta_u = 2{,}40$ mm; die Unsicherheit der Meßkettenanzeige liegt demnach bei 1%. Hiermit ist die Zuverlässigkeit der Meßkette erwiesen.

Statische Messungen an der gepanzerten Druckrohrleitung des Alpenkraftwerkes.

Nach dieser gründlichen Vorbereitung konnten die Meßketten ohne grundsätzliche Schwierigkeiten an der Druckrohrleitung des Kraftwerkes angebracht werden. Die praktischen Hindernisse und Schwierigkeiten waren allerdings so beträchtlich, daß der Einbau von acht Ketten in der Schrägstrecke rund 10 Arbeitstage erforderte. Sehr hinderlich war das Sickerwasser und die 100%ige Luftfeuchtigkeit, wodurch die Stahlteile rasch Rost ansetzten. Dazu kamen die kriegsbedingten Beschaffungs- und Arbeitskraftschwierigkeiten, die alle Arbeiten, insbesondere die sich als nötig erweisenden Nacharbeiten an der Rohrleitung und an den Meßketten und Ersatzbeschaffungen, beträchtlich verzögerten.

Die erste Rohrfüllung (mit Quellwasser) dauerte mit Unterbrechungen, die zur Beseitigung von Undichtheiten nötig waren, etwa eine Woche. Sie wurde ebenso wie die erste Entleerung, die zu Probeläufen der Maschinen diente, zur Messung der Rohrumfangsverlängerung ausgenutzt. Die Meßstellen 1 und 2 (am waagerechten Rohr) fielen wegen Wassereinbruchs aus. Während die zweite Rohrfüllung zur Maschinenuntersuchung in Anspruch genommen wurde, konnten die dritte und vierte Rohrfüllung und -entleerung wieder für die Dehnungsmessung ausgenutzt werden. Dabei konnte die Meßstelle 1 durch Einsatz von Elmopumpen arbeitsfähig gemacht werden. Seit Beginn der ersten Rohrfüllung waren bis zum Abschluß dieser statischen Messungen 5 Wochen vergangen, was erwähnt sei, damit die unendliche Mühe und Geduld ermessen werden können, die von den Meßingenieuren aufgewandt werden mußten.

Die Ergebnisse der statischen Dehnungsmessungen beim Füllen und Entleeren der Druckrohrleitung.

In den Diagrammen der Abb. 12 bis 20 sind die Dehnungen bzw. Rohrumfangsverlängerungen über den Innendruck aufgetragen. Gemäß den einleitend angestellten Überlegungen zeigen die Kurven die Abhängigkeit des Verhältnisses $\frac{\Delta p}{\Delta \varepsilon} = E_b + E_e \cdot \frac{t}{a}$, wobei ε die

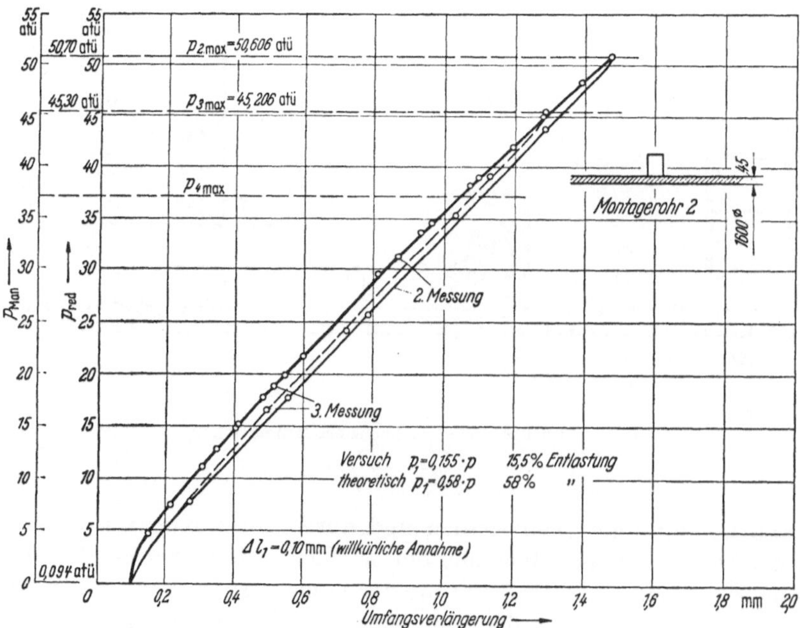

Abb. 12. Montagerohr 2, Meßstelle 1.

mittlere Rohrdehnung, $\varepsilon \cdot 2\,\pi a$ also die Rohrumfangsverlängerung ist. Da der Beton bereits etwa bei $\sigma = 10$ kg/cm² reißt, kann die genannte Formel nur für den ersten Anfang der Kurve gelten; $\frac{\varDelta p}{\varDelta \varepsilon}$ nimmt daher rasch ab und kann höchstens bis auf den Wert $E_e \cdot \frac{t}{a}$ absinken.

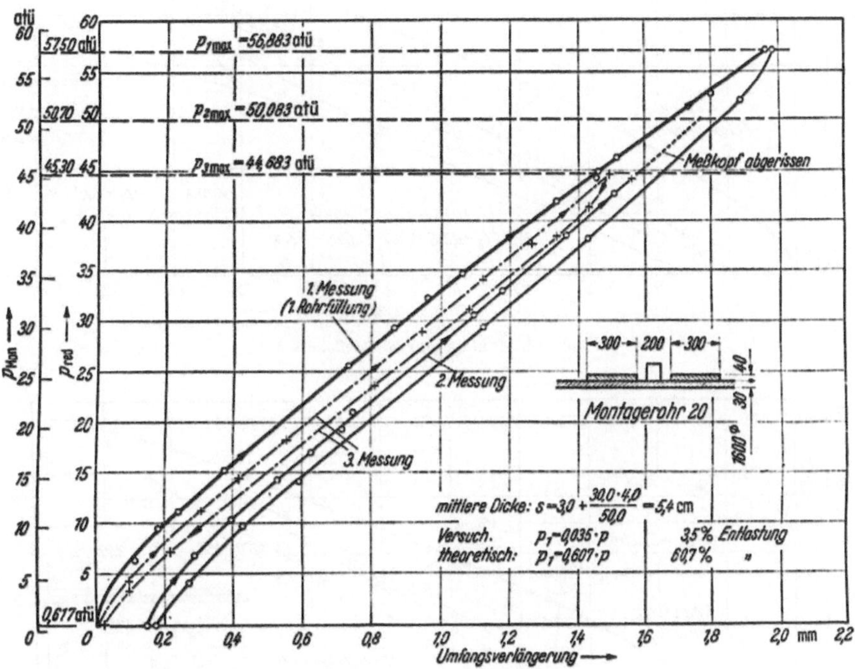

Abb. 13. Montagerohr 20, Meßstelle 3.

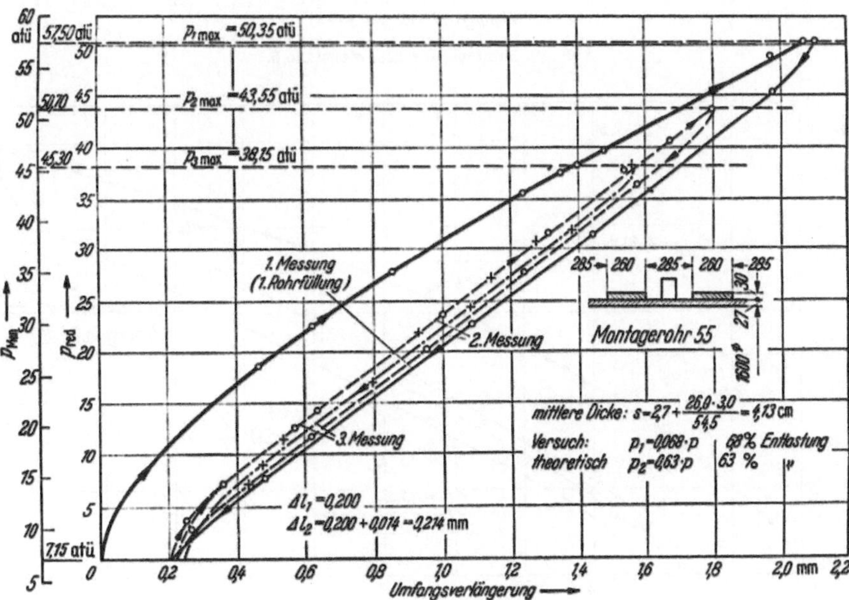

Abb. 14. Montagerohr 55, Meßstelle 4.

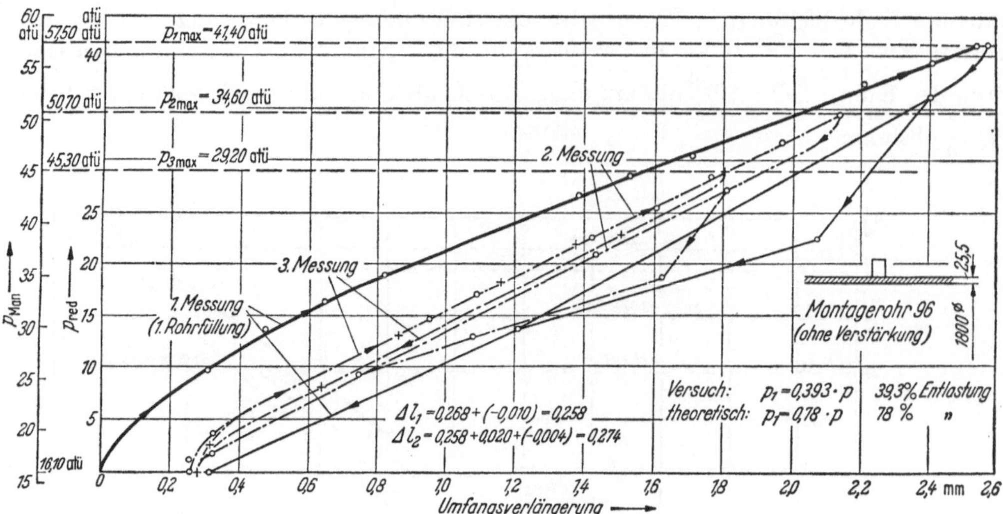

Abb. 15. Montagerohr 96, Meßstelle 5.

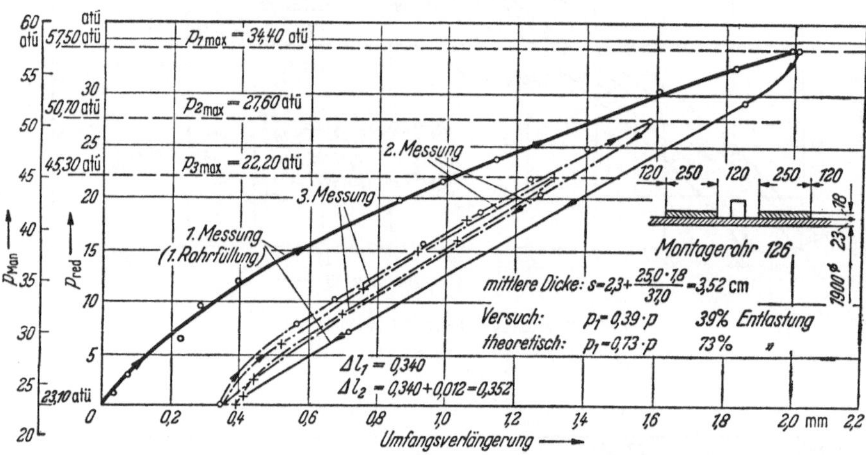

Abb. 16. Montagerohr 126, Meßstelle 6.

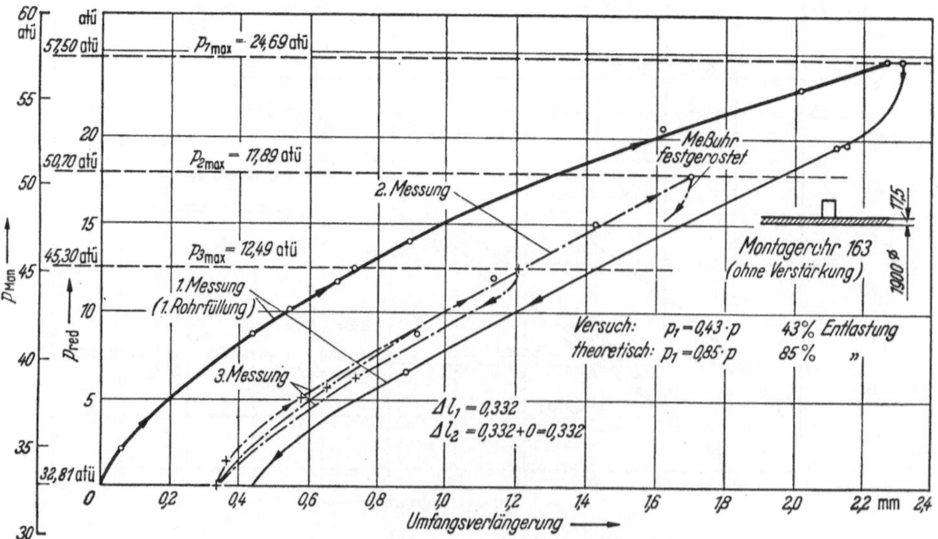

Abb. 17. Montagerohr 163, Meßstelle 7.

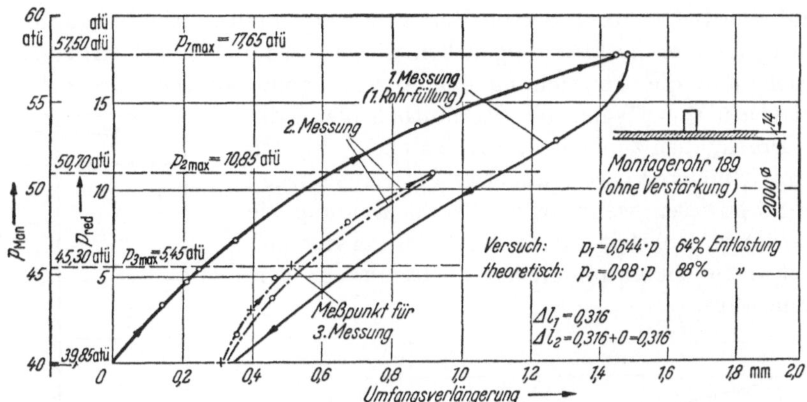

Abb. 18. Montagerohr 189, Meßstelle 8.

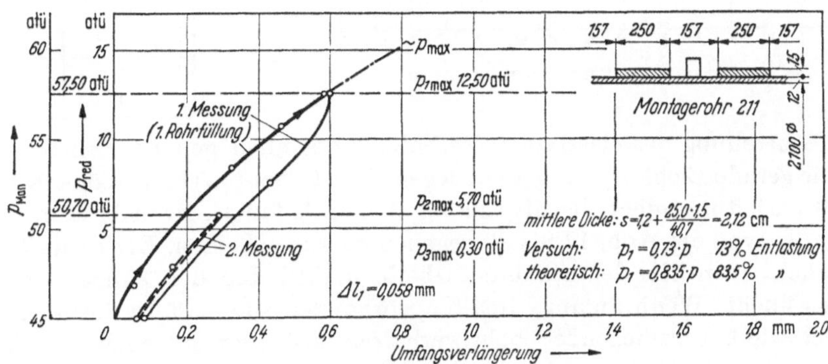

Abb. 19. Montagerohr 211, Meßstelle 9.

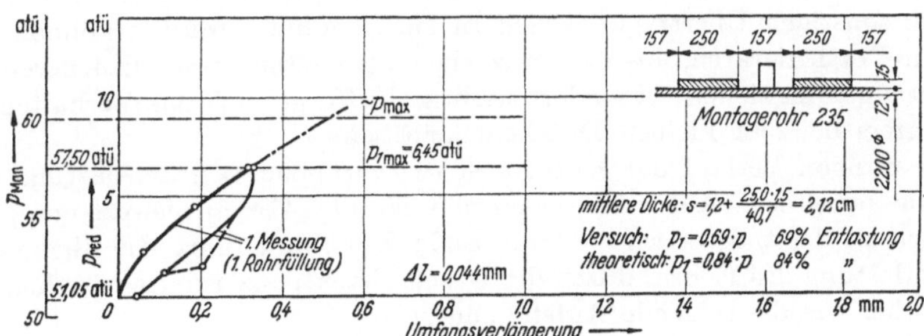

Abb. 20. Montagerohr 235, Meßstelle 10.

Es wäre daher verständlich, daß die Kurven zunächst steil verlaufen und dann in eine flachere Gerade übergehen, doch soll hierüber noch gesprochen werden. Daß bei der ersten Be- und Entlastung eine beträchtliche Hysteresisschleife entsteht, braucht nicht zu verwundern und ist sicher nicht nur auf die Betoneigenschaften zurückzuführen. Gewiß ist auch die bei der Eichung gezeigte Kurve (Abb. 9) nicht bei der ersten Be- und Entlastung aufgenommen worden. Bei den späteren Beanspruchungen sind die Unterschiede zwischen steigender und fallender Belastung viel geringer.

Es überrascht, daß die bei der Laboreichung gewonnene Kurve die gleiche Gestalt hat wie die an der Rohrleitung mit Panzerung gemessene. Bei der Eichung ist ja kein Betonpanzer vorhanden, der für diese Nichtlinearität im unteren Druckbereich verantwortlich gemacht werden konnte. Man ist versucht, an einen Fehler in der Manometeranzeige zu glauben, und eine Betrachtung der im Bericht 1 dargestellten Eichkurve für das benutzte Röhrenfedermanometer bestätigt eigentlich diesen Gedanken (vgl. Abb. 21). Es ist unwahrscheinlich, daß die Abweichung der Anzeige vom Sollwert, die bei 5 atü + 1 atü beträgt, bei 0 atü 0 betragen soll. Vermutlich bleibt der Zeiger beim Druckgeben zunächst auf Null stehen, obgleich der Druck in Wirklichkeit bereits auf etwa 4 atü angestiegen ist. Es wäre gut gewesen, wenn sowohl bei der Eichung wie an der gepanzerten Rohrleitung für die Ablesung der niedrigen Druckwerte ein empfindlicheres Manometer verwandt worden wäre.

Sollwert [atü]	Abweichung [atü]
0	0
5	+1,0
10	+0,8
15	+0,7
20	+0,5
25	+0,3
30	+0,2
35	0,0
40	0,0
45	−0,2
50	−0,5
55	−0,5
60	−0,7
65	−0,8
70	−1,0

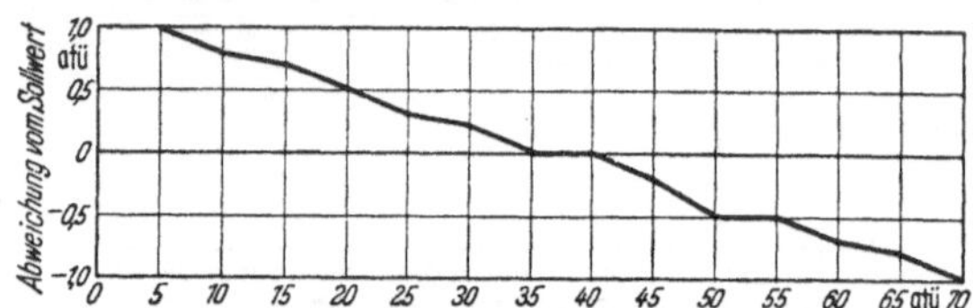

Abb. 21. Eichkurve des Röhrenfedermanometers.

Für die Beurteilung des elastischen Verhaltens des nicht gepanzerten Rohrabschnittes wollen wir die gerade Eichkurve zugrunde legen. Es ist aber durchaus möglich, daß auch die gepanzerte Rohrleitung nicht die übermäßig steilen Anfangskurven besitzt, die nach den gezeichneten Kurven der Abb. 12 bis 20 gegeben zu sein scheinen. Der steile Beginn widerspricht nämlich eigentlich den früheren Überlegungen, daß der Panzer das Rohr nicht spaltfrei umschließt. Wenn anfangs Spalten vorhanden sind, müßte bei kleinen Drücken das Rohr sich wie ein freiliegendes Rohr verhalten, also eher mit einem flacheren Ast beginnen. Es ist auch nicht ausgeschlossen, daß die geringen Abweichungen in der Dehnungs- oder Druckanzeige auf die mehrfach erwähnte Rostbildung (bei Meßstelle 7, 2. Messung, Meßuhr festgerostet) und die dadurch vielleicht bedingte etwas größere Reibung in den Ketten- oder sonstigen Übertragungsgliedern zurückgeführt werden können. Wir wollen jedenfalls zur Vorsicht raten, aus den in solchen Feinheiten etwas unsicheren Werten gewagte Folgerungen zu ziehen; besonders wichtig dürfte ja auch das Verhalten des Rohres und des Panzers bei sehr kleinen Drücken nicht sein.

Aus dem übrigen Verlauf der Kurven ist die wirkliche Druckentlastung q durch die Panzerung zu entnehmen. Auf jedem Diagramm ist q als Verhältniswert von p angegeben; zum Vergleich ist der theoretisch zu erwartende Wert aufgeführt. Im allgemeinen ist die wirkliche Entlastung des Rohres durch die Druckschachtpanzerung wesentlich geringer als die theoretische, wie die folgende Aufstellung zeigt:

Meßstelle	1	3	4	5	6	7	8	9	10
Montagerohr	2	20	55	96	126	163	189	211	235
Rohrdurchmesser mm . . .	1600	1600	1600	1800	1900	1900	2000	2100	2200
Rohrstärke mm	45	30	27	25,5	23	17,5	14	12	12
Bandage mm	—	40	30	—	18	—	—	15	15
Mittlere Rohrstärke mm . .	—	54	41,3	—	35,2	—	—	21,2	21,2
Umfangsverlängerung mm .	1,5	2,0	2,1	2,6	2,0	2,3	1,5	0,6	0,3
Höchstdruck p atü	50,6	56,9	50,35	41,4	34,4	24,7	17,65	12,5	6,45
Entlastung $\frac{q}{p}$ % wirklich .	15,5	3,5	6,8	39,3	39	43	64	73	69
theoretisch	58	60,7	63	78	73	85	88	83,5	84

Da die erwartete Entlastung in keinem Falle voll, in manchen aber mit unter 10% erreicht wurde, ist das Rohr selbst in viel stärkerem Maße belastet geblieben als vorgesehen. Die Sicherheit der Rohrleitung ist daher weit unter der geplanten, was besonders bei etwa auftretenden Druckstößen gefährlich werden könnte. Außerdem sind örtliche Spannungserhöhungen durch Abweichungen von der zentrischen Symmetrie der Rohre und besonders ihrer Panzerung mit Sicherheit zu erwarten.

Dynamische Messungen.

Diese statische Untersuchung der Rohrleitung stellt nur eine Einleitung für die geplanten Druckstoßmessungen dar. Jetzt muß leider berichtet werden, daß infolge des Kriegsendes keine weiteren Untersuchungen an der Rohrleitung durchgeführt werden konnten, obwohl die Vorbereitung und weitgehende Säuberung der Meßgeräte für die bei der bald darauf geplanten Inbetriebnahme des Werkes vorgesehenen Messungen bereits vorgenommen waren. So wurden alle Meßketten ausgebaut und verpackt. Die zur weiteren Untersuchung von Druckstößen in der Rohrleitung bereit gehaltenen Druckmeßdosen [*6*], die auf der gleichen Grundlage arbeiten wie die induktiven Geber zur Messung der Rohrumfangsverlängerung auf den Meßköpfen der Meßketten, kamen nicht mehr zum Einsatz. Ihre Eignung ist bereits an der Rohrleitung eines kleinen Schwarzwaldkraftwerkes bewiesen worden.

Erkenntnisse und Folgerungen aus den Untersuchungen.

Die wichtigste Erkenntnis aus Vorstehendem dürfte die sein, daß die Druckschachtpanzerung erhebliche Druckentlastung der Druckrohrleitung bringen kann, daß aber ihre Ausbildung mit größter Sorgfalt in Planung und Herstellung erfolgen muß. Besonderer Wert muß auf gute Symmetrie der Stützwirkung gelegt werden. Falls brüchige Felsstrecken durchlaufen werden, ist die Betonpanzerung für sich so kräftig auszubilden, daß auf die Stützwirkung des Felses verzichtet werden kann. Vermutlich dürfte die Anwendung der Spannbetonbauweise vorteilhaft sein. Damit zuverlässige Erfahrungswerte gesammelt werden können, ist es auch bei künftigen Kraftwerksbauten mit Druckschachtpanzerung ratsam, eingehende Messungen anzustellen. Die hier angewandten Meßverfahren und Meßgeräte haben sich durchaus bewährt, und es empfiehlt sich, auch in Zukunft in ähnlicher Weise vorzugehen. Die Meßtechnik ist natürlich inzwischen nicht stehengeblieben, und auch für die benutzten induktiven Meßgeräte sind Erleichterungen in der Handhabung und der elektrischen Schaltung erreicht worden, die gerade bei so umfangreichen und unter schwierigen Bedingungen durchzuführenden Messungen wichtig sind.

Von der Anwendung der in anderen Fällen sehr bewährten Widerstandsmeßstreifen ist hier abzuraten, weil vor allem die starke Feuchtigkeit ihre Zuverlässigkeit in größerem Maße in Frage stellt als die der hier angewandten induktiven Meßgeräte. Wenn von einer gemeinsamen Aufzeichnung der Meßwerte in Schleifenoszillographen — die bei der Auswertung nicht zu unterschätzende Vorteile bietet — abgesehen werden soll, so können sowohl für die Umfangsverlängerungs- wie für die Druckmessung mechanisch messende und schreibende Meßgeräte angewandt werden, wie dies bereits bei den Meßketten durch Anwendung von Tastschwingungsschreibern durchgeführt worden ist. Auch für statische und dynamische Druckmessung sind inzwischen passende Zusatzgeräte zu diesem vielfach bewährten Schwingungsschreiber entstanden.

Die Untersuchungen haben auch deutlich gemacht, daß es wichtig ist, die einzusetzenden Geräte in allen Einzelheiten eingehend zu erproben. Bei abgelegenen Meßplätzen sind Ersatzteile und -geräte bereitzuhalten sowie gutes Werkzeug für kleinere Instandsetzungen und Überholungen. Hierdurch kann wertvolle Zeit gespart werden.

In jedem Falle sind die für die Messung aufzuwendenden Kosten gering im Verhältnis zu den Anlagekosten eines Kraftwerkes und auch im Verhältnis zu dem Nutzen, der in der Kenntnis der Sicherheit liegt, die eine Wasserkraftanlage in Wirklichkeit aufweist.

Schrifttum.

[1] LEHR, E., H. BRÄTSCH u. A. POHLMANN: Erprobung und Eichung einer Meßkette zur Ermittlung der Umfangsdehnung von Druckrohren. Augsburg, Forschungsanstalt für Mechanik und Gestaltung, 1944.

[2] POHLMANN, A.: Statische Dehnungsmessungen an einer Druckrohrleitung mit Druckschachtpanzerung als Vorbereitung von Druckstoßmessungen. Gustavsburg, MAN 1945.

[3] HENCKY, H.: Die Versuche an der Druckschachtpanzerung eines Alpenkraftwerkes und ihre praktische Bedeutung. Gustavsburg, MAN 1945.

[4] PELIKAN, W.: Probleme der Druckschachtpanzerung, am Beispiel eines Alpenkraftwerks behandelt. Gustavsburg, MAN 1949.

[5] Askania-Druckschrift „Schwing 606a"; Industrie-Kurier 1952.

[6] FLEMMING, H. W.: Arbeitstagung des Deutschen Druckstoßausschusses, Deutsche Wasserwirtschaft, Jg. 38 (1943), H. 1, S. 29.

Nichtstationäre Strömungen in Unterwasserstollen[1].

Von Hans Blind, München.

Mit 60 Abbildungen und 22 Diagrammen.

A. Einleitung.

I. Unterirdische Kraftwerke (Kavernenkraftwerke) und Unterwasserstollen.

Seit dem Bau der ersten unterirdischen Kraftanlage im Jahre 1907 sind bisher über 60 Kavernenkraftwerke in der ganzen Welt gebaut worden. Vor allem in Schweden, Italien, in der Schweiz und Frankreich ist diese Bauweise in einer laufenden Weiterentwicklung und stellt teilweise (z. B. in Schweden) die wesentlichste Bauart für Wasserkraftanlagen dar.

Wie unterschiedlich auch alle diese Anlagen in ihrer Lage, Größe, Bau- und Betriebsweise sind, sie haben aber immer dies gemeinsam, daß sie jeweils die wirtschaftlichste Lösung an ihrem besonderen Standort darstellen. Dabei dürfte die Frage der Sicherheit gegen Luftangriffe bisher von untergeordneter Bedeutung gewesen sein.

Grundsätzlich unterscheidet man bei Kavernenkraftwerken zwischen Ober- und Unterwasseranlagen (auch als schwedische und italienische Bauweise bezeichnet).

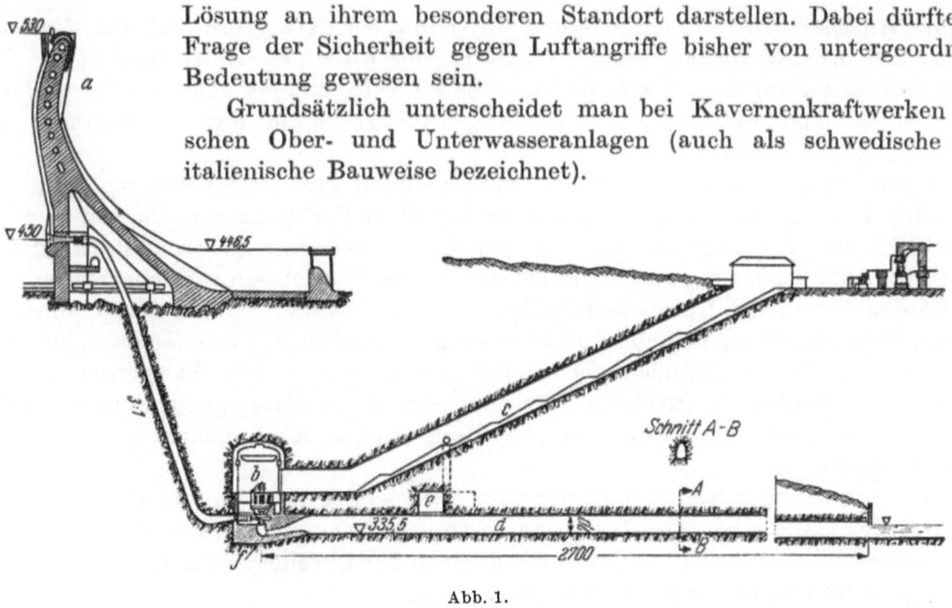

Abb. 1.

Die schwedische Bauweise (Abb. 1) hat den Vorteil, daß bei einer kurzen Zuleitung zu der Turbine meistens Wasserschloßanlagen bzw. Druckrohrleitungen erspart werden. Dafür wird der Unterwasserstollen oft sehr lang.

Bei der italienischen Bauweise (Abb. 2) ist die Zuleitung zum Krafthaus lang und erfordert entweder eine Panzerung gegen Druckstöße oder ein Wasserschloß. Dagegen kommt

[1] Dissertation, genehmigt von der Fakultät für Bauwesen der Technischen Hochschule Karlsruhe. — Untersuchungen aus dem Institut für Hydromechanik, Stauanlagen und Wasserversorgung der Technischen Hochschule Karlsruhe, Prof. Dr.-Ing., Dr.-Ing. E. h. P. Böss.

man hier mit einem kurzen Unterwasserstollen aus, und in den meisten Fällen bedarf es auch nur eines kurzen Zuganges zum Krafthaus.

Zwischen diesen beiden Grundtypen von unterirdischen Kraftwerken liegen die verschiedenen Variationen von Bauweisen, die auf Grund der örtlichen Verhältnisse, hydraulischen und wirtschaftlichen Belange bestimmt werden.

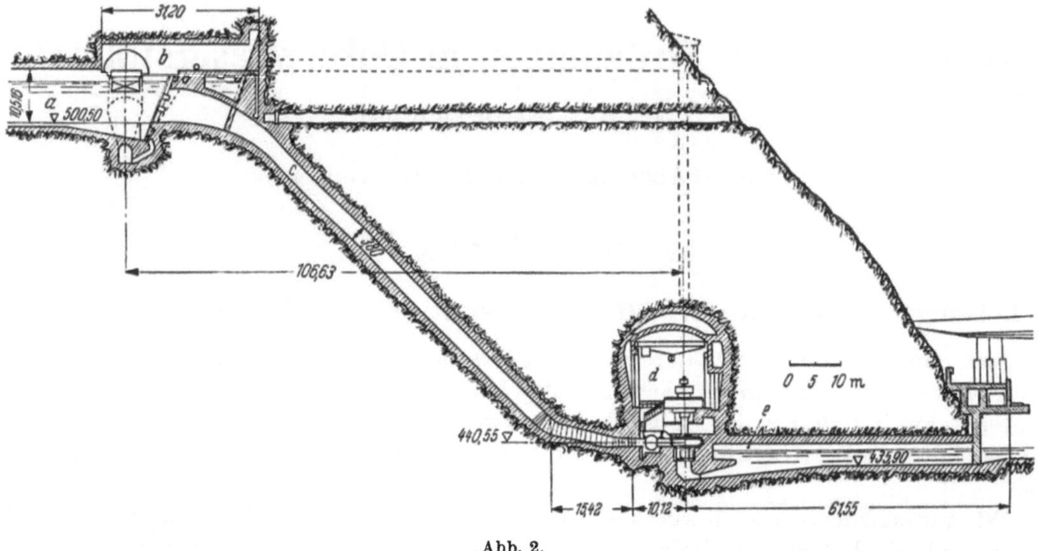

Abb. 2.

Zur wirtschaftlichen Rechtfertigung unterirdischer Kraftwerke ist der *Unterwasserstollen* einer der wichtigsten, wenn nicht sogar der wichtigste Bestandteil [*26*].

Diese Feststellung wird durch die Tatsache erhärtet, daß bei vielen großen Anlagen die Unterwasserstollen zum Teil erhebliche Längen (bis zu 20 km) und Abmessungen (Durchmesser bis 20 m) haben.

Die Ausführung und Größe der Unterwasserstollen wird immer abhängig sein von der generellen Planung der Anlage, von den geologischen Verhältnissen, von der Turbinenart (Reaktions- oder Freistrahlturbine), von den Unterwasserverhältnissen (stark schwankender, freier Abfluß oder Stausee), von der Größe der Betriebsschwankungen usw.

Um den Begriff der Unterwasserstollen zu vervollständigen, wird darauf hingewiesen, daß dieselben oder ähnlichen hydraulischen Gesichtspunkte und Probleme wie bei den oben beschriebenen Kraftwerkstollen ebenso bei den Auslässen von Talsperren (z. B. Tiefschützen), bei Stollen, Rohrleitungen für Abwasser, Wasserversorgungsleitungen unterhalb sonstiger Abschlußorgane (Drosselklappen, Ringschieber, Rückschlagklappen usw.) in Betracht kommen.

Vom hydraulischen Standpunkt aus wird man bei der Planung von Unterwasserstollen grundsätzlich klare, eindeutige Lösungen anstreben. Entweder wird versucht, einen reinen Freispiegelstollen anzulegen, der auch die größten Schallwellen aufnimmt, oder man wählt einen Druckstollen, mit oder ohne Wasserschloß.

In vielen Fällen aber sind diese eindeutigen Lösungen nicht möglich, besonders auf Grund der örtlichen Gegebenheiten und Bedingungen des Betriebes, sowie wirtschaftlicher Überlegungen.

II. Die nichtstationären Strömungen in Unterwasserstollen. Aufgabe der Untersuchungen.

Unter den nichtstationären Strömungen bei Wasserkraftwerken versteht man allgemein die Erscheinungen von Schwall- und Sunkwellen, Druckstößen und Wasserschloßschwingungen.

Eine bereits oberflächliche Betrachtung dieser hydraulischen Vorgänge in einem Unterwasserstollen zeigt, daß die nichtstationären Strömungen, die durch die Reguliertätigkeit der Turbinen bzw. Pumpen und durch die Öffnungs- bzw. Schließvorgänge der Abschlußorgane hervorgerufen werden, gerade für die Wahl eines bestimmten Grundtypes von Unterwasserstollen und dessen Dimensionierung eine erhebliche Rolle spielen.

Es war nun weder Sinn noch Aufgabe dieser Arbeit, die nichtstationären Strömungen in ihrer Gesamtheit zu erfassen und wiederzugeben. So wichtig und auch vielseitig z. B. die Wasserschloßprobleme an Unterwasserstollen sind, so sind diese doch zu einem wesentlichen Teil in der Literatur erfaßt und eingehend behandelt.

Ebenso wurde auch nicht versucht, Teile der klassischen Druckstoßtheorie und der zahlreichen Einzeluntersuchungen wiederzugeben.

Im Rahmen dieser Arbeit sollten vielmehr die Zustände und Vorgänge untersucht werden, die sich auf Grund wechselnder Abflußverhältnisse als nicht klar zu definierende Zwischenzustände darbieten.

Bei der Erfassung dieser Probleme wurden die theoretischen Grundlagen der nichtstationären Strömungen nur soweit in kurzen Auszügen wiedergegeben, als es für das Verständnis der hier durchgeführten Ableitungen notwendig erschien.

B. Unterteilung der Unterwasserstollen nach den stationären und nichtstationären Strömungen.

I. Allgemeine Gesichtspunkte.

Um alle nichtstationären Vorgänge in Unterwasserstollen erfassen zu können, ist es notwendig, sich darüber klar zu werden, welche Grundtypen von Unterwasserstollen generell geplant werden und wie diese durch die Unterwasserverhältnisse oder durch nichtstationäre Strömungen verändert werden. Erst mit Kenntnis dieser Zwischenzustände kann geprüft werden, ob in diesen Bereichen die bekannten Berechnungsmethoden für die nichtstationären Vorgänge Gültigkeit haben und wie sie gegebenenfalls verändert werden.

II. Vier Grundtypen von Unterwasserstollen.

Diese hier angeführten Typen sind eindeutige, klare Lösungen unter Berücksichtigung der nichtstationären Strömungen.

1. Der Unterwasserstollen als reiner Freispiegelstollen (Abb. 3).

Freier Auslauf des Stollens zum Teil mit stärkerem Gefälle. Große Abmessungen des Profils, da die Schwallwellen den Scheitel nicht berühren dürfen. Größtenteils auch freier Ablauf des Unterwassers mit geringen Wasserspiegelschwankungen.

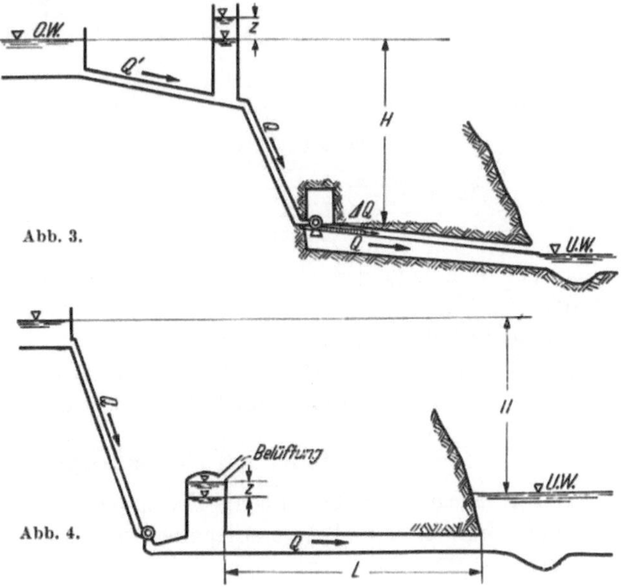

Abb. 3.

Abb. 4.

2. Unterwasserstollen unter Druck mit einem Wasserschloß auf der Unterwasserseite (Abb. 4).

Bei kurzer Zuleitung (schwedische Bauweise) kann das Wasserschloß im Oberwasser fehlen.

3. Unterwasserstollen unter Druck mit je einem Wasserschloß auf der Oberwasser- und Unterwasserseite (Abb. 5).

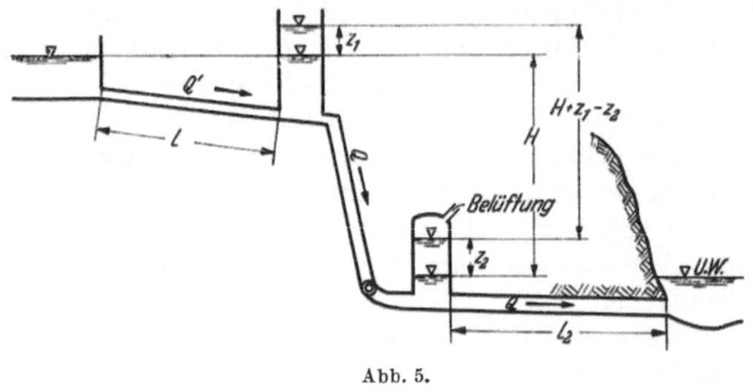

Abb. 5.

Dieses System von Wasserschlössern muß sehr genau konstruiert und untersucht werden, damit nicht Schwingungsüberlagerungen und -anfachungen entstehen können.

Im Rahmen dieser Arbeit wird dieses Problem nicht behandelt. Es wird auf die diesbezügliche, umfangreiche Literatur verwiesen.

4. Unterwasserstollen unter Druck ohne Wasserschloß (Abb. 6).

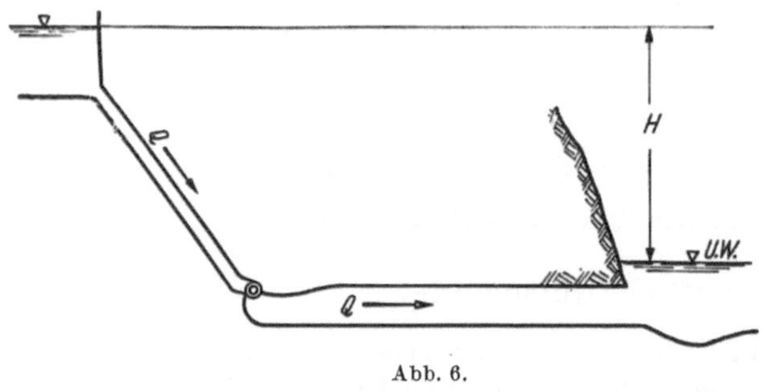

Abb. 6.

Nur bei geringer Stollenlänge und günstigen Öffnungs- und Schließzeiten kann der Druckstollen ohne Wasserschloß ausgeführt werden.

III. Weitere Unterwasserstollentypen.

Auf Grund örtlicher Verhältnisse (Höhenlage des Stollens, Profil, Unterwasser) und wirtschaftlicher Forderungen (optimales Profil, Ersparnis von Wasserschloßanlagen usw.) wird in vielen Fällen eine eindeutige Lösung, wie sie unter den vier Grundtypen aufgeführt ist, nicht möglich sein. In diesem Falle können folgende Zwischentypen zur Anwendung kommen:

1. Freispiegelstollen im Grenzbereich zum Druckstollen (Abb. 7).

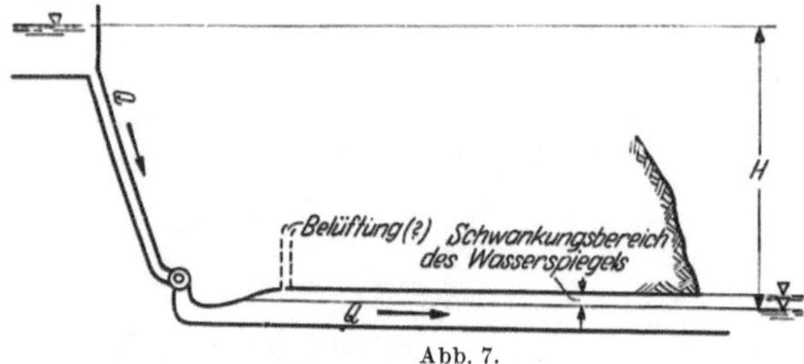

Abb. 7.

Im Normalfall soll dieser Stollen sowohl im stationären als auch nichtstationären Bereich als Freispiegelstollen wirken. Durch besondere Verhältnisse (z. B. der Wasserspiegel im Unterwasser steigt bis zum Scheitel oder die Schwallwellen füllen den Scheitel aus) kann aber die Grenzlage erreicht werden, in welcher der Stollen den Charakter eines Druckstollens erhält.

Dabei treten verschiedene Fragen auf, die zu untersuchen sind, z. B. Verhalten des Stollens bei plötzlichem Abschluß in diesem Grenzbereich, Einfluß einer Scheitelbelüftung, Verhalten der Schwallwellen im Scheitelbereich.

2. Freispiegelstollen mit Überschreitung des Grenzbereiches (Abb. 8).

Der im Normalfall ebenfalls als Freispiegelstollen wirkende Ablauf kann durch vorübergehende, kurzfristige Wasserspiegelhebungen im Unterwasser als Druckstollen funktionieren.

Wichtig ist dabei die Frage, wie sich nach Überschreitung des Grenzbereiches die nichtstationären Vorgänge auswirken. *Ferner ist das Verhalten von Lufteinschließungen im Stollen bei den nichtstationären Vorgängen von besonderer Bedeutung.*

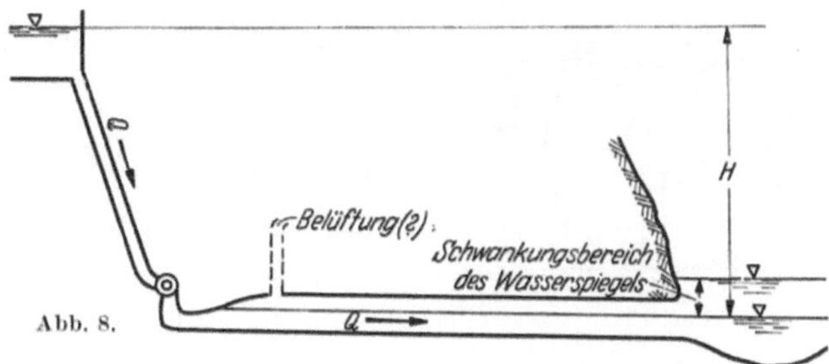

Abb. 8.

3. Unterwasserstollen als Freispiegelstollen mit Schwallkammern (Abb. 9).

Im stationären Abfluß wirkt dieser Stollen als Freispiegelstollen, ebenso auch bei kleineren Regulierschwallwellen. Bei größeren Schwallwellen wird der Scheitel erreicht und es wird ein Teil der ankommenden Wassermengen in den Schwallkammern aufgenommen.

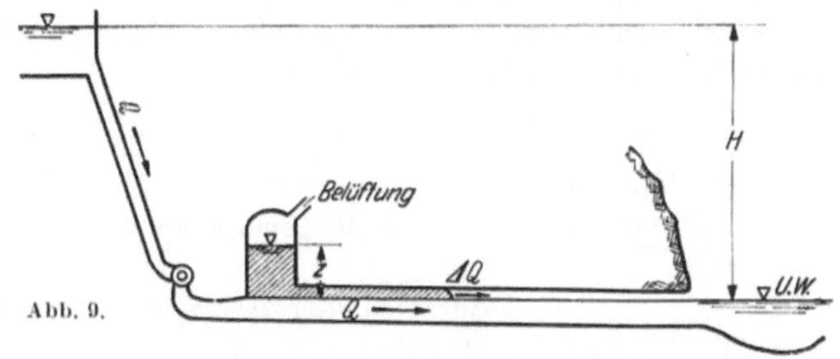

Abb. 9.

4. Druckstollen ohne Wasserschloß, aber mit Belüftung (Abb. 10).

Bei relativ kurzen Auslaufstollen kann unter Umständen das Wasserschloß eingespart werden. Da aber bei Unterwasserstollen die Gefahr des Abreißens der Wassersäule bereits bei Unterdrücken von —7 m sehr groß ist, muß eine Belüftung hinter dem Abschlußorgan vorgesehen werden.

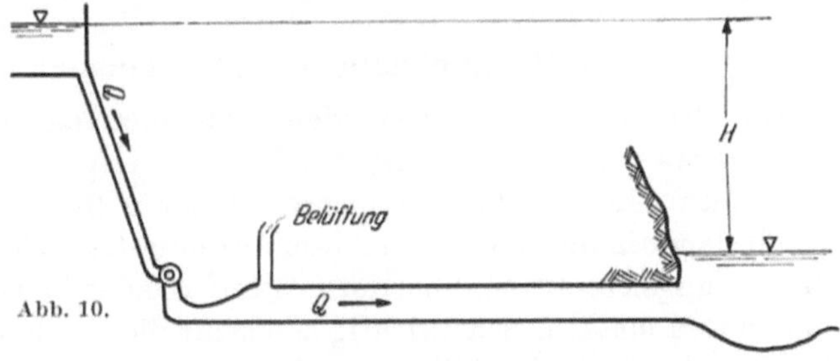

Abb. 10.

C. Unterwasserstollen als Freispiegelstollen — Schwall und Sunk.

I. Allgemeine Gesichtspunkte für Freispiegelstollen.

1. Anlage von Freispiegelstollen und günstigstes Profil.

Die Anlage von Freispiegelstollen für Unterwasserausläufe wird immer dann in Frage kommen, wenn es die örtlichen Verhältnisse erfordern (Höhenlage des Stollens, tiefer gelegenes Unterwasser) bzw. die wirtschaftlichen Verhältnisse zulassen (z. B. Schweden, Stollenausbruch für Dammschüttung).

In vielen Fällen aber wird ein Vergleich zwischen einer Wirtschaftlichkeitsberechnung und den technischen und sonstigen Belangen den Ausschlag dafür geben, ob ein Freispiegelstollen oder ein Druckstollen zur Anwendung kommt.

Für den Normalabfluß in einem Freispiegelstollen stellt der Kreisquerschnitt das hydraulisch (und auch statisch) günstigste Profil dar. Verschiedene praktische und örtliche Erwägungen können oft zu einer gewissen Änderung des Kreisprofils führen, ohne daß dabei aber die hydraulischen Verhältnisse und Gesichtspunkte wesentlich verändert werden.

2. Eigenschaften des Kreisprofils.

a) Zusammenhang zwischen Geschwindigkeit und Fülltiefe [35].

Nach der Abb. 11 läßt sich die Wasserfläche im Querschnitt ausdrücken mit

$$F = \frac{r^2}{2}\left(\frac{\varphi^\circ \pi}{180^\circ} - \sin\varphi\right)$$

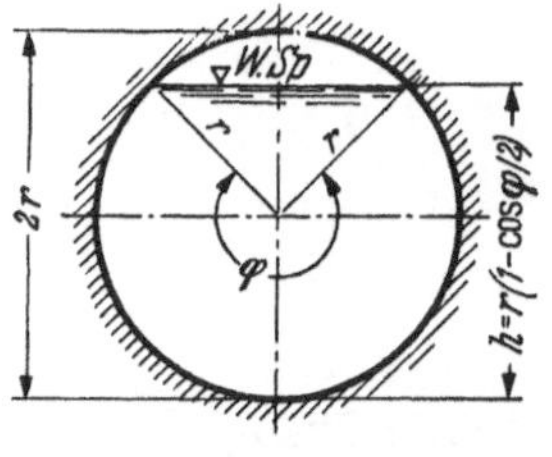
Abb. 11.

oder im Bogenmaß ausgedrückt

$$F = \frac{r^2}{2}\left(\text{arc}\,\varphi - \sin\varphi\right)$$

Der benetzte Umfang ist $p = r \cdot \text{arc}\,\varphi$.

Damit ergibt sich der hydraulische Radius R:

$$R = \frac{F}{p} = \frac{r}{2} \cdot \frac{\text{arc}\,\varphi - \sin\varphi}{r\,\text{arc}\,\varphi} = \frac{r}{2}\left(1 - \frac{\sin\varphi}{\text{arc}\,\varphi}\right)$$

für $\varphi = 180°$ $(t = r)$ und $\varphi = 360°$ wird $\sin\varphi = 0$ und daher $R = \frac{r}{2}$

d. h. im Kreisprofil ist die Geschwindigkeit bei halber und voller Füllung gleich groß.

Bei welcher Fülltiefe erreicht nun r und damit v seinen größten Wert, welcher zwischen halber und voller Füllung liegen muß?

Dies ist der Fall bei $\frac{dR}{d\varphi} = 0$.

Man erhält nach der Differentiation für einen Füllwinkel von 257° eine Fülltiefe von $h = 0{,}8128 \cdot d$, *bei der v ein Maximum wird.*

b) Zusammenhang zwischen Wassermenge und Fülltiefe.

Nach analogen Untersuchungen der Formel $Q = c\sqrt{R \cdot J} \cdot F$ erhält man *für Q_{max} eine Fülltiefe von* $t = 0{,}9472 \cdot d$ bei einem Füllwinkel $\varphi = 308°$.

3. Die nichtstationären Strömungen in Freispiegelstollen.

Auf Grund der vorhergehenden Untersuchungen ist ein wesentlicher Gesichtspunkt für die Auswahl und Größe des Profils von Freispiegelstollen gegeben. Nicht berücksichtigt wurde bisher der Einfluß der nichtstationären Bewegungen, d. h. von Schwall und Sunk. Es soll daher in den folgenden Abschnitten untersucht werden, inwieweit rechnerisch diese Erscheinungen erfaßt und bei der Festsetzung der Profilabmessungen berücksichtigt werden können und müssen. Sehr wichtig erscheint diese Frage vor allem deshalb, weil die hydraulisch günstigste Stollenfüllung in der Nähe des Scheitels liegt und damit die Größe und Verformung des Schwalles einen wesentlichen Einfluß auf die Abflußart des Freispiegelstollens ausüben kann.

II. Schwall- und Sunkwellen in Freispiegelstollen.

1. Allgemeine Betrachtung und Begriffsbestimmungen.

Bevor das Verhalten von Schwall- und Sunkwellen in Stollenprofilen untersucht wird, soll die Erscheinung dieser Vorgänge in offenen Gerinnen und ihre Bezeichnungen kurz erklärt werden.

Die beim Regulieren der Turbinen oder Betätigen von Abschlußorganen entstehenden Wassermengenschwankungen rufen dementsprechende Hebungen bzw. Senkungen des Wasserspiegels hervor, die allgemein als positiver und negativer Schwall (Schwall und Sunk) bezeichnet werden [*3*].

Allgemein unterscheidet man zwischen flußaufwärts und flußabwärts wanderndem Schwall. Der positive, flußaufwärts wandernde Schwall entsteht durch teilweises oder ganzes Schließen einer Turbine oder eines Abschlußorganes (Stauschwall).

Der flußabwärts wandernde Schwall wird als Füllschwall bezeichnet und entsteht durch teilweises oder ganzes Öffnen einer Turbine bzw. Abschlußorganes.

Die Schwallwellen können — wie dies auf den Bildern zu ersehen ist — verschiedene Erscheinungsformen haben. Grundsätzlich kann man unterscheiden zwischen einer brandenden Kopfwelle und einer glatten Kopfwelle mit nachfolgenden Reaktionswellen.

Ebenso wie beim positiven kann auch beim negativen Schwall (Sunk) zwischen flußaufwärts und flußabwärts wanderndem Sunk unterschieden werden.

Der negative, nach oben wandernde Schwall wird als Entnahmesunk bezeichnet. Er entsteht durch Öffnen der Turbinen und hat eine stark abgeflachte Front, da die oberen Wasserteilchen die größere Geschwindigkeit besitzen.

Der flußabwärts wandernde Sunk wird als Absperrsunk bezeichnet. Er entsteht durch Schließen der Turbinen bzw. des Abschlußorganes.

2. Erklärung der Bezeichnungen (Abb. 12).

Querschnitt $i : h_i,\ B_i,\ F_i,\ v_i,\ Q_i$

„ $i + 1 : h_{i+1},\ B_{i+1},\ F_{i+1},\ v_{i+1},\ Q_{i+1}$

Es ist:

a = Absolutgeschwindigkeit des Schwalles

ω = Relativgeschwindigkeit des Schwalles

Δh_i = Schwallhöhe

$a_i = v_i + \omega_i \qquad \omega_i = a_i - v_i$

Bem.: Wegen der später verwendeten Zeitdifferentiale dt wird hier für Wassertiefe und Schwallhöhe h bzw. Δh verwendet.

Ferner ist:

$\Delta v_i = v_{i+1} - v_i$

$\Delta F_i = F_{i+1} - F_i$

$\Delta Q_i = Q_{i+1} - Q_i$

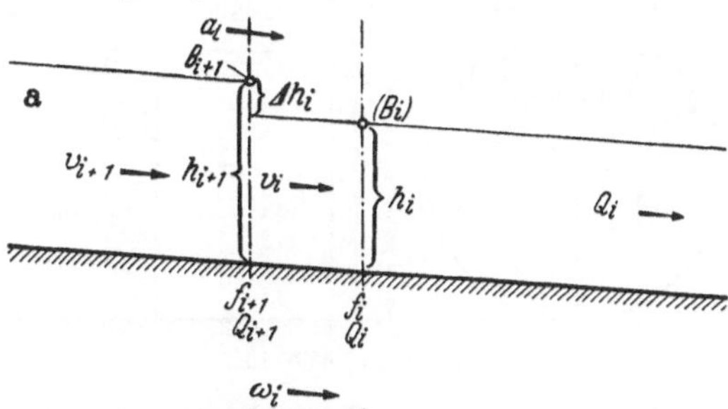

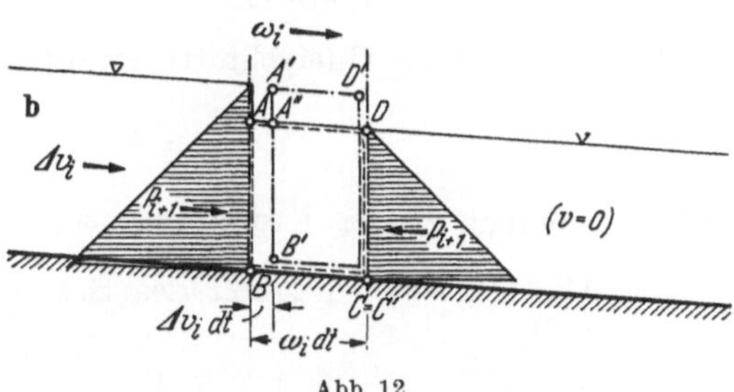

Abb. 12.

3. Ableitung der allgemeinen Schwallformel für eine elementare Einzelwelle in einem Stollen.

Um die späteren Untersuchungen der Schwallformel für Stollenprofile und Überprüfung der Werte richtig zu verstehen, wird hier zunächst in kurzer Form die allgemein bekannte Ableitung der Schwallformel gebracht [*9*, *10*, *11*].

Zur Zeit t_i hat das Wasserelement $ABCD$ die in der Abb. 12 eingezeichnete Form, nach dt befindet es sich in $A'B'C'D'$, d. h. ein Teil der ankommenden Geschwindigkeit wird in Hubarbeit umgesetzt.

a) *Kontinuitätsgleichung*

$$ABCD = A'B'C'D' \quad \text{oder} \quad ABB'A'' = A'A''DD'$$

d. h.
$$(F_i + \Delta F_i)\,\Delta v_i dt = \Delta F_i \omega_i\, dt /: dt$$
$$F_i \Delta v_i + \Delta F_i \Delta v_i = \Delta F_i \omega_i$$
$$\Delta v_i (F_i + \Delta F_i) = \Delta F_i \omega_i$$
$$\underline{\Delta v_i = \frac{\Delta F_i \cdot \omega_i}{F_i + \Delta F_i}} \tag{1}$$

b) *Impulssatz*

a) Bewegungsgröße

$$\frac{\gamma}{g} F_i \omega_i\, dt\, \Delta v_i /: dt$$
$$= \frac{\gamma}{g} F_i\, \Delta v_i \omega_i$$

b) Äußere Kräfte

$$+ P_{i+1} - P_i = \Delta P_i$$
$$\Delta P_i = F_i \Delta h i \gamma + \Delta W$$

ΔW = Wasserdruck auf Schwallwelle

Der Impulssatz lautet somit:

$$\frac{\gamma}{g} F_i\, \Delta v_i \omega_i = \Delta P_i = \gamma\, \Delta \mathrm{F}_i h_i + \Delta W \tag{2}$$

Aus (1) und (2) erhält man:

$$\frac{\gamma}{g} F_i\, \omega_i \frac{\Delta F_i\, \omega_i}{F_i + \Delta F_i} = \gamma\, F_i\, \Delta h_i + \Delta W /: \gamma$$

und hieraus:

$$\omega_i = \pm \sqrt{g\left(\frac{F_i \Delta h_i}{\Delta F_i} + \frac{\Delta W'}{\Delta F_i} + \Delta h_i + \frac{\Delta W'}{F_i}\right)} \tag{3}$$

$\Delta W'$ ist nach der obigen Definition der Wasserdruck auf die Schwallwelle und ergibt sich als Produkt der Fläche ΔF_t und ihrem Schwerpunktsabstand e vom Schwallspiegel (Abb. 13).

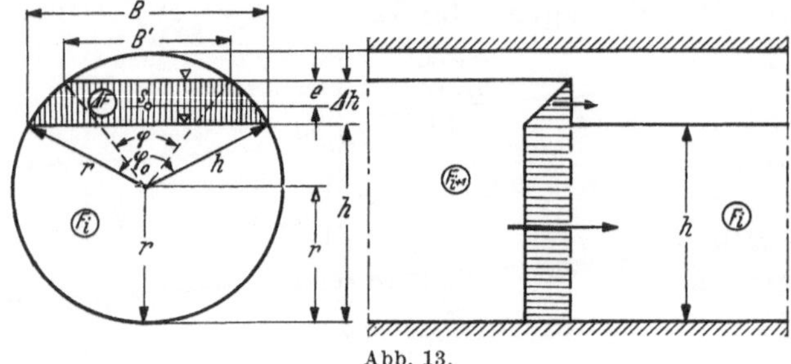

Abb. 13.

Da in dieser Arbeit die Anwendung der Schwallformeln auf Stollen untersucht werden soll, kann auf eine weitere Erläuterung und Vereinfachung der Formeln für offene Gerinne mit beliebigen Querschnitten verzichtet werden.

Für kreisförmige Querschnitte ergibt sich der Schwerpunktsabstand e:

$$e = h + \Delta h - r - \frac{B^3 - B'^3}{12\,\Delta F}$$

(ΔF = Differenz zweier Kreisabschnitte).

Die Absolutgeschwindigkeit des Schwalles beträgt:

$$a = v_i \pm \sqrt{g\left(\frac{F_i \Delta h_i}{\Delta F_i} + \frac{\Delta W'}{\Delta F_i} + \Delta h_i + \frac{\Delta W'}{F_i}\right)} \tag{4}$$

Eine Vereinfachung der Formel läßt sich durch folgende Näherung erreichen:

$$\Delta W' = B_m \cdot \frac{\Delta h^2}{2} \Delta F = B_m \cdot \Delta h \tag{5}$$

B_m = mittlere Schwall- bzw. Sunkbreite (5) in (3) eingesetzt erhält man:

$$\omega_i = \pm \sqrt{g\left(\frac{F_i}{B_m} + \frac{3}{2}\Delta h_i + \frac{B_m \Delta h_i^2}{2 F_i}\right)} \tag{6}$$

Für kleine Wellenhöhen kann das dritte Glied der Wurzel vernachlässigt werden.

Auf Grund der Kontinuitätsgleichung für den Schwall

$$\Delta Q = a \cdot \Delta F$$

erhält man zur Berechnung der Schwallhöhe Δh_i

$$\Delta h_i = \frac{\Delta Q}{a \cdot B_m} \tag{7}$$

worin $a = v \pm \sqrt{g\frac{F\,\Delta h}{\Delta F} + \frac{\Delta W'}{\Delta F} + \Delta h + \frac{\Delta W'}{F}}$ bedeutet.

B_m ist zunächst mit einem ersten Wert für ein geschätztes einzusetzen.

Die im Abschnitt IV dargestellte Kurventafel erpart diese Wiederholungsrechnung.

III. Modellversuche über Schwall und Sunk in Unterwasserstollen.

1. Zweck und Umfang der Versuche.

Durch die Versuche sollte grundsätzlich untersucht werden, in welcher Größe und Form Schwall- und Sunkwellen in einem Stollen durch die Reguliertätigkeit entstehen und wie diese mit den üblichen Schwallformeln übereinstimmen.

2. Versuchsstand mit Meßeinrichtung (Abb. 14).

Die Versuche wurden im Institut für Hydromechanik, Stauanlagen und Wasserversorgung der T. H. Karlsruhe, Direktor Prof. Dr.-Ing., Dr.-Ing. E. h. P. BÖSS, durchgeführt.

3. Die Versuche und ihre Ergebnisse.

Bei bestimmten Ausgangswassertiefen und veränderlichen Wassermengen wurden systematisch Schwall- und Sunkwellen erzeugt. Dabei wurde Aussehen und Form dieser Wellen beobachtet und fotografisch festgehalten. Außerdem wurde durch den Lichtpunktlinienschreiber Größe und Schnelligkeit der Schwall- bzw. Sunkwellen registriert.

Abb. 14.

Ergebnisse:

a) An Hand der fotografischen Aufnahme und der Diagramme wird die Erscheinungsform von Schwall und Sunk im Unterwasserstollen besprochen (Abb. A 1—6, Diagr. 1 bis 10, 18, 19)[1].

b) Die Überprüfung der gemessenen Schwallwerte mit den Rechenwerten ergab folgendes Bild (siehe Abb. 15):

Bei Schwallwellen im mittleren Bereich des Kreisprofils stimmen die gemessenen und gerechneten Werte für die Schwallhöhe sehr gut überein. Im oberen Teil der Kalotte dagegen zeigen sich starke Streuungen der Meßwerte, die im wesentlichen über den Rechenwerten liegen.

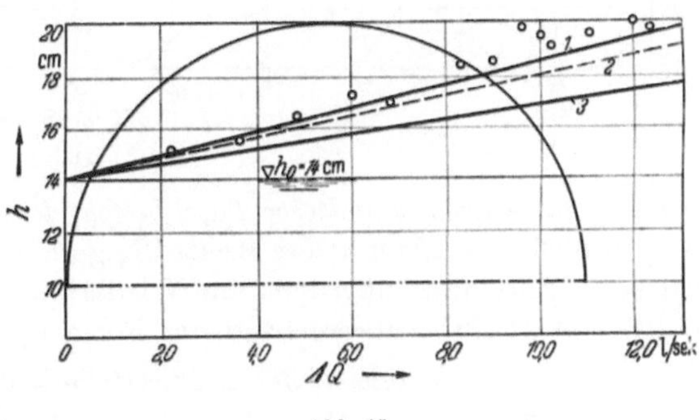

Abb. 15.

c) Die Erkenntnis über die Verformung der Schwallwelle ist ein Ergebnis dieser Untersuchungen. Die *Aufwölbung des Schwallkopfes,* wie diese Verformung genannt werden soll, kann vor allen Dingen einen augenblicklichen Teilabschluß bewirken und dadurch unter Umständen erhebliche Störungen im nichtstationären Abflußvorgang hervorrufen. Dies wird besonders durch die weiteren Modellversuche gezeigt.

IV. Vergleich zwischen Meßwerten und der Berechnung für Schwallwellen – Ermittlung der Schwallhöhen mittels Kurventafel.

Während im Abschnitt II die genauen Formeln zur Ermittlung der Schwallhöhen und -geschwindigkeiten angegeben sind, zeigten die Ergebnisse des Abschnittes III, daß diese Werte zum Teil erheblich überschritten werden, ohne daß dafür eine Gesetzmäßigkeit bzw. ein bestimmter Prozentsatz angegeben werden könnte.

[1] Die mit A bezeichneten Abbildungen sowie die Diagramme befinden sich im Anhang (S. 101).

Um sich bei den Schwallberechnungen nicht der sehr umständlichen Formeln bedienen zu müssen, wurde eine Kurventafel aufgestellt (siehe Abb. 16).

Aus dieser Tafel lassen sich ganz allgemein für alle Ausgangswerte eines beliebigen Kreisprofils die Schwallhöhen und -geschwindigkeiten mit einem Rechengang ablesen. *Der große*

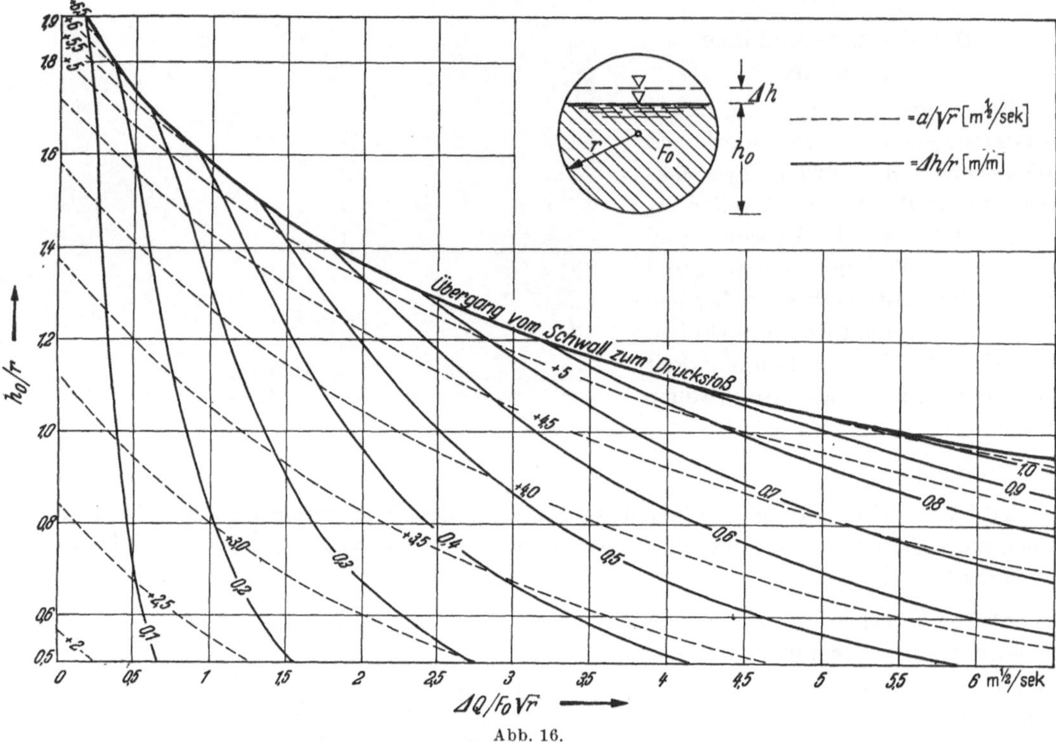

Abb. 16.

Vorteil in der Anwendung dieser Tafel besteht darin, daß im Gegensatz zur analytischen Ermittlung nicht erst die mittlere Breite B_m geschätzt werden muß, was gerade im Kreisprofil nicht einfach ist und außerdem eine Wiederholungsrechnung erfordert. Ferner ist in dieser Tafel der Wert ΔW entsprechend der Formel (3) berücksichtigt.

Vergleich der Meßwerte mit den Berechnungswerten.

In Abb. 15 sind zum Vergleich für eine Fülltiefe von $h = 14$ cm die Ergebnisse der Berechnungen und die in den Modellversuchen ermittelten Werte aufgetragen.

Die an Hand der vereinfachten Schwallformel mit Wiederholungsrechnung ermittelten Schwallwerte (2) weichen nicht sehr stark von der Ermittlung mittels der Kurventafel (1) ab.

Die Kurve 3, die an Hand der vereinfachten Formel ohne eine Wiederholungsrechnung ermittelt wurde, zeigt, daß diese Berechnungsweise gerade im kritischen Scheitelbereich keine brauchbaren Werte liefert und aus diesem Grunde nicht anwendbar ist.

Die Meßpunkte liegen sehr zerstreut über der Linie der berechneten Schwallwerte. Aus diesem Grunde ist es nicht möglich, eine Gesetzmäßigkeit oder einen bestimmten Prozentsatz für die Überschreitung der Rechenwerte anzugeben. *Eine Schwallerhöhung bis über 50%* des berechneten Wertes scheint aber auf Grund der Versuchserfahrungen durchaus möglich.

V. Untersuchung über die Verformung der Schwallwelle im Stollenprofil.

1. Allgemeines.

Die bereits aus der Anschauung bekannten und besonders bei diesen Modellversuchen gezeigten Erscheinungsformen einer Schwallwelle erfordern eine Klärung dieser Vorgänge. Grundsätzlich muß man dabei unterscheiden zwischen der Verformung der Welle in Fließrichtung (Branden-Abflachung) und senkrecht zur Fließrichtung (Aufwölbung).

2. Verformung der Schwallwelle in Fließrichtung (Branden-Abflachung) [29].

Auf Grund der Erscheinungsformen der Schwallwellen läßt sich folgendes aussagen:

a) Die einzelnen Schwallköpfe haben das Bestreben, sich zu überholen. Bei Erreichen des davor befindlichen Schwallkopfes fällt die überholende Schwallwelle über, d. h. die Welle *brandet*. Bei genügender Entwicklungslänge löst sich der brandende Schwallkopf in einige sehr steile Schwallwellen auf. Beide Erscheinungen sind kennzeichnend für das *Branden*.

b) Die nachfolgenden Schwallwellen haben eine geringere Geschwindigkeit als die vorhergehenden, d. h. *die Welle flacht sich ab*.

In den folgenden Untersuchungen soll nun festgestellt werden, in welchem Maße die oben angeführten Erscheinungsformen von dem Profil des durchflossenen Gerinnes, d. h. des Stollens, abhängig sind.

Es lassen sich zunächst folgende Kriterien aufstellen:

a) *Brandung, wenn* $a_{i+1} - a_i = \Delta a_i > 0$

b) *Abflachung, wenn* $a_{i+1} - a_i = \Delta a_i < 0$

Zur Ermittlung der Kriterien wird die vereinfachte Schwallformel verwendet

$$a = v + \sqrt{g \frac{F}{B}} \tag{8}$$

Die Kontinuitätsgleichung lautet:

$$Q = a \cdot dF = (v + \omega)\, dF$$

Nun gilt aber $Q = vF$, $dQ = v \cdot dF + dv \cdot F$, also $(v + \omega)\, dF = v\, dF + F dv$

$$dv = \frac{\omega \cdot dF}{F} \tag{9}$$

Das Kriterium erhält man durch die Ableitung der absoluten Wellengeschwindigkeit nach der Wassertiefe bzw. der Schwallhöhe da/dh

$$da = dv + \sqrt{\frac{g}{2}} \sqrt{\frac{B}{F}} \frac{B dF - F dB}{B^2}$$

(9) eingesetzt erhält man:

$$da = \sqrt{\frac{g}{2}} \cdot \sqrt{\frac{F}{B}} \left(3 \frac{dF}{F} - \frac{dB}{B}\right) \tag{10}$$

Da F und B Funktionen der Wassertiefe h sind:

$$\frac{da}{dh} = \sqrt{\frac{g}{4 F B^3}} \left(3 \mathrm{B} \frac{dF}{dh} - F \frac{dB}{dh}\right) \tag{11}$$

Damit ist das allgemeine Kriterium für Branden bzw. Abflachen gefunden:

$$K_r = 3B \cdot \frac{dF}{dh} - F \cdot \frac{dB}{dh} = 3B^2 - F \frac{dB}{dh} \tag{12}$$

$K_r > 0$ = Branden

$K_r < 0$ = Abflachen

Anwendung des Kriteriums auf das Kreisprofil (Abb. 13). Kreisprofil

$$B = 2r \sin \frac{\varphi}{2}$$

$$h = 2r\left(1 - \sin^2 \frac{\varphi}{4}\right) = 2\, r \cos^2 \frac{\varphi}{4}$$

$$F = r^2/2\, (2\pi - \operatorname{arc} \varphi + \sin \varphi)$$

$$dB/d\varphi = \mathrm{r} \cos \frac{\varphi}{2}$$

$$dh/d\varphi = -\frac{1}{2}\sin\frac{\varphi}{2}$$

$$dF/d\varphi = r^2/2\,(\cos\varphi - 1)$$

$$dB/dh = -2\,\mathrm{ctg}\frac{\varphi}{2}\,dF/dh = -r\frac{\cos\varphi - 1}{\sin\frac{\varphi}{2}} = +2\,r\,sin\frac{\varphi}{2}\,(= B)$$

$$K_r = 3\cdot 4\,r^2\sin^2\frac{\varphi}{2} + 2\,\mathrm{ctg}\frac{\varphi}{2}\cdot\frac{r^2}{2}(2\pi - \mathrm{arc}\,\varphi + \sin\varphi)$$

$$1/r^2\cdot K_r = \mathrm{ctg}\frac{\varphi}{2}(2\pi - \mathrm{arc}\,\varphi) + \frac{\sin\varphi}{\mathrm{tg}\frac{\varphi}{2}} + 12\,\sin^2\frac{\varphi}{2}$$

oder besser:

$$\frac{1}{r^2}K_r = \mathrm{ctg}\frac{\varphi}{2}(2\pi - \mathrm{arc}\,\varphi) + \sin\varphi\left(\frac{1}{\mathrm{tg}\frac{\varphi}{2}} + 6\,\mathrm{tg}\frac{\varphi}{2}\right)$$

und man erhält:

$$\frac{1}{r^2}K_r = \mathrm{ctg}\frac{\varphi}{2}(2\pi - \mathrm{arc}\,\varphi) - 5\cos\varphi + 7 \qquad (13)$$

Damit ist das Kriterium für das Kreisprofil gefunden.

Für alle Werte von $\varphi\left(\frac{\pi}{2}, \pi \text{ und } {}^3/_2\,\pi\right)$ ergibt das Kriterium Werte > 0, d. h. **Branden!**

Die Untersuchung zeigt, daß in einem Kreisprofil bei allen Fülltiefen der Schwall stets branden wird.

Dieses Kriterium läßt sich analog für offene Gerinne ermitteln.

3. Verformung der Schwallwelle senkrecht zur Fließrichtung (Randaufwölbung).

In dem vorhergehenden Abschnitt wurden die Erscheinungen des Brandens und Abflachens einer Schwallwelle untersucht. Es handelte sich dabei um Veränderungen der Schwallwelle in Fließrichtung, die von den besonderen Bedingungen des durchflossenen Profils abhängen.

In diesem Abschnitt soll die Verformung der Schwallwelle senkrecht zur Fließrichtung in der Kalotte des Stollens erklärt werden. Auf den Abb. A 7 bis A 10 ist diese Verformung, die als Randwölbung bezeichnet werden soll, zu sehen.

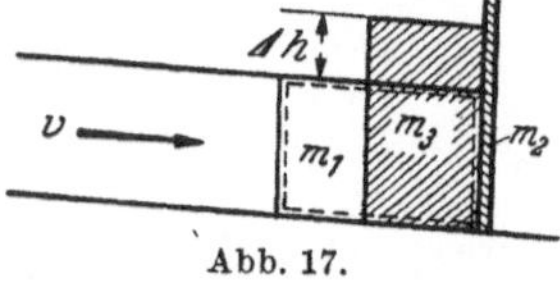

Abb. 17.

Zur Betrachtung dieser Vorgänge ist es notwendig, sich einer anderen Ableitung des Schwalles zu bedienen. Diese Ableitung beruht auf der allgemeinen Gleichung des geraden, zentralen, elastischen Stoßes (Abb. 17).

Die beim Stoß elastischer Massen freiwerdende Energie beträgt:

$$\Delta E = \frac{1}{2}\frac{m_1 m_2}{m_1 + m_2}(v_1^2 - v_2^2)$$

Die Energie wird beim Wasser (als ideale Flüssigkeit betrachtet) nicht in Molekulararbeit umgesetzt, sondern äußert sich in einer Deformation der Wasserelemente.

In dem hier betrachteten Fall wird das Wasserelement gehoben, d. h. die Energie wird für m_3 in Hubarbeit umgesetzt.

Da $m_2 = \infty$ zu setzen ist, ergibt sich mit $(v_1 - v_2) = \Delta v \qquad \Delta E = \frac{1}{2}m_1\,\Delta v^2$

Mit dieser Energie wird nun die Hubarbeit $m_3\,g\,\frac{\Delta h}{2}$ geleistet.

$$\frac{1}{2}m_1\,\Delta v^2 = m_3\cdot g\cdot\frac{\Delta h}{2} \qquad (15)$$

Jedes Wasserelement im Querschnitt kommt mit einer bestimmten Geschwindigkeit an, besitzt also beim Stau eine ganz bestimmte — der Geschwindigkeit entsprechende — Energie. Allgemein ist nun die Geschwindigkeitsverteilung im Stollenprofil nicht gleich, sondern entspricht der bekannten Charakteristik mit der maximalen Geschwindigkeit in der Mitte des Querschnittes. Infolgedessen werden sich auch bei der gleichzeitig einsetzenden Hebung der Wasserteilchen unterschiedliche Hub- bzw. Druckhöhen einstellen. Im normalen Bereich des Stollens (z. B. bei halber Füllung) tritt ein augenblicklicher Druckausgleich ein und es stellt sich die für den Schwall errechnete Höhenlage ein.

Anders verhält sich dieser Vorgang im Bereich der oberen Kalotte:

Die schematische Darstellung (Abb. 18) soll diesen Vorgang erläutern. Die Wasserelemente werden entsprechend der Geschwindigkeitsverteilung gehoben. Die Elemente an den Rändern können aber auf Grund der oberen Begrenzung nicht nach oben gehoben werden, sondern werden entlang der Wand hochgeführt. Der in diesem Augenblick über den ganzen Querschnitt erfolgende Druckausgleich verursacht eine Kraftwirkung von innen nach außen, die ebenfalls die an den Wänden hochgeführten Wasserteilchen zusätzlich hebt. Dadurch wird die gesamte Schwallwelle an den Rändern aufgewölbt, wie dies auf den Abbildungen zu sehen ist. Erst dann erfolgt der Druckausgleich, d. h. die Wasserteilchen an den Rändern fließen zur Mitte hin zusammen (Abb. 19) und bewirken dort ein Zusammenschlagen und daraufhin ein erneutes, gedämpftes Aufwölben an den Rändern.

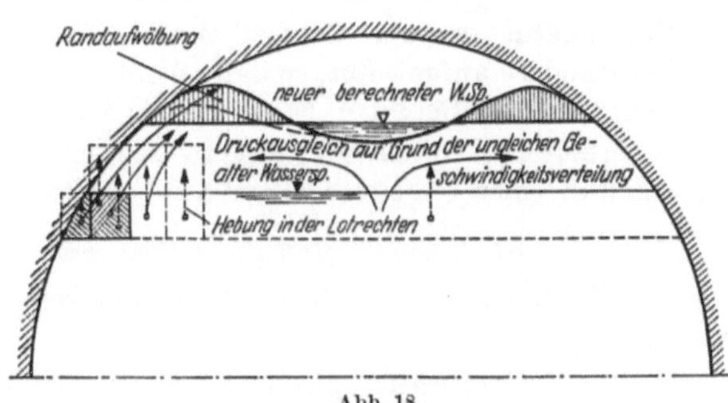

Abb. 18.

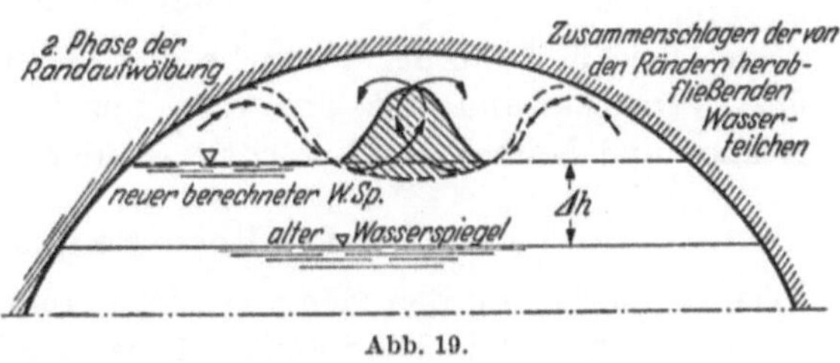

Abb. 19.

Durch diesen Vorgang wird im Stollen eine zum Teil erhebliche Schwingungswelle erzeugt, die sich über die ganze Stollenlänge ausdehnen kann.

Für die Größe der Aufwölbung läßt sich kein genauer Wert ermitteln, da sich das Zusammenwirken der einzelnen Vorgänge nicht erfassen läßt. *Die Streuung der Meßwerte in diesem Bereich zeigt, daß für die Aufwölbungswerte keine Gesetzmäßigkeit existiert.*

Wichtig ist die Tatsache, daß sich der Schwall in der Kalotte aufwölbt und einen Teilabschluß des Stollens bewirken kann.

D. Unterwasserstollen im Grenzbereich vom Freispiegelstollen zum Druckstollen.

I. Zweck und Umfang der Untersuchungen.

Die Ergebnisse der im Abschnitt C durchgeführten Versuche zeigten, daß die Schwallwelle in der Stollenkalotte zum Teil erhebliche Verformungen (Aufwölbungen) erleidet und dabei größere Werte annimmt. Diese unter Umständen nicht berücksichtigten Schwallerhöhungen verwandeln dadurch den reinen Freispiegelstollen durch augenblicklichen Abschluß zum Unterwasser hin kurzfristig in einen Druckstollen, d. h. der Charakter des Freispiegelstollens bewegt sich im Grenzbereich. Die folgenden Betrachtungen sollen über das Verhalten der nichtstationären Vorgänge im Grenzbereich und über die Auswirkungen der Lufteinschließungen im Stollen Klarheit verschaffen.

Diese Grenzlage kann ferner durch Schwingungswellen im Stollen und durch das Ansteigen des Unterwasserspiegels bis zum Scheitel oder etwas darüber entstehen.

II. Modellversuche.

1. Versuchsprogramm.

Auf Grund der zuvor geschilderten Verhältnisse eines Stollens im Grenzbereich und der interessierenden Vorgänge ergaben sich folgende durchzuführende Versuche:

a) Schnelle Folge von Schwall und Sunk.

Der zunächst erzeugte Schwall erreicht den oberen Teil der Kalotte und wird zusätzlich an den Rändern aufgewölbt, so daß an einigen Stellen im Stollen ein kurzfristiger Abschluß entsteht (Abb. A 7 bis A 10). Der in diesem Augenblick erfolgende Schließvorgang ist in seiner Wirkung auf die Abfluß- und Druckverhältnisse im Stollen zu untersuchen. Außerdem ist der Einfluß einer Scheitelbelüftung zu prüfen.

b) Normalabfluß im Stollen mit überlagerter Schwingungswelle.

Der Einfluß einer plötzlichen Schließbewegung (Sunk oder Druckstoß) ist zu untersuchen.

c) Unterwasserspiegel erreicht den Stollenscheitel bzw. übersteigt diesen.

Untersuchung der durch plötzliches Schließen entstehenden nichtstationären Vorgänge (Druckstoß, Sunkwelle) mit und ohne Scheitelbelüftung.

2. Modell und Meßeinrichtung.

Zur Durchführung der Versuche und Messungen wurde der unter C. III (Abb. 14) gezeigte Versuchsstand mit den dort angeführten Meßeinrichtungen (Lichtpunktlinienschreiber und Maihak-Indikator) verwendet.

3. Die Versuche und ihre Ergebnisse.

Die Versuche wurden den drei Programmpunkten entsprechend durchgeführt. Die Abb. A 7—A 22 und die Diagramme 11 bis 19 geben Aufschluß über die Vorgänge im Stollen.

a) Schwall und Sunk in schneller Folge.

Bei unterschiedlichen Wassertiefen und veränderlichen Wassermengen wurden durch plötzliches Öffnen der Drosselklappe Füllschwalle erzeugt. Diese erreichten den oberen Teil der Kalotte und bewirkten größtenteils durch die Randaufwölbung einen teilweisen Abschluß (siehe Abb. A 13 bis A 15). Bei nun erfolgendem Schließen der Zuleitung konnte sich bei geschlossener Scheitelbelüftung kein Sunk ausbilden, sondern es entstand am Abschlußorgan ein der Länge des abgeschlossenen Stollens entsprechender Druckstoß (siehe Diagramme 11 bis 15). Gleichzeitig bewegte sich in der Kalotte *mit erheblicher Geschwindigkeit ein Wasserpfropfen mit Lufteinschließungen zum Abschlußorgan hin* (Abb. A 16 bis A 20).

Bei geöffneter Scheitelbelüftung konnte sich beim Schließen ein normaler Sunk ausbilden. Die dabei sich zeigende relativ steile Sunkfront kann mit den Lufteinschließungen im Scheitel und der damit verbundenen stärkeren Reibung erklärt werden (Abb. A 22).

b) Normalabfluß im Stollen mit überlagerter Schwingungswelle.

Die stehende Schwingungswelle im Stollen wurde im Modell durch starke Wellenbewegung im Unterwasser erzeugt. Bei dem nun erfolgenden Schließen entstanden dieselben Erscheinungen wie bei den Versuchen a) (Abb. A 11 bis A 20 und Diagramme).

c) Unterwasserspiegel bis zum Stollenscheitel oder darüber.

Bei plötzlichem Schließen entstanden bei geschlossener Belüftung Druckstöße, bei geöffneter Belüftung Sunkwellen. Auch hier zeigte sich, daß die Sunkfront steiler als bei freiem Wasserspiegel ist, besonders wenn im Scheitel Lufteinschließungen vorhanden sind. Ausgeprägte Reaktionswellen sind typisch für diese Sunkwellen (siehe Diagramme 16 bis 19 und Abb. A 21 und A 22).

Die Versuche zeigten außerdem, daß auch bei einem Unterwasserspiegel über dem Scheitel und geöffneter Belüftung sich ein Sunk — und zwar bis zu einer bestimmten Grenzlage — ausbilden kann. Eine theoretische Ermittlung dieses Wertes erfolgt im Abschnitt D. IV.

III. Lufteinschließungen im Stollen und ihre Auswirkungen beim stationären und nichtstationären Abfluß.

Die im vorigen Abschnitt beschriebenen Versuchsergebnisse, besonders das Verhalten eines Druckstoßes in einem Wasser-Luftgemisch, erfordern eine Untersuchung der Vorgänge in einem Stollen, wenn dieser Lufteinschließungen enthält. *Dieser Gesichtspunkt ist wesentlich zur Beurteilung der Verhältnisse in einem Unterwasserstollen, wenn dieser im Übergangsbereich liegt.*

1. Entstehungsursache von Lufteinschließungen.

Lufteinschließungen in Unterwasserstollen können folgende Entstehungsursachen haben:

a) Der Unterwasserstollen ist derart dimensioniert bzw. angelegt, daß — entsprechend den Erklärungen in den vorhergehenden Abschnitten — durch größere Schwallwellen oder durch stark wechselnde Unterwasserstände im Scheitelbereich Luftblasen eingeschlossen werden.

b) Im Stollenscheitel sammeln sich Luftblasen, deren Entstehung durch zuvor mitgerissene Luft (z. B. durch schnelles Absinken des Wasserspiegels im Wasserschloß, durch Kavitationsbildung im Saugschlauch) wesentlich unterstützt wird. Diese Hohlraumbildung kann oft durch örtliche Ablösungsstellen im Stollen (z. B. Umlenkungsstelle vom Wasserschloß zum Stollen), durch Unebenheiten in der Stollenwandung oder durch eventuelle Einbauten hervorgerufen werden.

2. Verhalten der Lufteinschließungen im Druckstollen bei stationärem Abfluß (Abb. A 23—25).

Bei geringem Druck halten sich die Luftblasen sehr lange im Stollen, wobei sich von den größeren Lufteinschließungen kleinere abspalten und weiterwandern. Dabei werden aber die alten Luftblasen von den aufsteigenden immer wieder neu genährt, so daß diese sich unter Umständen sehr lange in einem Stollen halten. Bei stärkerem Druck sind die obigen Erscheinungen ebenfalls vorhanden, allerdings geht das Abspalten von Luftblasen und deren Zusammenfallen schneller vonstatten.

Sobald von den abgespaltenen Luftblasen das Volumen in ein bestimmtes Verhältnis zu dem im Stollen herrschenden Druck tritt, werden diese abgeflacht und eingedrückt. Durch die bei diesem Vorgang frei werdende kinetische Energie stürzen die Wasserteilchen sehr konzentriert auf die Stollenwand und rufen dabei unter Umständen erhebliche örtliche Druckspitzen hervor (Abb. 20).

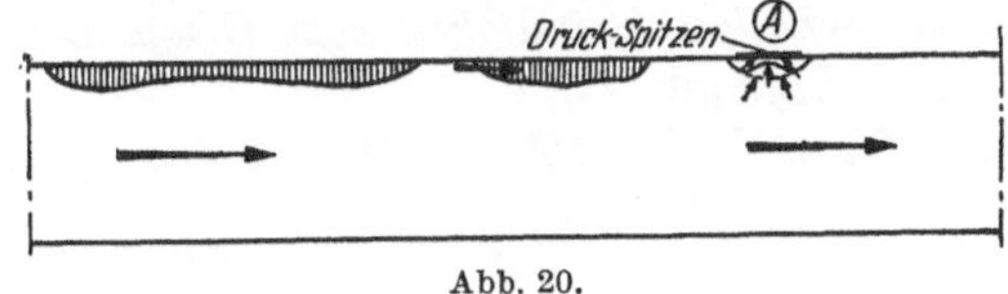

Abb. 20.

Dieser örtlich auftretende Druckstoß wird nur im nächsten Umkreis weitergeleitet, ist aber für die Stollenwand an dieser Stelle nicht ungefährlich. Das Zusammenstürzen dieser Luftblasen ist oft mit einem Geräusch verbunden, wie dies bei Vorgängen in der Natur und ebenso bei diesen Modellversuchen beobachtet werden konnte.

3. Verhalten der Lufteinschließungen in Druckstollen bei nichtstationärem Abfluß (Druckstoß).

Um diese Vorgänge erklären und berechnen zu können, ist es notwendig, einige grundsätzliche physikalische Vorgänge zu betrachten [*22*, *30*].

a) Die Wellenfortpflanzungs- (Phasen-) geschwindigkeit in festen und flüssigen Medien.

Die Wellenfortpflanzungsgeschwindigkeit c ist die Geschwindigkeit eines Zustandes (Deformation) in einem Medium.

Für feste Körper gilt:

$$c^2 = \frac{E}{\varrho}\,; \qquad c = \sqrt{\frac{E}{\varrho}} \tag{16}$$

Für Flüssigkeiten und Gase gilt:

$$c^2 = \frac{1}{\varrho \cdot \varkappa}\,; \qquad c = \sqrt{\frac{1}{\varrho \cdot \varkappa}} \tag{17}$$

b) Schallgeschwindigkeit in Gasen nach LAPLACE.

Die Fortpflanzungsgeschwindigkeit einer Welle in einem Gas beträgt

$$c = \sqrt{\frac{1}{\varrho \cdot \varkappa}}$$

Bei konstanten Temperaturen ist die Kompressibilität

$$\varkappa = \frac{1}{p}$$

Bei jeder Kompression tritt jedoch eine Erwärmung, bei jeder Ausdehnung eine Abkühlung auf. Erfolgen die Druckänderungen so schnell, daß ein Temperaturausgleich nicht möglich ist (adiabatische Zustandsänderungen), so gilt statt des BOYLE-MARIOTTEschen Gesetzes die POISSONsche Beziehung:

$$p \cdot V^{c_p/c_v} = \text{const}$$

wobei c_p und c_v die spezifischen Wärmen des Gases bei konstantem Druck bzw. konst. Volumen sind.

Durch Differentiation folgt:

$$V^{c_p/c_v}\, dp + p \cdot c_p/c_v \cdot V^{c_p/c_v - 1} \cdot dV = 0; \quad \frac{dV}{dp} = -\frac{V}{c_p/c_v \cdot p}$$

Die adiabatische Kompressibilität wird also

$$\varkappa = -\frac{1}{V}\frac{dV}{dp} = \frac{1}{c_p/c_v \cdot p}$$

und damit die Schallgeschwindigkeit

$$c = \sqrt{c_p/c_v \cdot \frac{p}{\varrho}} \tag{18}$$

Da bei konstanten Temperaturen

$$\frac{p}{\varrho} = \text{const}$$

ist die Schallgeschwindigkeit vom Druck unabhängig.

Für *Luft* gilt:

Bei 0 °C und $p = 760$ mm Hg ist das spezifische Gewicht der Luft:

$$\gamma_L = 0{,}001293 \text{ g/cm}^3.$$

Das Verhältnis c_p/c_v ist für Luft 1,40

$$c_0 = \sqrt{1{,}40\,\frac{(76 \cdot 13{,}55) \cdot 981}{0{,}001293}} = \underline{\underline{33130 \text{ cm/s}}}$$

Messungen ergaben $\qquad c_0 = 33\,160$ cm/s.

Nun nimmt die Dichte bei konstantem Druck mit wachsender Temperatur ab

$$\varrho = \frac{\varrho_0}{1 + \alpha t}$$

wobei der Ausdehnungskoeffizient $\alpha = \dfrac{1}{273{,}2^\circ}$ ist (nahezu für alle Gase gleich).

Die Schallgeschwindigkeit bei t °C ist also

$$c = \sqrt{\frac{c_p}{c_v} \cdot \frac{p}{\varrho_0}} \sqrt{1 + \alpha t} = c_0 \sqrt{1 + \alpha t} \tag{19}$$

c) Wellenfortpflanzungsgeschwindigkeit in einem Wasser-Luftgemisch.

Es soll nun untersucht werden, wie sich eine Welle in zwei verschiedenen Medien (Wasser und Luft) fortbewegt (Abb. 21). Die Druckerhöhung im Zeitelement sei $\frac{\partial p}{\partial t} \cdot dt$.

Volumenvergrößerung des Elementes infolge Rohrdehnung. Allgemein beträgt die Spannung in einem Rohr

$$\sigma = \frac{p \cdot r}{s}$$

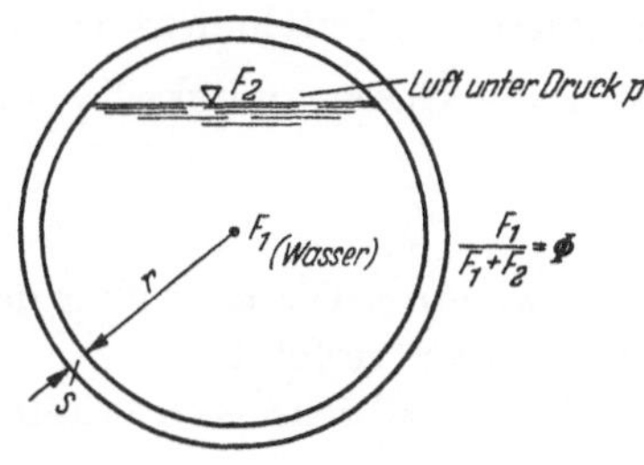

Abb. 21.

Bei einer Druckerhöhung $\frac{\partial p}{\partial t} \cdot dt$ ergibt sich

$$d\sigma = \frac{\partial p}{\partial t} dt \frac{r}{s}$$

Dabei verlängert sich der Umfang des Rohres um

$$dU = d\sigma \cdot \frac{U}{E}$$

Durch Einsetzen erhält man

$$dU = \frac{\partial p}{\partial t} dt \frac{r}{s} \cdot \frac{2 r \pi}{E}$$

Es ist aber auch $dU = 2\pi\, dr$, also $dr = \frac{\partial p}{\partial t} dt \frac{r}{s} \cdot \frac{r}{E}$

Nach der GULDINschen Regel beträgt die entsprechende *Volumenvergrößerung des Elementes* infolge Dehnung:

$$\partial(dV_{El}) = 2\,\pi r\, dr\, dx$$

also

$$\partial(dV_{El}) = \pi r^2 \frac{\partial p}{\partial t} dt\; dx \frac{2\,r}{s\,E} \tag{20}$$

Zusammendrückung des Wasserelementes. Infolge der Druckerhöhung $\frac{\partial p}{\partial t} dt$ *verkürzt sich die Wassersäule* $\pi r^2 \Phi$ von der Länge dx um

$$\partial\, dx = \frac{\partial p}{\partial t} dt \cdot d\varkappa\, .\, \varkappa_W$$

(Es wird dabei angenommen, daß sich die Volumenänderung nur in der Länge dx äußert. Die Volumenänderung ist unabhängig von dieser Annahme.)

$$\varkappa_W = \frac{1}{\varepsilon} = \text{Kompressibilität des Wassers}$$

$$\partial(dV_W) = \Phi \pi r^2\, \partial\, dx$$

$$\partial(dV_W) = \Phi \pi r^2 \frac{\partial p}{\partial t} dt \cdot dx \cdot \frac{1}{\varepsilon} \tag{21}$$

Zuammendrückung des Luftvolumens. Aus der POISSONschen Beziehung

$$p \cdot V c_p/c_v = \text{const}$$

folgt durch die Differentiation:

$$\frac{dV}{dp} = -\frac{V}{c_p/c_v \cdot p} \qquad \text{wobei} \quad \varkappa = \frac{1}{c_p/c_v \cdot p} = \text{adiabatische Kompressibilität}$$

$$dV = -\varkappa \cdot V \cdot dp$$

Im vorliegenden Falle gilt

$$\partial(dV_L) = \varkappa \cdot dV_L \cdot \frac{\partial p}{\partial t} dt$$

$$dV_L = (1 - \Phi)\pi r^2 \cdot dx; \quad \varkappa = \frac{1}{\zeta \cdot p}, \qquad \text{wobei } \zeta = \frac{c_p}{c_v}$$

$$\partial(dV_L) = \frac{1-\Phi}{\zeta} \pi r^2 \frac{1}{p} \frac{\partial p}{\partial t} dt\, dx \tag{22}$$

Nach dem Kontinuitätsgesetz beträgt das insgesamt freiwerdende Volumen

$$\partial(dV) = \partial(dV_{EL}) + \delta(dV_W) + \delta(dV_L)$$

$$\delta(dV) = \pi r^2 \frac{\delta p}{\delta t} dt \cdot dx \left[\frac{2r}{s \cdot E} + \frac{\Phi}{\varepsilon} + \frac{1-\Phi}{\zeta \cdot p}\right] \tag{23}$$

In dieses im Zeitelement dt frei werdende Volumen fließt Wasser nach. Demzufolge ändert sich die Geschwindigkeit v um den Betrag $\frac{\partial v}{\partial x} dx$, und es besteht der Zusammenhang

$$\delta(dV) = \Phi \pi r^2 \cdot \frac{\delta v}{\delta x} dx \cdot dt$$

Annahme: Die Luft über dem Wasser befindet sich in Ruhe. Es wird nur der Druckstoß im Wasser verfolgt.

Durch Gleichsetzen erhält man (beide Seiten mit $\pi r^2 dx\, dt$ gekürzt):

$$\Phi \frac{\delta v}{\delta x} = \frac{\delta p}{\delta t}\left[\frac{2r}{s \cdot E} + \frac{\Phi}{\varepsilon} + \frac{1-\Phi}{\zeta \cdot p}\right]$$

$$\frac{\delta v}{\delta x} = \frac{\delta p}{\delta t}\left[\frac{2r}{\Phi \cdot s \cdot E} + \frac{1}{\varepsilon} + \frac{1-\Phi}{\Phi \cdot \zeta \cdot p}\right]$$

Mit ϱ = Dichte des Wassers soll gelten:

$$\varrho\left[\frac{D}{\Phi \cdot s \cdot E} + \frac{1}{\varepsilon} + \frac{1-\Phi}{\Phi \cdot \zeta \cdot p}\right] = \frac{1}{a^2}$$

a ist die Fortpflanzungsgeschwindigkeit des Druckstoßes

$$a = \sqrt{\frac{\frac{1}{\varrho}}{\frac{D}{\Phi \cdot s \cdot E} + \frac{1}{\varepsilon} + \frac{1-\Phi}{\Phi \cdot \zeta \cdot p}}} = \text{\textit{Fortpflanzungsgeschwindigkeit eines Druckstoßes in einem Wasserluftgemisch.}} \tag{24}$$

Nach Einsetzen der Werte für eine Rohrleitung mit einem Durchm. 200 mm bei einem Wasser-Luft-Verhältnis $\Phi = 0{,}8$ und einem Druck $p = 10$ at erhält man einen Wert $a = 2{,}3$ m/sec. Da bei einem offenen Wasserspiegel und den entsprechenden Verhältnissen die Schwallgeschwindigkeit etwa 1,2 bis 1,5 m/sec betragen würde, erkennt man, daß durch die Kompression der Luft über dem Wasserspiegel die Fortpflanzungsgeschwindigkeit zwar wächst, aber dennoch in der Größenordnung der Schwallgeschwindigkeiten bleibt. *Diese Erkenntnis ist wichtig für die Klärung des Verhaltens von Wasser-Luft-Gemischen bei Druckstößen.*

d) Verhalten von Lufteinschließungen bei einem Druckstoß (Abb. 22 und 23).

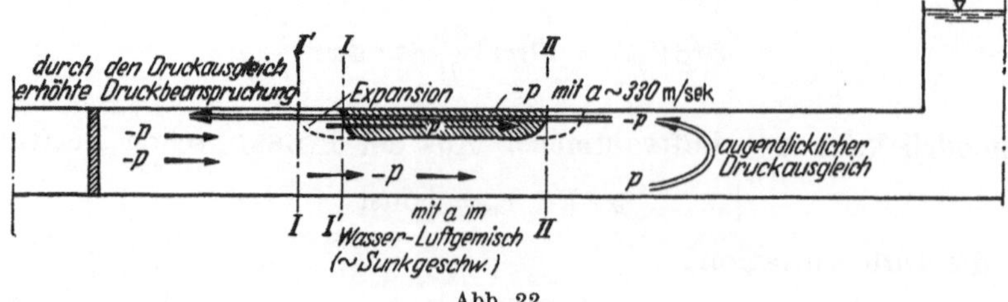

Abb. 22.

Der beim Schließen der Leitung entstehende Unterdruck $-p$ läuft in der Leitung entlang. Beim Erreichen der Luftblasen (Querschnitt I—I) wird der Druckstoß in der Luftblase mit der Druckstoßfortpflanzungsgeschwindigkeit in der Luft (Schallgeschwindigkeit) weitergeleitet, während er entsprechend den Betrachtungen und Ableitungen im Abschnitt III, 3 in dem darunter befindlichen Wasser nur mit etwa Schwallgeschwindigkeit weiterläuft. Das Luftvolumen wird sich auf Grund des neuen Druckes $-p$ ausdehnen

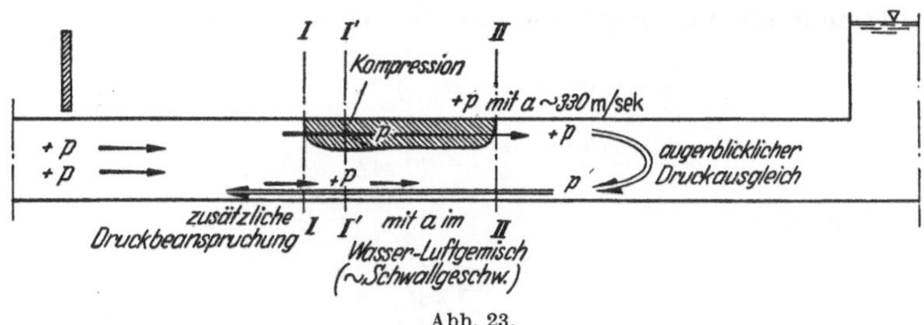

Abb. 23.

(Querschnitt I' — I'). Bei genügender Länge der Lufteinschließungen bzw. Aneinanderreihung von mehreren Luftblasen wird am Ende des Wasser-Luft-Gemisches ein negativer Druck $-p$ oben einem Ausdruck p unten gegenüberstehen. Dadurch findet ein augenblicklicher rascher Druckausgleich statt, indem der positive Druck in das Gebiet des negativen Druckes eindringt und dabei ein „Durchschießen" eines Pfropfens von Wasser-Luft-Gemisch zum Abschlußorgan hin bewirkt.

Dieser Vorgang konnte im Modell genau beobachtet werden und ist auf den Abb. A 15 bis A 20 zu sehen.

Bei diesem raschen und plötzlichen Freiwerden von kinetischer Energie werden andrerseits wieder Luftblasen komprimiert bzw. an der Stollenwand eingedrückt. Dadurch können zum Teil erhebliche Druckspitzen an der Stollenwandung und auch am Abschlußorgan entstehen.

Bei diesem Vorgang ist folgendes zu beachten:

Durch die eingeschlossenen Luftblasen entsteht teilweise ein Windkesseleffekt, wodurch eine Abschwächung des Gesamtdruckstoßes bewirkt wird (Diagramme 11 bis 15). Das schließt allerdings nicht aus, daß die zuvor erwähnten Druckspitzen an den Stollenwänden auftreten können. *Sind die Lufteinschließungen aber größer und gelangt der zurückschießende Wasserpfropfen bis zum Abschlußorgan, dann entsteht beim Rückstoß unter Umständen eine erhebliche Drucksteigerung (siehe Diagramm 20).*

Es ist demnach unsicher, ob bei Lufteinschließungen in einem Stollen zusätzliche Drucksteigerungen auftreten können oder ob diese als Windkessel wirkend eine Druckminderung hervorrufen. Aus diesem Grund sind solche Lösungen immer zu vermeiden, bei denen der Stollen, der normal unter Druck steht, Luft schlucken kann (es sei denn, daß eine Be- bzw. Entlüftung des Stollens vorgesehen ist).

IV. Untersuchung über die Grenzlage des Unterwasserspiegels für Sunk und Druckstoß bei Stollenbelüftung (Abb. 24).

Der unter Druck stehende Stollen wird mit Q durchflossen und soll nun plötzlich total abgeschlossen werden. Dadurch entsteht bei Belüftung des Stollens ein Sunk, der sich auch noch bei einer bestimmten Gegendruckhöhe ausbildet. Die Größe x soll ermittelt werden.

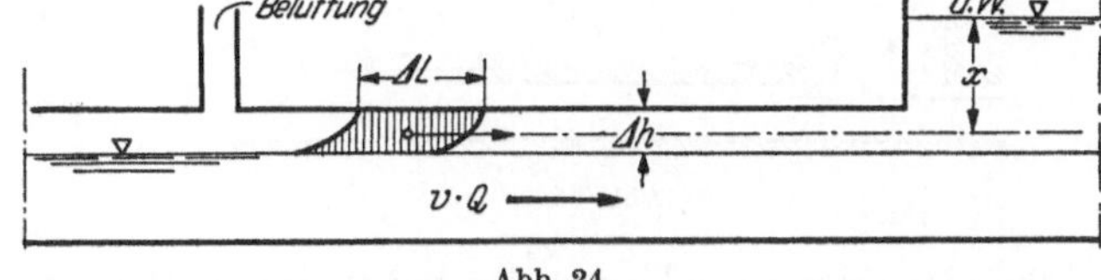

Abb. 24.

Der beim Abschluß des Stollens entstehende Sunk wird in seiner Größe durch die Wassermenge Q bestimmt. Man stellt sich nun ein Sunkelement $\Delta L\, \Delta h$ vor, das im Zeitintervall um ΔL vorgerückt ist.

Dieses Element besitzt die kinetische Energie

$$\frac{m v^2}{2} = \frac{\Delta L \cdot \Delta h \cdot \gamma}{g} \cdot \frac{\omega^2}{2}$$

Die Sunkgeschwindigkeit ω ist praktisch in jedem Sunkelement neu vorhanden. Demnach muß für das Element die folgende Bewegungsgleichung gelten:

$$\frac{m v^2}{2} \geqq x \cdot \Delta L \cdot \Delta h \cdot \gamma$$

$$\frac{\Delta L \cdot \Delta h \cdot \gamma}{g} \cdot \frac{\omega^2}{2} = x \cdot \Delta L \cdot \Delta h \cdot \gamma$$

und man erhält hieraus:

$$x \leqq \frac{\omega^2}{2\,g}$$

oder anders ausgedrückt: *Die Geschwindigkeitshöhe des Sunkes muß gleich oder größer sein als die Gegendruckhöhe im Unterwasser, wenn sich noch ein Sunk ausbilden soll.*

Beispiel:

Bei der Modellrohrleitung Durchm. 200 mm würde bei einer Sunkgeschwindigkeit von 1,4 m/sec die Gegendruckhöhe im Maximum 10 cm betragen, damit sich noch ein Sunk ausbilden könnte.

Bei einem normalen Unterwasserstollen Durchm. 8,0 m und einer ungefähren Sunkgeschwindigkeit von 9 m/sec würde $x = 4{,}0$ m betragen.

E. Unterwasserstollen mit Überschreitung des Grenzbereiches vom Freispiegelstollen zum Druckstollen

(Anlage von Schwallkammern und partial wirkenden Wasserschlössern).

I. Allgemeine Gesichtspunkte.

Bei längeren Unterwasserstollen, die im Normalfall als Freispiegelstollen wirken und durch stärkere Schwallwellen kurzfristig eine erhebliche Drucksteigerung über den Scheitel hinaus erhalten können, ist die Anlage von Schwallkammern zur Aufnahme dieser Überdrücke üblich.

Die schematische Darstellung (Abb. 25) zeigt die Wirkungsweise der Schwallkammern [29].

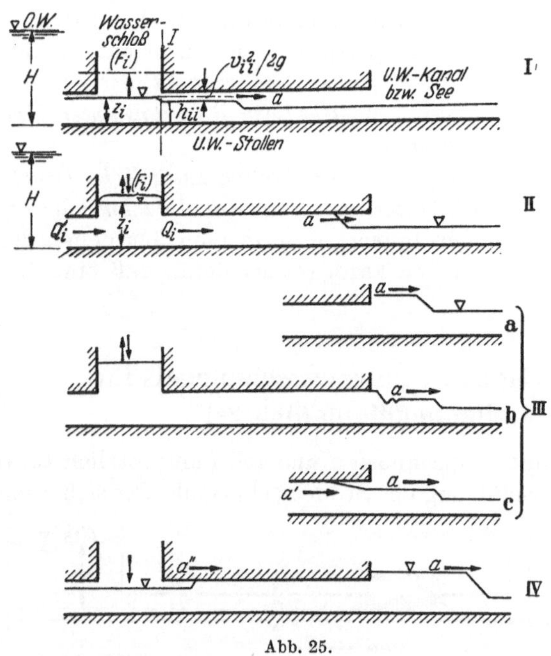

Abb. 25.

Den umgekehrten Fall stellt ein Unterwasserstollen dar, der im Normalbetrieb bei sehr geringer Gegendruckhöhe im Unterwasser als Druckstollen arbeitet. Zur Aufnahme aller Entlastungsschwingungen ist meistens ein sehr großer Wasserschloßquerschnitt notwendig, der in vielen Fällen nicht ausführbar ist. Man wählt dann die Anlage eines partial wirkenden Wasserschlosses, das bei geringen Wassermengenschwankungen zwar ausreicht, bei größeren Abschaltungen aber eine Absenkung des Wasserspiegels in den Stollen und damit eine bestimmte Luftaufnahme zuläßt.

Zur Erläuterung sind in den nachfolgenden Abschnitten folgende Punkte kurz zusammengestellt:

1. Anwendung der Schwallkammern
2. Einfluß der Öffnungszeiten auf die Schwallkammervorgänge
3. Anwendung der partial wirkenden Wasserschlösser.

II. Anwendung der Schwallkammern.

Die Anlage von Schwallkammern wird immer dann in Frage kommen, wenn bei geringem Gefälle die Schwingungen und Druckverhältnisse stabil gehalten werden sollen. Bei einem reinen Druckstollen würden oft die Abmessungen des Wasserschlosses sehr groß werden, da hier die Stabilitätsbedingungen von THOMA eingehalten werden müssen. Andrerseits wird aber auch oft in solchen Fällen die Anlage von reinen Freispiegelstollen nicht die wirtschaftlichste sein, so daß die Anlage von Schwallkammern als Zwischenlösung meistens die billigste Lösung darstellt.

Die Berechnung der Schwallkammern erfolgt nach der Methode von FAVRE [*29*] bzw. nach JAEGER [*22*].

Für die praktische Ausführung von Schwallkammern lassen sich keine allgemein gültigen Aussagen machen, obgleich mehrere gute Beispiele (besonders in Italien und in der Schweiz) vorhanden sind. Bei der italienischen Anlage Doblari wurden z. B. mehrere Schwallkammerformen und vor allem die Gestaltung des Einlaufes im Modell untersucht.

In vielen Fällen wird es notwendig sein, durch Modellversuche die günstigste Lage und Form der Schwallkammern zu ermitteln und dabei die gerechneten Werte zu überprüfen.

III. Bemerkung über den Einfluß der Öffnungszeit der Turbinen auf die Schwallhöhe.

Die Öffnungszeit der Turbinen kann analog den Verhältnissen beim Druckstoß auch hier angewandt werden.

Beim Druckstoß gilt, daß die Schließ- und Öffnungszeit solange ohne Einfluß auf die Druckänderung ist, solange $\tau < \frac{2L}{a}$ beträgt. Dasselbe gilt für Schwalle, die den Scheitel nicht berühren, bei entsprechender Verwendung der Schwallaufzeit.

Dagegen gilt bei Schwallwellen, die den Scheitel berühren, nur die einfache Laufzeit $\tau < \frac{L}{a}$, da beim Rücklauf der Stollen unter Druck steht und somit die Rücklaufgeschwindigkeit ($a = 1000$ m/sec) ein Vielfaches der Schwallaufzeit beträgt. Diese fällt dabei überhaupt nicht ins Gewicht.

Eine rechnerische Untersuchung schnell aufeinanderfolgender Be- und Entlastungen ist sehr schwierig und zeitraubend. Hier führt wohl der Modellversuch schneller und einfacher zum Ziel. Vor allem lassen sich dabei auch die unter Umständen auftretenden Schwingungs- und Resonanzerscheinungen untersuchen.

IV. Über die Anwendung partial wirkender Wasserschlösser bei Entlastungsvorgängen in Unterwasserstollen.

Die umgekehrte Anwendung der bisher behandelten Schwallkammern ist die eines Wasserschlosses für Entlastungsvorgänge (Abb. 26). Bei sehr geringen Gegendruckhöhen im Unterwasser müßte das normal berechnete Wasserschloß sehr große Abmessungen erhalten. Man kann nun unter Umständen auch hier die Lösung zulassen, daß zwar für normale Entlastungsfälle das Wasserschloß ausreicht, bei besonderen Fällen jedoch der Wasserschloßquerschnitt nicht mehr

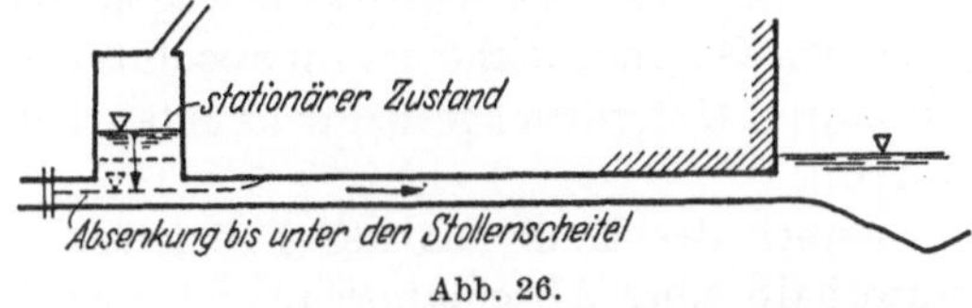

Abb. 26.

genügt und der Stollen Luft schluckt. In diesen Fällen ist es wichtig, sich darüber klar zu werden, wie groß die Absenkung im Stollen und damit die Luftaufnahme sein kann.

Nach den Untersuchungen in den vorhergehenden Abschnitten läßt sich feststellen, daß bei diesen Sonderfällen und entsprechenden Gegendruckhöhen im Unterwasser entweder ein normaler Sunk entsteht oder nur eine Absenkung und teilweise Stollenentleerung im Bereich des Wasserschlosses.

Ein weiterer wichtiger Faktor bei der Anordnung partialer Wasserschlösser ist die Art der Anlage, Neigung des Stollens usw. Die Lufteinschließungen im Stollen würden zwar im Normalbetrieb keine gefährlichen Wirkungen hervorrufen, jedoch zusätzliche Reibungsverluste und damit eine Verschlechterung des Abflußvermögens bedingen.

Wesentlich wichtiger ist die Frage, ob größere Lufteinschließungen in die Rohrleitung zwischen Wasserschloß und Abschlußorgan (Turbine oder Pumpe) gelangen und sich dort länger halten können. Hier könnten unter Umständen stärkere Druckbeanspruchungen erfolgen infolge der in dieser Leitung entstehenden Druckstöße.

Bei der Anlage dieser partial wirkenden Wasserschlösser müssen folgende Betrachtungen angestellt werden:

1. Man ermittelt nach Möglichkeit für einige Normalfälle (Entlastungsfälle mit kleineren Wassermengen bei günstigen Unterwasserständen) ein Wasserschloß, das ausreichend ist.
2. Für den Extremfall errechnet man die größtmögliche Absenkung im Stollen und erhält damit ein Kriterium für die Größe der Lufteinschließungen.
3. An den kritischen Punkten (Hochpunkten bei Rohrleitungen) sind Entlüftungsventile anzubringen, damit die gesamte Leitung möglichst rasch entlüftet wird.
4. Die am Wasserschloß mündenden Rohre (Stollen) sind nach Möglichkeit mit einem Gefälle zu versehen, damit eine Entlüftung zum Wasserschloß hin möglich ist.

F. Unterwasserstollen als Druckstollen ohne Wasserschloß.

I. Allgemeines über Druckstollen ohne Wasserschloß.

Die Anlage eines Unterwasserstollens als Druckstollen ohne Wasserschloß stellt zweifellos eine sehr wirtschaftliche Lösung dar. In vielen Fällen ist diese aber nicht ohne weiteres anwendbar, da sich die Druckstöße sehr schnell der absoluten Unterdruckgrenze nähern und damit ein Abreißen der Wassersäule bewirken.

Um aber die Grenze der Anwendbarkeit zu kennen, ist es wichtig, über die Vorgänge unterhalb eines Abschlußorganes Klarheit zu haben. Es handelt sich dabei um die Erfassung aller Unterdrücke am Abschlußorgan, Kenntnis des Abreißvorganges, Einfluß der Belüftung usw.

Es wird bei den nachfolgenden Untersuchungen vorausgesetzt, daß die Theorie des Druckstoßes und die Anwendung der graphischen Methode bekannt ist.

II. Ermittlung der Unterdrücke an den Abschlußorganen in UW-Stollen (Abb. 27).

Die negativen Druckstöße bewegen sich bei Unterwasserstollen sehr oft auf Grund der geringen Gegendruckhöhen im absoluten Unterdruckbereich und werden bei Erreichen der absoluten Unterdruckgrenze sehr gefährlich, da in diesem Falle bekanntlich die Wassersäule abreißt.

Außer der Kenntnis der Druckstoßberechnung ist die Ermittlung der Unterdrücke unterhalb eines Abschlußorgans wichtig. Erst dann kann man mit Sicherheit die Grenze der zulässigen Beanspruchung ausnützen.

In Abb. 27 ist schematisch die Zusammensetzung des Unterdruckes unterhalb einer Turbine im Saugrohr dargestellt, der sich aus folgenden Einzelgrößen zusammensetzt.

a) Statischer Unterdruck h_0.

Der statische Unterdruck ergibt sich aus der Differenzhöhe zwischen dem Laufrad der Turbine und dem Unterwasserspiegel. Liegt der Unterwasserspiegel höher, dann wird h_0 nach oben aufgetragen, d. h. der Unterdruck wird um diesen Betrag verringert.

b) Unterdruck infolge Druckstoß.

Der Druckstoß für den UW-Stollen bzw. für das Saugrohr wird analytisch oder graphisch ermittelt und als Funktion der Zeit aufgetragen. Diese Auftragung ist wichtig für die Ermittlung des wirksamen Unterdruckes, wie dies auch aus der Abb. 27 hervorgeht. Die Abbildung zeigt ferner die Auftragung des negativen Druckstoßes zur Ermittlung des Gesamtdruckstoßes.

c) Unterdruck infolge Geschwindigkeitsverminderung im Saugrohr.

Durch den Saugschlauch wird durch Geschwindigkeitsverminderung ein zusätzlicher Unterdruck erzeugt, der entsprechend dem Schließvorgang abnimmt.

Es ist $\frac{v^2 - v_u^2}{2g} = h_v$, wobei v_o die Geschwindigkeit am Laufrad und v_u am Saugschlauchende bedeutet.

Durch Auftragung dieser drei Faktoren über der Zeit zur Bestimmung des wirksamen Unterdruckes kann man feststellen, ob und wann der kritische Unterdruck von —10,0 m erreicht wird. Wie in der Abbildung gezeigt wird, kann dieser Unterdruck und damit der Abreißvorgang auch bei einem langsamen Schließvorgang innerhalb der Schließzeit (zu einem beliebigen Zeitpunkt) auftreten.

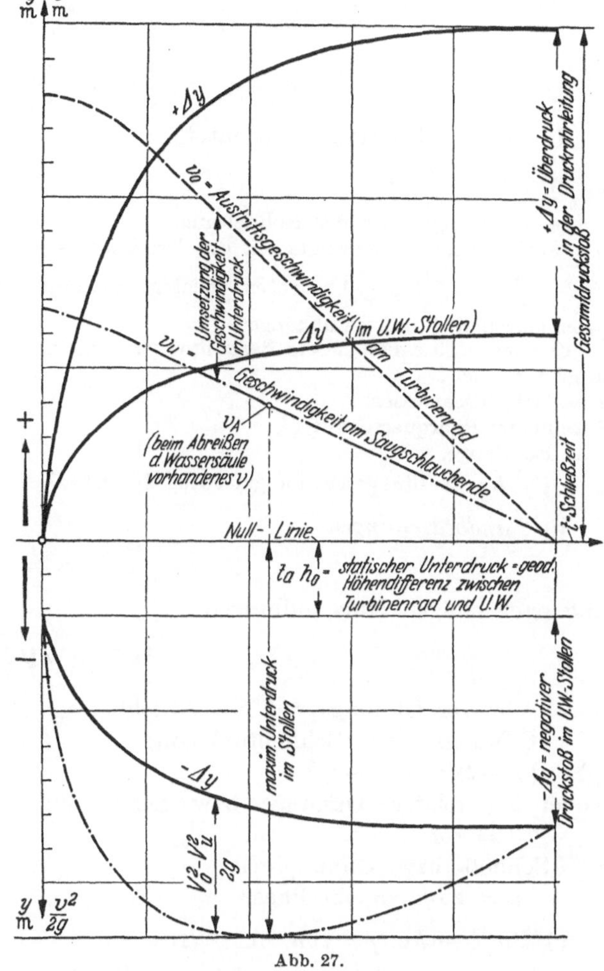

Abb. 27.

In diesen Fällen kann dann allerdings unter Umständen noch ein Nachsaugen stattfinden.

Dem kritischen Unterdruck und dem dadurch auftretenden Abreißvorgang entspricht in der schematischen Auftragung eine ganz bestimmte Abreißgeschwindigkeit, die — wie sich später zeigen wird — von Bedeutung ist.

III. Berechnung des Druckstoßes in Unterwasserstollen.

1. Nach der analytischen Methode von Allievi.

Es wird im Rahmen dieser Arbeit vorausgesetzt, daß die Gedankengänge und Ableitungen der Theorie von Allievi bekannt sind. Es sollen in diesem Zusammenhang lediglich die Hauptgleichungen und vor allem die Randbedingungen der Theorie gebracht werden.

Bemerkung: Die Bezeichnungen sind dieselben, wie sie in der klassischen Theorie von ALLIEVI und BERGERON verwendet werden.

a) *Das allgemeine Integral der beiden simultanen Differentialgleichungen des Druckstoßes lautet:*

$$y = y_0 + F\left(t - \frac{x}{a}\right) + f\left(t + \frac{x}{a}\right) \tag{25}$$

$$v = v_0 - \frac{g}{a}\left[F\left(t - \frac{x}{a}\right) - f\left(t + \frac{x}{a}\right)\right]$$

In diesen Gleichungen bedeutet:

y = Druckhöhe $\left(\frac{p}{\gamma}\right)$

v = Geschwindigkeit in der Rohrleitung.

a = Fortpflanzungsgeschwindigkeit des Druckstoßes.

$F\left(t - \frac{x}{a}\right)$ und $f\left(t + \frac{x}{a}\right)$ bedeuten beliebige Integrationsfunktionen, die von den Randbedingungen jedes einzelnen Problems abhängen.

Es seien noch einige andere Bezeichnungen angefügt, die im Laufe der weiteren Betrachtungen verwendet werden:

D = Rohrdurchmesser.

S = lichter Rohrquerschnitt.

L = Rohrlänge.

$c = \sqrt{2gh}$ = Ausflußgeschwindigkeit aus der Düse.

b) *Randbedingungen.*

$$v_i = c_i \frac{f}{S}$$

und nach einigen Umwandlungen

$$v_i = \eta_i v_0 \sqrt{\frac{h_i}{h_0}}$$

η_i = relativer Öffnungsgrad des Abschlußorganes bzw. der Turbine (entsprechend der Öffnungs- bzw. Schließfunktion)

$\eta_i = (\tau - t)/\tau = 1 - i/\theta$,

wobei θ = relative Öffnungs- bzw. Schließzeit

$\theta = \tau/\mu$

τ = Schließ- bzw. Öffnungszeit

$\mu = 2L/a$ = eine Phase.

c) *Die Gleichungen von* ALLIEVI.

Führt man nach ALLIEVI folgende Relativwerte bzw. Bezeichnungen ein:

$\zeta_i^2 = \frac{h_i}{h_0}$ = relativer Druck

$\zeta_i^2 - 1$ = relativer Überdruck

$\varrho = \frac{a \cdot v_0}{2\,g\,h_0}$ = Rohrcharakteristik,

dann erhält man die ALLIEVIschen Gleichungen in der Klassischen Form:

$$\begin{aligned} \zeta_1^2 - 1 &= 2\,\varrho\,(\eta_0\,\zeta_0 - \eta_1\zeta_1) \\ \zeta_1^2 + \zeta_2^2 - 2 &= 2\,\varrho\,(\eta_1\,\zeta_1 - \eta_2\zeta_2) \\ \zeta_2^2 + \zeta_3^2 - 2 &= 2\,\varrho\,(\eta_2\,\zeta_2 - \eta_3\,\zeta_3). \end{aligned} \tag{26}$$

Mittels dieser Gleichungen kann zu jeder Zeit t der Druck $h_i = h_0\zeta_i^2$ am Abschlußvorgang angegeben werden, wenn die Funktion $\eta = \eta(t)$ bekannt ist.

Nach ALLIEVI ergibt sich folgendes allgemeine Kriterium für die Lage des maximalen Druckstoßes:

für $\theta > 3{,}5$ und $\varrho < 1{,}0$ liegt das Maximum in der 1. Phase,

für $\varrho > 1{,}1$ liegt das Maximum in einer der nachfolgenden Phasen.

Der Einfluß der Reibung wurde bei der analytischen Berechnungsmethode nicht berücksichtigt, da dies zumeist sehr umständlich ist. Eine Berücksichtigung der Reibung bei der graphischen Methode führt wesentlich schneller zum Ziel.

2. Nach der graphischen Methode von SCHNYDER-BERGERON.

Zur rascheren Ermittlung der Druckstöße und zur besseren Übersicht über den Verlauf der Druckstoßwelle bedient man sich der graphischen Methode von SCHNYDER-BERGERON [33] und [1].

Die Grundgedanken dieser Methode werden als bekannt vorausgesetzt. Einige grundlegende Ableitungen und Begriffe sollen in kurzer Form wiedergegeben werden.

a) Grundlagen der Methode.

Randbedingungen. Die Randbedingung, die einem bestimmten Abschlußorgan entspricht, ist die Beziehung zwischen Druck y und Wassermenge q $[y = y(q)]$, *die das Organ im Falle stationären Abflusses charakterisiert. Sie ist also vom Druckstoß unabhängig.*

Eine charakteristische Randbedingung sei kurz erläutert (Abb. 28).

Pelton-Turbine:

Es ist $c_i = \sqrt{2\,g\,y_i}$ und $c_0 = c$ für $q = q_0$, v in der Druckleitung ist $v_i = q_i/S$.

Daraus folgt:

$$v_i = \eta_i\, v_0/c_0 \cdot c_i$$

$$q_i = S v_i = S\, v_0/c_0\, \eta_i \sqrt{2\,g\,y_i} \tag{27}$$

Die Funktionen $y = y(q)$ sind somit eine Schar von Parabeln ψ_i. η_i wirkt hier als Parameter.

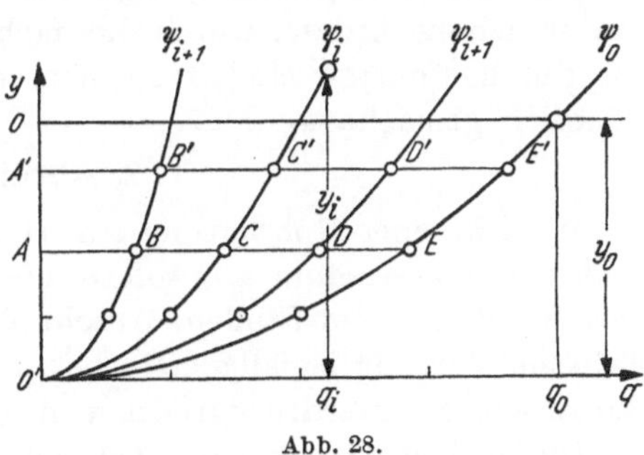

Abb. 28.

Stoßgeraden. Allgemein lautet die Gleichung der Stoßgeraden:

$$y_{x,t} - y_{X,T} = \frac{a}{gS}\,(q_{x,t} - q_{X,T})\,, \tag{28}$$

d. h. die Neigung der Stoßgeraden für einen Beobachter, der entlang der Leitung im Sinne der positiven Abszisse $(+\,x)$, d. h. in entgegengesetzter Richtung der Strömung $(-\,v)$ wandert, beträgt

$$\operatorname{tg} \alpha_1 = \frac{a}{gS}\,,$$

analog beträgt der Neigungswinkel für den Beobachter II $(-\,x,\ +\,v)$

$$\operatorname{tg} \alpha_2 = \frac{a}{gS}\,.$$

Nur für solche Punkte, für welche

$$x = X - (t - T)\,a$$

ist, gilt diese lineare Beziehung.

Mittels dieser beiden Stoßgeraden kann man nun den Druck $y_{(x,\,t)}$ ermitteln, wenn der Druck $y_{(X,\,T)}$ in einem Punkt X, T bekannt ist.

Bemerkung: Es ist notwendig, auf folgendes hinzuweisen:

Die gesamte, zuvor beschriebene Druckstoßberechnung beruht auf der Annahme, daß die Druckstoßwellen im OW- und UW-Stollen in beiden Richtungen so verlaufen, als ob am Abschlußorgan eine totale Reflexion stattfinden würde. Dies ist aber bei einem (z. B. sich langsam schließenden) Abschlußorgan nicht der Fall. Es werden vielmehr — nach bisher noch unbekannten Gesetzen — gewisse *Teilreflexionen und entsprechende Über-*

lagerungen (positver und negativer Art) von dem einen zum andern Stollen stattfinden. Diese Kenntnis ist für eine genaue Ermittlung der Druckstöße und vor allem der am Abschlußorgan wirksamen Unterdrücke wichtig.

Eine eingehende Untersuchung sowohl theoretischer Art als auch durch Modellversuche hätte im Rahmen dieser Arbeit zu weit geführt, wird aber *Anregung und Grundlage neuer Untersuchungen sein.*

IV. Druckstollen mit großen Unterdrücken beim Abschluß. Abreißen der Wassersäule.

1. Allgemeines.

In den vorhergehenden Abschnitten wurden die Methoden beschrieben, die zur Berechnung der Druckstöße in Unterwasserstollen führen. Gleichzeitig wurde gezeigt, aus welchen Faktoren sich die wirksamen Unterdrücke am Abschlußorgan zusammensetzen und wie wichtig die genaue Kenntnis dieses Wertes für die Bemessung der Gesamtanlage und für die Festsetzung der Betriebsvorschriften ist.

Aus diesen Betrachtungen geht hervor, daß das Abreißen der Wassersäule einer genauen Untersuchung bedarf. Durch die nachfolgenden theoretischen Betrachtungen sowie durch die durchgeführten Modellversuche soll das Problem des Abreißens der Berechnung zugänglich gemacht werden.

2. Abreißen der Wassersäule.

Wird in einer Rohrleitung ein Abschlußorgan geschlossen, dann reißt die dahinter befindliche Wassersäule ab, sofern bestimmte Bedingungen vorhanden sind (z. B. Fließgeschwindigkeit im Stollen, Abschlußgeschwindigkeit, Länge des Stollens). Dieser physikalische Vorgang ist allgemein bekannt. Der Abreißvorgang wird dann eingeleitet, wenn die absolute Unterdruckgrenze von —10,0 m erreicht wird.

Dieser Unterdruck kann bei plötzlichen Schließvorgängen und großen Geschwindigkeiten, aber auch z. B. bei langsamen Schließvorgängen und großen Längen der Unterwasserstollen erreicht werden. Wenn das Maximum des Unterdruckes etwa am Ende des Schließvorganges liegt und damit ein Nachsaugen ausgeschlossen ist, dann kann auch in solchen Fällen die Wassersäule abreißen.

Die im Unterwasserstollen in Bewegung befindliche Wässersäule wird beim Abreißen entsprechend der kinetischen Energie so lange weiterlaufen, bis diese durch die dagegenstehende Wassersäule und den Atmosphärendruck aufgebraucht ist (bei Vernachlässigung der Reibungsverluste). In dieser Zeit entsteht zwischen Abschlußorgan und Wassersäule ein Vakuum, in das die Wassersäule wieder zurückfließt. Dabei wird die Wassersäule durch den vorhandenen Überdruck am Ende annähernd wieder auf die alte Geschwindigkeit beschleunigt, so daß diese mit erheblicher Geschwindigkeit auf das Abschlußorgan prallt. Der dabei entstehende Druckstoß ist nichts anderes als der bei einem direkten, plötzlichen Abschluß entstehende JOUKOWSKY-Stoß.

In den nachfolgenden Abschnitten wird dieser Vorgang berechnet. Außerdem sollen die Modellversuche den Abreißvorgang veranschaulichen und die errechneten Werte bestätigen.

3. Berechnung des Abreißens der Wassersäule ohne Belüftung.

Die im Unterwasserstollen vorhandene kinetische Energie leistet beim Abreißen eine Arbeit gegen den Atmosphärendruck und die vorhandene Wassersäule entlang einer bestimmten Strecke (Abb. 29).

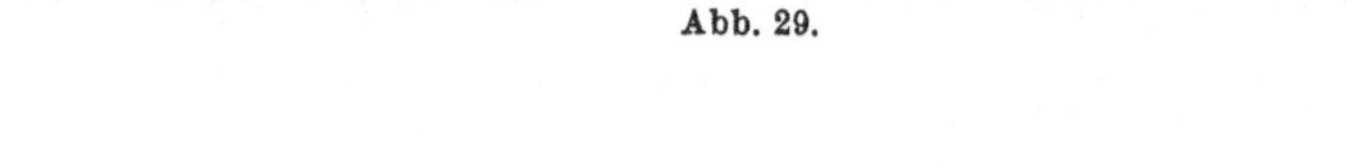

Abb. 29.

$$mv^2/2 = f \cdot l \cdot (p_0 + y_0)$$

$$m = \gamma \cdot L \cdot f/g$$

eingesetzt erhält man:

$$\gamma \cdot Lf/g \cdot v_A^2\, 2 = f \cdot l \cdot (p_0 + y_0),$$

hieraus ergibt sich:

$$l_{\text{Vak.}} = L/g \cdot \frac{v_A^2}{2\,(10{,}33 + y_0)}\,. \tag{29}$$

v_A bedeutet die Abreißgeschwindigkeit, die im Augenblick des Abreißens vorhanden ist. Bei plötzlichem Schließvorgang wird v_A der normalen Geschwindigkeit v_0 entsprechen, bei Näherungen wird v_0 immer den ungünstigsten Wert ergeben.

Damit erhält man für das Volumen des Vakuums:

$$V_{\text{Vak.}} = \frac{L \cdot f}{10{,}33 + y_0} \cdot \frac{v_A^2}{2\,g}\,. \tag{30}$$

Dieses Vakuum hat sich in dem Augenblick ausgebildet (zur Zeit t_1), in dem die Wassersäule zum Stillstand kommt ($v = 0$).

Indem man mit hinreichender Genauigkeit $v_m = v_A/2$ setzt, läßt sich t_1 ermitteln:

$$t_1 = l_{\text{Vak.}} : v_m$$

und man erhält:

$$t_1 = L/(10{,}33 + y_0) \cdot v_A/g\,. \tag{31}$$

Zum Zurückfließen benötigt die Wassersäule die gleiche Zeit ($t_2 = t_1$) und es wird bei Anwendung der Energiegleichung v am Ende des Rückstoßvorganges $= v_A$.

Der Aufprall entspricht einem plötzlichen Leitungsabschluß, zu dessen rechnerischen Ermittlung die Gleichung des JOUKOWSKY-Stoßes maßgebend ist:

$$\underline{\underline{\Delta p = a/g \cdot v_A}} \tag{32}$$

oder näherungsweise:

$$\underline{\underline{p = 100 \cdot v_0}}\,. \tag{32'}$$

4. Berechnung des Abreißens der Wassersäule mit Belüftung.

a) Abreißvorgang und Luftaufnahme.

Durch die Anbringung eines Belüftungsrohres bzw. eines Belüftungsventils, über deren spezielle Wirkungsweise und Anwendbarkeit später noch einiges bemerkt werden muß, kann Luft in das Vakuum gelangen. Dadurch wirkt beim Abreißen nur der Wasserdruck gegen die kinetische Energie. Beim Zurückfließen wird die angesaugte Luft komprimiert (bei einem Belüftungsventil) und dadurch die Gefahr des Rückstoßes auf das Abschlußorgan vermieden.

Hier ergibt sich:

$$\frac{m v^2}{2} = f \cdot l \cdot y_0$$

$$\frac{\gamma \cdot L \cdot f \cdot v_A^2}{g \cdot 2} = f \cdot l \cdot y_0\,.$$

Die Länge des aufgenommenen Luftvolumens beträgt damit:

$$l_{1\text{Luft}} = L/y_0 \cdot v_A^2/2\,g\,. \tag{33}$$

Und das Luftvolumen:

$$V_{\text{Luft}} = l \cdot f = L/y_0 \cdot v_A^2/2\,g \cdot f\,. \tag{34}$$

Der Zeitpunkt t_1 (Ende des Abreißvorganges) wird analog den Überlegungen bei 3. ermittelt:

$$t_1 = L \cdot v_A/g \cdot y_0\,. \tag{35}$$

Für die Dimensionierung des Belüftungsrohres bzw. des Belüftungsschachtes zum Ventil benötigt man die Luftmenge, die in der Zeiteinheit zugeführt werden muß.

Man erhält diese aus:

$$Q_{\text{Luft}} = V_{\text{Luft}}/t_1$$

$$Q_{\text{Luft}} = Lf/y_0 \cdot v_A{}^2/2\,g$$

und damit

$$\underline{\underline{Q_{\text{Luft}} = f/2 \cdot v_A.}} \tag{36}$$

Mit Hilfe dieser einfachen Beziehung und nach Festlegung einer höchstzulässigen Luftgeschwindigkeit im Zuführungsschacht ($v_{\text{L.-Grenze}}$) erhält man den erforderlichen *Belüftungsquerschnitt:*

$$\underline{\underline{F_{\text{Bel.}} = f/2 \cdot v_A/v_{\text{L.-Grenze}}.}} \tag{37}$$

Diese einfache Gleichung kann auch bei anderen Fällen von Belüftungen angewendet werden. Hierbei ist in erster Linie an die Belüftung von Tiefschützen gedacht, über deren genügende Belüftung schon mehrere Untersuchungen angestellt wurden.

Die Anwendung des Abreißvorganges auf die Verhältnisse eines *Tiefschützen* bedeutet, daß dieser Fall der ungünstigste für die Größe des Belüftungsquerschnittes wäre, da andernfalls für die normale Stollenbelüftung nie eine größere Luftaufnahme stattfinden kann (der ansaugende Unterdruck beim normalen Strömungsvorgang ist nie größer als der größtmögliche des Abreißvorganges). Es wird also der mit der oben ermittelten Formel dimensionierte Belüftungsquerschnitt immer ausreichend sein.

Nach beendeter Luftaufnahme strömt die Wassersäule zum Abschlußorgan hin zurück und bewirkt bei geschlossenem Ventil eine Komprimierung des eingeschlossenen Luftpolsters. Dieser Vorgang wird im nächsten Abschnitt untersucht. Der Rückstoßvorgang bei einem *Standrohr* ist in ähnlicher Weise zu behandeln, wobei allerdings durch den Überdruck ein Teil des Wassers durch das Rohr entweichen kann. In diesem Falle wird meistens eine zusätzliche Anlage nötig, durch die das austretende Wasser aufgefangen werden kann. Eine eingehende Behandlung dieses Falles hat ESCANDE [7] *sowohl rechnerisch als auch graphisch durchgeführt.*

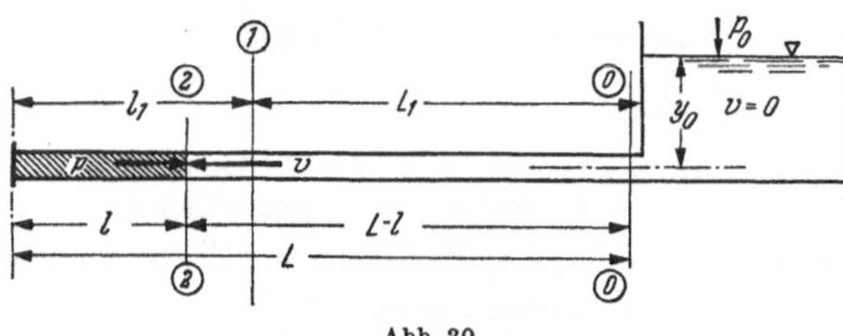

Abb. 30.

b) Rückstoßvorgang (Abb. 30).

Das Zurückschwingen der Wassersäule gegen das Luftpolster stellt praktisch eine normale Schwingung dar, bei der allerdings das Luftpolster komprimiert und damit eine fortschreitend anwachsende Dämpfung bewirkt wird.

Für die Berechnung des Maximums der Luftkompression kann als Grundlage die *allgemeine* EULER*sche Gleichung* benutzt werden.

Durch Umformung folgt aus der EULERschen Gleichung:

$$\frac{\partial s}{\partial}\left(\frac{v^2}{2} + \frac{p}{\varrho} + g\,y\right) + \frac{\partial v}{\partial t} = 0. \tag{38}$$

Und durch Integration die BERNOULLI-*Gleichung für die nichtstationären Zustände:*

$$\frac{v^2}{2} + \frac{p}{\varrho} + g\,y + \int_0^s \frac{\partial v}{\partial t}\,ds = \text{const.} \tag{39}$$

Für zwei beliebige Punkte einer Stromlinie ergibt sich:

$$\frac{v_1^2}{2g} + \frac{p_1}{\gamma} + y_1 + \frac{1}{g}\int_0^{s_1} \frac{\partial v}{\partial t}\,ds = \frac{v_2^2}{2g} + \frac{p_2}{\gamma} + y_2 + \frac{1}{g}\int_0^{s_2} \frac{\partial v}{\partial t}\,ds$$

oder

$$\frac{v_1^2}{2g} + \frac{p_1}{\gamma} + y_1 - \left(\frac{v_2^2}{2g} + \frac{p_2}{\gamma} + y_2\right) = \frac{1}{g}\int_{s_1}^{s_2} \frac{\partial v}{\partial t}\,ds.$$

Die BERNOULLI-Gleichung für die Querschnitte 0 und 2 lautet:

$$0 + \frac{p_0}{\gamma} + y_0 - \left(\frac{v^2}{2y} + \frac{p}{\gamma} + 0\right) = \frac{1}{g}\int_0^2 \frac{\partial v}{dt} ds .$$

Da $^{\partial v}/_{\partial t}$ vom Ort unabhängig ist (gleicher Rohrquerschnitt), kann der Integralwert geschrieben werden:

$$\int_1^2 \frac{\partial v}{\partial t} ds = \frac{dv}{dt}\int_0^{L-l} ds = \frac{dv}{dt}(L-l)$$

und erhält damit:

$$\frac{p_0}{\gamma} + y_0 = \frac{1}{g}\frac{dv}{dt}(L-l) + \frac{v^2}{2g} + \frac{p}{\gamma} . \tag{40}$$

Es ist nun

$$v = - {}^{dl}/_{dt} .$$

Ferner ergibt sich für den *Druck p nach den Gesetzen von* BOYLE-MARIOTTE *und* GAY-LUSSAC:

$$p \cdot V = p_0 \cdot V_1 \quad \text{und daraus:}$$
$$p \cdot f \cdot l = p_0 \cdot f \cdot l_1$$
$$p = l_1/l \cdot p_0 .$$

Es gilt dies bei konstanten Temperaturen, d. h. solange ein Temperaturausgleich stattfinden kann (also bei nicht allzu großen Geschwindigkeiten, was ja hier auch zutrifft). Ferner gilt diese Formel genau nur bei vollkommenen Gasen.

Damit lautet nun die BERNOULLI-Gleichung:

$$\frac{p_0}{\gamma} + y_0 = \frac{1}{g}\frac{d^2L}{dt^2}(L-l) + \frac{1}{2g}\left(\frac{dl}{dt}\right)^2 + \frac{p_0}{\gamma}\frac{l_1}{l} . \tag{41}$$

Dieser Ausdruck stellt eine *Differentialgleichung 2. Ordnung dar von der Form* $y'' = f(y', y)$.

Durch Umstellung der Ausgangsgleichung erhält man

$$\frac{d^2 l}{dt^2} = -\frac{g}{L-l}\left(\frac{p_0}{\gamma} + y_0\right) + \frac{g}{\gamma}\frac{p_0 l_1}{l(L-l)} + \frac{1}{2(L-l)}\left(\frac{dl}{dt}\right)^2 . \tag{42}$$

Die Differentialgleichung ist von der Form:

$$\ddot{l} + f^x(l) \cdot \dot{l}^2 + g^x(l) = 0 .$$

Durch verschiedene Substitutionen erhält man die BERNOULLIsche Differentialgleichung

$$u \cdot u' + f^x(l) \cdot u^2 + g^x(l) = 0 .$$

Die *Allgemeine Lösung* setzt sich zusammen aus der homogenen und der partikulären Lösung.

Die allgemeine Lösung der *homogenen* Differentialgleichung

$$z' + f(l)\, z = 0$$

ist (mittels Separation der Variablen)

$$z_h = c \cdot e^{-\int f(l) dl} .$$

Eine *partikuläre Lösung* der inhomogenen Differentialgleichung ist nach LAGRANGE

$$z_p = e^{-\int f(l) dl} \cdot \int g(l) e^{\int f(l) dl} dl .$$

Die Allgemeine Lösung ist also:

$$z = z_h + z_p = e^{-\int f(l) dl}\left[c + \int g(l) e^{\int f(l) dl} dl\right] .$$

Durch Einsetzen von Anfangsbedingungen erhält man die spezielle Lösung:

$$z = \frac{a}{L-l}\ln\frac{l}{l_1} + b\,\frac{l_1 - l}{L-l} .$$

Aus dieser speziellen Lösung (für die aufgestellte Anfangsbedingung) läßt sich nun rückwärts ermitteln:

$$\frac{dl}{dt} = \sqrt{\frac{a}{L-l}\ln\frac{l}{l_1} + b\frac{l_1-l}{L-l}}. \tag{43}$$

Diese Gleichung gibt die Geschwindigkeit in Abhängigkeit des Ortes (l) an.

Der Schwingungsvorgang wird beschrieben durch

$$t = \int \frac{dl}{\sqrt{\frac{a}{L-l}\ln\frac{l}{l_1} + b\frac{l_1-l}{L-l}}} + C, \tag{44}$$

wobei sich C aus den Anfangsbedingungen $t = 0 - l = l_1$ ergibt. Es interessiert nun der Wert $l_2 = l_{\min}$ für $dl/dt = 0$.

Es folgt aus

$$\frac{dl}{dt} = \sqrt{\frac{a}{L-l_2}\ln\frac{l_2}{l_1} + b\frac{l_1-l_2}{L-l_2}} = 0.$$

$$\frac{a}{L-l_2}\ln\frac{l_1}{l_2} = b\frac{l_1-l_2}{L-l_2}$$

$$a\ln\frac{l_1}{l_2} = b\,(l_1 - l_2)$$

und damit

$$l_2 = l_1 - \frac{a}{b}\ln\frac{l_1}{l_2}. \tag{45}$$

Diese Gleichung ist erfüllt für $l_2 = l_1$.

Die zweite hier interessierende Lösung läßt sich durch Proberechnung oder auf graphischem Wege ermitteln.

$$\frac{a}{b} = \frac{l_1 p_0}{p_0 + y_0 \cdot \gamma} \tag{46}$$

$$\frac{l_2}{l_1} = 1 + \frac{p_0}{p_0 + \gamma y_0}\ln\frac{l_1}{l_2}. \tag{47}$$

Wie aus dieser Gleichung (47) hervorgeht, ist l_2 *unabhängig von der Länge des Stollens* (L). Der maximale Druck p_2 ist nur abhängig von y_0.

Setzt man nun $l_2/l_1 = x$, dann erhält man

$$x = 1 + \frac{p_0}{p_0 + \gamma y_0}\ln x \tag{48}$$

und der Druck ergibt sich dann zu

$$\underline{\underline{p_2 = p_0/x.}} \tag{49}$$

5. Berechnungsbeispiel für das Abreißen mit und ohne Belüftung.

Es sind folgende Werte gegeben (Abb. 31)

$L = 400$ m $\quad y_0 = 5{,}0$ m $\quad$ Durchmesser des Stollens $= 4{,}0$ m

$v = 1{,}5$ m/s $\quad Q = 18{,}8$ m³/s $\quad f_{St} = 12{,}5$ m².

Abb. 31.

a) Stollen unbelüftet.

Es wird angenommen, daß der Stollen plötzlich total abgeschlossen wird. Der dabei auftretende Druckstoß würde bei Anwendung der JOUKOWSKY-Stoßformel für den normalen Abschaltvorgang auf jeden Fall die —10 m-Grenze erreichen, die Wassersäule würde abreißen.

Dann beträgt

$$l_{Vak.} = L/g \cdot v_A^2/2\,(10{,}33 + y_0)$$
$$= 400/9{,}81 \cdot 2{,}25/2\,(10{,}33 + 5{,}0)$$
$$= 3{,}0\ \text{m}.$$

Und damit $V_{Vak.} = 3{,}0 \cdot 12{,}5 = \underline{\underline{37{,}5\ \text{m}^3}}$, ferner wird $t_1 = 4s$, d. h. der gesamte Abreißvorgang und Rückstoß beträgt 8 Sek.

Der Rückstoß beträgt bei $a = 1200$ m/s
$\underline{\underline{\Delta p}} = 1200/9{,}81 \cdot 1{,}5 = 184$ m WS $= \underline{\underline{18{,}4\ \text{at}}}$ (Stollen unbelüftet).

b) Stollen belüftet:

α) Abreißen und Luftaufnahme.
l_1 (am Ende der Luftaufnahme) $= 9{,}17$ m
$V_{\text{Luft}} = 114{,}5\ \text{m}^3$.

Zeitlicher Ablauf:
$t_1 = 12{,}2$ s werden bis zum Ende der Luftaufnahme benötigt.

Daraus der *Luftbedarf:*
$Q_{\text{Luft}} = 9{,}4\ \text{m}^3/\text{s}$.

Notwendiger Belüftungsquerschnitt ($v_{L.\text{-Grenze}} = 25$ m/s)
$F_{\text{Bel.}} = 9{,}4/25 = 0{,}38\ \text{m}^2$ gew. $\varnothing$ 0,70 m mit $F_{\text{vorh.}} = 0{,}39\ \text{m}^2$.

β) Rückstoßdruck. Mit $l_2/l_1 = x$ soll sein $x = 1 + \frac{p_0}{p_0 + y_0} \ln x$.
Eingesetzt erhält man

$$x = 1 + 10{,}33/15{,}33 \ln x.$$

Durch Proberechnung ist nun der x-Wert zu suchen, der dieser Gleichung genügt. Dieser ergibt sich zu $x = 1/2{,}4 = 0{,}42$. Am besten verwendet man bei der Proberechnung für x die Zahlenwerte nicht als Dezimale, sondern als Bruch, da

$$\ln \frac{1}{2} = \ln 10 - \ln 20 \text{ usw.}$$

Man kann auch aus obiger Gleichung durch Umformung

$$1{,}5\,(x - 1) = \ln x$$

erhalten. Man zeichnet dann die Gerade

$$y_1 = 1{,}5\,x - 1{,}5$$

und die Kurve

$$y_2 = \ln x$$

und erhält auf graphischem Wege denselben Wert.

Man erhält dann den *maximalen Druck* aus

$$\underline{\underline{p_2 = p_0/x = 2{,}4\ \text{at}.}}$$

Das auf 9,17 m ausgedehnte Luftpolster ist dann im Endzustand auf

$$l_2 = x l_1 = \underline{\underline{3{,}83\ \text{m}}}\ \textit{komprimiert.}$$

6. Modellversuche zur Klärung des Abreißvorganges und Überprüfung der ermittelten Berechnungsformeln.

Um den Abreißvorgang sichtbar zu machen und zu beobachten sowie die errechneten Werte mit den gemessenen zu überprüfen, wurden Modellversuche angestellt.

a) Das Modell und die durchgeführten Versuche.

Für die Versuche wurde der bei den Schwallversuchen verwendete Versuchsstand benützt (Abb. 14). An Stelle des Saugrohres und des anschließenden Plexiglasrohres wurde im Anschluß an das Venturirohrstück eine Drosselklappe ∅ 100 mm eingebaut, anschließend ein Plexiglasrohr mit einer Länge von 1,0 m und einem Durchmesser von 100 mm bei einer Wandstärke von 10 mm. Daran anschließend wurde ein Rohr ∅ 100 mm mit einem Übergangsstück zur Leitung von 200 mm ∅ eingebaut.

Die Versuche wurden mit verschiedenen Wassermengen und damit veränderlichen Strömungsgeschwindigkeiten durchgeführt. Durch plötzlichen Abschluß der Rohrleitung mit der Drosselklappe wurden die Abreißvorgänge erzeugt, die durch das Plexiglas sehr gut beobachtet werden konnten. Die auf den Abb. A 26 bis A 28 ersichtlichen Aufnahmen wurden mit einem Elektronenblitz mit $^1/_{600}''$ belichtet. Zur Registrierung des Druckverlaufes diente ein MAIHAK-Indikator, der zur Vermeidung ungenauer Messungen durch Luftaufnahme am Ende des Plexiglasrohres angeschlossen war. Dennoch muß betont werden, daß die Leistungsgrenze dieser Indikatoren bei diesen sehr schnellen und hohen Druckwechseln (vor allem wegen des Meßbereiches im Negativen) beschränkt ist. In dem vorliegenden Falle konnten die Druckerhöhungen bis etwa 15 at noch gut registriert werden, darüber begannen sich in zunehmendem Maße Störungen bemerkbar zu machen.

b) Versuchsergebnisse.

Die bei nicht belüftetem Rohr durchgeführten Abreißvorgänge (eine Versuchsreihe mit Belüftungsventil war aus modelltechnischen Gründen nicht möglich) und damit erzeugten Rückstöße sind mit ihren gemessenen Werten in Abb. 32 aufgetragen. Vergleichsweise dazu sind die den Q-Werten entsprechenden errechneten Werte aufgetragen. Man erkennt eine gute Übereinstimmung.

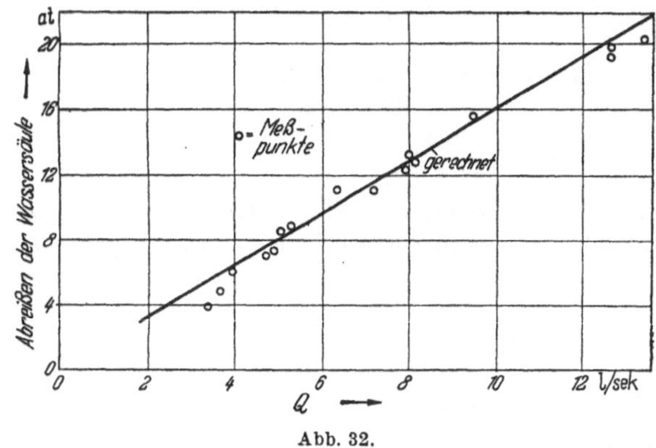

Abb. 32.

Für den Abreißvorgang sind die Diagramme 21, 22 charakteristisch.

Die Abb. A 26 bis A 28 zeigen den Abreißvorgang. Durch den am Abschlußorgan vorhandenen Unterdruck wird ein Verdampfungsprozeß des Wassers hervorgerufen.

Das Vakuum wird durch Wasserdampf ausgefüllt, wodurch die Größe des errechneten Vakuums nicht erreicht wird. Dennoch aber besteht der absolute Unterdruck von —10,0 m (siehe Diagramm). Dieser Druckunterschied genügt, daß der Vorgang des Rückstoßes zustande kommt und damit derselbe Wert auftritt wie berechnet. Nach Beendigung des Rückstoßvorganges wird der alte Zustand durch Kondensation des Dampfes wiederhergestellt.

Zusammenfassung der Ergebnisse und der daraus sich ergebenden Erkenntnisse für die Anlage von Unterwasserstollen.

Die Aufgabe dieser Arbeit war es, durch Modellversuche und theoretische Untersuchungen vor allem die Verhältnisse bei Unterwasserstollen zu klären, die durch den Wechsel der Abflußverhältnisse sowohl beim stationären als auch beim nichtstationären Abfluß entstehen. Die Ergebnisse sollen die Kenntnisse über die hydraulischen Vorgänge in Stollen von Unterwasserkraftwerken erweitern:

1. Die für Freispiegelstollen ermittelten günstigsten Fülltiefen können nicht ohne weiteres übertragen werden, da in den meisten Fällen durch die Schwallwellen Wasserspiegelhöhen erreicht werden, durch die der Freispiegelstollen bis zum Scheitel gefüllt wird und damit seinen ursprünglichen Charakter verliert.

2. Zur Berechnung der Schwallwellen kann die ermittelte Kurventafel verwendet werden (Abb. 16). Sie ist auf der genauen Schwallformel für Stollen aufgebaut.

3. Die Versuchsergebnisse haben gezeigt, daß die Schwallwellen im Scheitelbereich stärkere Verformungen erleiden, wodurch zum Teil erhebliche Schwallerhöhungen hervorgerufen werden. Es ist deshalb wichtig, zu den ermittelten Schwallwerten einen Sicherheitszuschlag zu machen, über dessen Größe allerdings keine Angabe gemacht werden kann. Es wurden bei den Versuchen Schwallerhöhungen bis zu 25% gemessen, jedoch erscheinen auf Grund der Versuchserfahrungen in ungünstigen Fällen solche bis zu 50% möglich.

4. Die Verformungen der Schwallwellen können in zwei grundsätzlich verschiedene Arten unterteilt werden:

a) Verformung in Achsrichtung (Branden, Abflachen),

b) Verformung senkrecht zur Achsrichtung (Randaufwölbung).

5. Durch die zuvor erwähnten Schwallerhöhungen sowie durch Schwingungswellen kann ein Freispiegelstollen durch vorübergehenden Scheitelabschluß den Charakter eines Druckstollens annehmen und damit den entsprechenden Beanspruchungen ausgesetzt sein. Vor allem besteht in solchen Fällen die erhöhte Gefahr des Abreißens der Wassersäule, ohne daß hierfür Maßnahmen vorgesehen sind.

6. Die Lufteinschließungen in einem Druckstollen können nach den Ermittlungen bei einem Druckstoß zum Teil erhebliche Druckbeanspruchungen an den Wänden und am Abschlußorgan hervorrufen. Aus diesem Grund sind unbedingt solche Anordnungen zu vermeiden, bei denen Luft in einen Druckstollen eindringen kann.

Handelt es sich um Freispiegelstollen, die nur vorübergehend unter Druck stehen, dann ist eine Belüftung im Scheitel unerläßlich. Hierbei entsteht beim Abschluß der Leitung ein normaler Sunk.

7. Die bei Freispiegelstollen im Übergangsbereich notwendige Belüftung vermeidet außerdem den unter 5. erwähnten gefährlichen Rückstoß des Abreißvorganges, sofern die Druckstöße etwa —10 m betragen.

8. Der bei Belüftung des Stollens sich ausbildende Sunk ist möglich, solange die Gegendruckhöhe nicht größer wird als die Geschwindigkeitshöhe des Sunkes.

9. Die Wellenfortpflanzungsgeschwindigkeit des Druckstoßes in einem Wasser-Luftgemisch beträgt

$$a = \sqrt{\frac{\frac{1}{\varrho}}{\frac{D}{\Phi \cdot s \cdot E} + \frac{1}{\varepsilon} + \frac{1-\Phi}{\Phi \zeta \cdot p}}}.$$

Damit lassen sich die teilveise erheblichen Drucksteigerungen erklären, die beim Abschluß von Stollen mit Lufteinschließungen entstehen.

10. Bei Überschreiten des Grenzbereiches (entweder Freispiegelstollen mit großen Schwallwellen oder Druckstollen mit starker Absenkung bei Entlastung) können Schwallkammern bzw. partial wirkende Wasserschlösser angeordnet werden.

Die Berechnung der Schwallkammern erfolgt nach dem Verfahren von Favre [29].

Für die zu erwartenden Lufteinschließungen müssen vor allem bei Rohrleitungen Einrichtungen vorgesehen werden, die eine möglichst rasche Entlüftung der Leitung ermöglichen.

11. Reine Druckstollen werden nur dann möglich sein, wenn auf Grund geringer Stollenlänge bzw. günstiger Regulierzeiten Druckstöße entstehen, die besonders im Hinblick auf die Turbinenregelung keine unzulässigen Werte annehmen.

12. Die Berechnung der Druckstöße erfolgt am zweckmäßigsten nach dem angegebenen graphischen Verfahren [*1* u. *33*].

13. Die Ermittlung aller am Abschlußorgan wirksamen Unterdrücke kann nach dem in Abb. 27 aufgetragenen Schema durchgeführt werden. Sie kommt für alle Druckstollen

und auch für den unter Druck stehenden Saugschlauchteil bis zum Wasserschloß in Frage.

14. Beim Erreichen der —10 m-Grenze besteht die Gefahr des Abreißens. Man kann dies durch Veränderung der Schließzeiten oder Verkürzung des Stollens vermeiden.

15. Wenn sich dieser Abreißvorgang nicht vermeiden läßt, dann müssen durch geeignete Maßnahmen die Auswirkungen des Rückstoßes vermieden werden. Dies ist durch die Anlage von Belüftungsventilen oder Standrohren möglich.

Wie die theoretische Untersuchung dieser Fälle zeigt, wird durch die Belüftung des Vakuums eine sehr wesentliche Reduzierung des Rückstoßdruckes erreicht.

Die Größe der Belüftungsquerschnitte und -zeiten kann nach den entwickelten Formeln ermittelt werden.

Zu beachten ist, daß bei Standrohren auf Grund des Rückstoßes jeweils Wasser überläuft und daß dafür gesonderte Auffangvorrichtungen vorzusehen sind. Eine Berechnung dieses Falles gibt ESCANDE [7].

16. Die in dieser Arbeit entwickelten Formeln für die Belüftung der abreißenden Wassersäule lassen sich auch bei sonstigen Abschlußvorgängen (z. B. bei der Belüftung von Tiefschützen) verwenden.

17. Bei einem großen Teil von Unterwasserstollen, besonders bei großen Längen, wird die Anlage von Wasserschlössern notwendig und für eine stoßfreie Turbinenregelung die beste Lösung sein. Da es sich in den meisten Fällen um gekuppelte Wasserschloßanlagen handelt, ist eine genaue Untersuchung der Stabilitäts- und Schwingungsverhältnisse sehr wichtig.

Schrifttum.

[1] BERGERON, L.: Du coup de bélier en Hydraulique, Dunod, Paris 1950.
[2] BERGERON, L.: Etude des variations de regime dans les conduites d'eau. Rev. gen. 1935.
[3] BÖSS, P.: Berechnung der Wasserspiegellage. II. Teil: Zeitlich veränderliche Wasserbewegungen in offenen Gerinnen. VDI-Verlag 1927.
[4] CUENOD, M., und A. GARDEL: Etudes des ondes de translation de faible amplitude dans le cas des canaux d'amenée des usines hydro-electriques. Bull. Techn. d. l. Suisse Romande 1952.
[5] DENNIS, N. G.: Water Turbine Governors. Proc. I. Mech. E. 1953.
[6] ESCANDE, L.: Etude de la stabilité des chambres d'équilibre et étranglement. Academie des sciences 1952.
[7] ESCANDE, L.: Etude theorique et experimentale du fonctionnement en charge des canaux de fuite en l'abscence de cheminée d'équilibre. La houille blanche 1953.
[8] EVANGELISTI, G.: La regolazione delle turbine idrauliche Zanichelli, Bologna 1947.
[9] FAVRE, H.: Ondes de translatlon. Dunod, Paris 1935.
[10] FEIFEL, E.: Über die veränderliche, nichtstationäre Strömung in offenen Gerinnen. Berlin 1915.
[11] FRANK und SCHÜLLER: Schwingungen in den Zuleitungs- und Ableitungskanälen von Wasserkraftanlagen. Berlin, Springer 1938.
[12] GADEN, D.: Contribution àl'étude des régulateurs de vitesse. La concorde, Lausanne 1945.
[13] GANDENBERGER, W.: Druckschwankungen in Wasserversorgungsleitungen. München 1950.
[14] GHETTI, G.: Ricerche sperimentali sulla stabilita di regolazione. Milano 1947 und 1948.
[15] GHETTI, G.: Sulla stabilita delle oszillazione negli impianti idro elletrici provisti di un sistema complesso di condotti e pozzi piezometrici. Energia elletrica 1947.
[16] GHETTI, G.: Ricerche sperimentali sulla stabilita di regolazione. Energia elletrica 1951.
[17] JAEGER, CH.: Theorie generale du coup de belier. Dunod, Paris 1933.
[18] JAEGER, CH.: L'agrandissement des usines hydro-electriques. Technique moderne 1938.
[19] JAEGER, CH.: Theorie of resonance in pressure conduits. A.S.M.E. 1939.
[20] JAEGER, CH.: Water hammer effects in Power conduits. Civ. Eng., Ldn. 1948.
[21] JAEGER, CH.: Underground hydro-electric power-stations. Cic. Eng. 1948/49.
[22] JAEGER, CH.: Techn. Hydraulik. Birkhäuser, Basel 1949.
[23] JAEGER, CH.: Developments of intake works and surge tanks. Water power 1949.
[24] KAECH, A.: Die projektierten Wasserkraftwerke. Greina-Blenio. Schweizer. Bauztg. 1946.
[25] KRUCK, G.: Das Limmatwerk Wettingen. Njbl. naturfr. Ges. Zürich 1934.
[26] LEWIN, D.: Design and construction of underground hydroelectric power plants. Amer. Soc. Civ. Eng. New York 1950.

[27] MEYER, R.: Conditions analogues à celles de Thoma pour une installation hydro-electrique ayant une cheminee d'equilibre à l'amont et une autre à l'aval des turbines. La houille blanche 1953.
[28] MEYER-PETER, E.: Über einige Probleme des Kraftwerkbaues. Schweizer. Bauztg. 1943.
[29] MEYER-PETER, E., und H. FAVRE: Über die Eigenschaften von Schwällen und die Berechnung von Unterwasserstollen. Schweizer. Bauztg. 1932.
[30] PRANDTL, L.: Führer durch die Strömungslehre. Vieweg 1944.
[31] ROUSE, H.: Engineering hydraulics. Wiley and Sons 1951.
[32] SCHLEIERMACHER, E.: Wasserabfluß durch Stollen. Oldenburg 1928.
[33] SCHNYDER, O.: Druckstöße in Pumpensteigleitungen. Schweizer. Bauztg. 1929.
[34] STRAUBEL: Zur Theorie gekuppelter Wasserschlösser. Wasserkraft und Wasserwirtsch. 1943.
[35] STRECK: Grund- und Wasserbau in prakt. Beispielen 1950.
[36] TÖLKE, F.: Neue Mittel- und Hochdruck-Wasserkraftanlagen. VDI-Zeitschrift 1953.

Anhang.

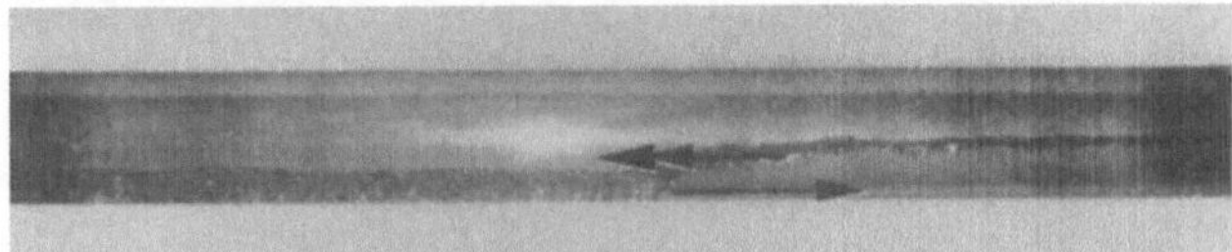

Abb. A 1. Reflektierter Füllschwall in der unteren Hälfte eines Kreisprofils. Kopfwelle brandend, nachfolgender Wasserspiegel ausgeglichen.

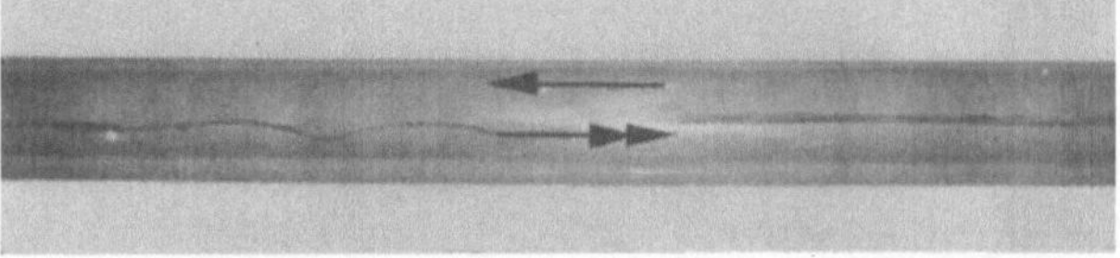

Abb. A 2. Schwallwelle mit überlagerter Schwingungswelle, die durch die Kreuzung des Füllschwalles mit einer neuen, entgegenkommenden Schwallwelle entstanden ist.

Abb. A 3. Schwallwelle in der oberen Kalotte des Stollens. Sehr flache Reaktionswellen. Randaufwölbung des Schwallkopfes (vgl. Diagr. 3 und 4 und Diagr. 7 und 8 Gegenüberstellung von Schwall und Sunk).

Abb. A 4. Schwallwelle in einem Kreisprofil bei mittlerer Füllung (vgl. Diagr. 1).

Abb. A 5. Sehr flache Sunkwelle mit ausgeprägter Reaktionswelle bei etwa mittlerer Profilfüllung (vgl. Diagr. 9 und 10).

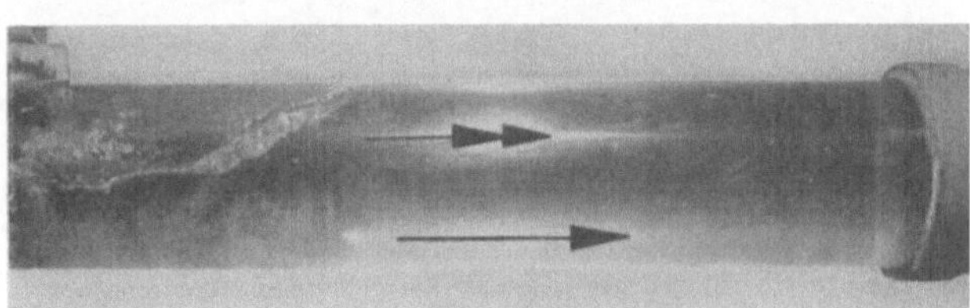

Abb. A 6. Sunkwelle in einem Stollen, der fast bis zum Scheitel gefüllt ist. Abgeflachte Sunkfront (vgl. Diagr. 18).

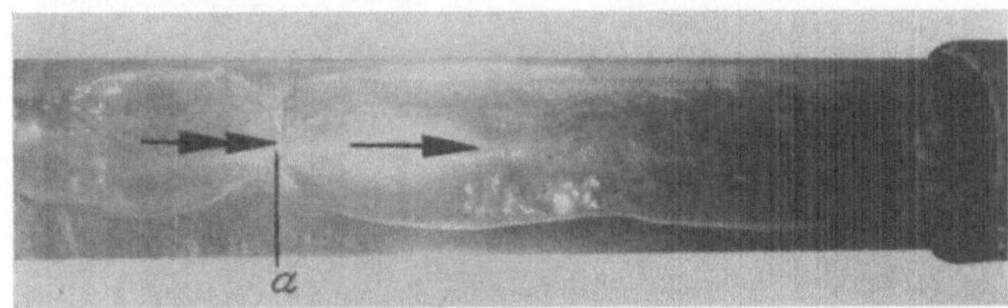

Abb. A 7. (Draufsicht) Der Schwallkopf hat den Punkt *a* erreicht. Man erkennt sehr deutlich das Aufwölben an den Rändern und die Tendenz des Zusammenfließens im Scheitel.

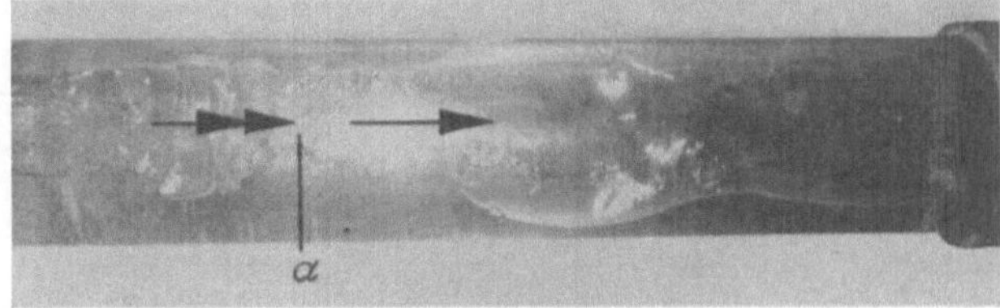

Abb. A 8. (Draufsicht) Schwallkopf in *a*, Randaufwölbung und ausgeprägte Reaktionswelle (vgl. Diagr. 5).

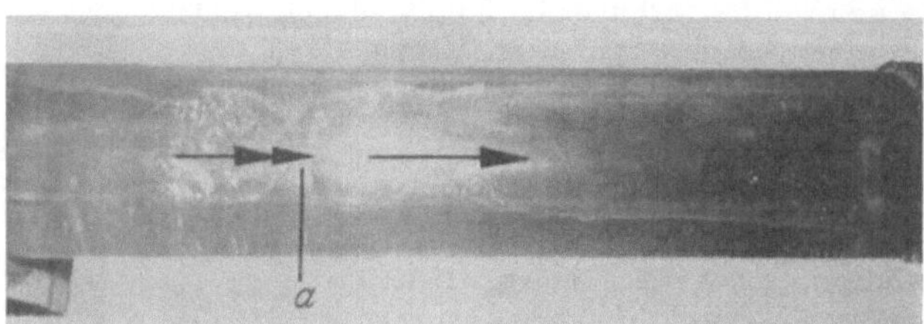

Abb. A 9. (Draufsicht) Schwallkopf bei *a*, Zusammenfließen von den Rändern her. Vorübergehender teilweiser Abschluß des Stollens (vgl. Diagr. 6).

Abb. A 10. (Seitenansicht) Der Schwallkopf befindet sich bei *a*. Durch rest liches Öffnen findet eine Erhöhung der 1. Reaktionswelle bei *b* statt, s daß diese im Scheitel zusammenfließt (vgl. Diagr. 2).

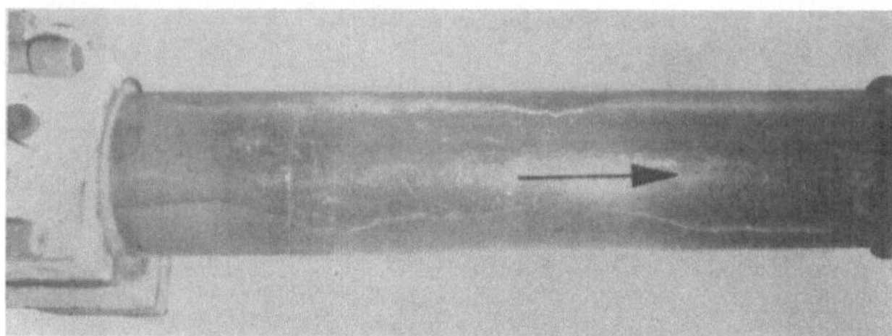

Abb. A 11. (Draufsicht) Normalabfluß (stationärer Zustand) in der oberen Stollenkalotte. Durch starke Wellenbewegung im U. W. Erzeugung einer Schwingungswelle im Stollen, die sich sehr lange hält. Gefahr eines vorübergehenden, teilweisen Abschlusses des Stollens.

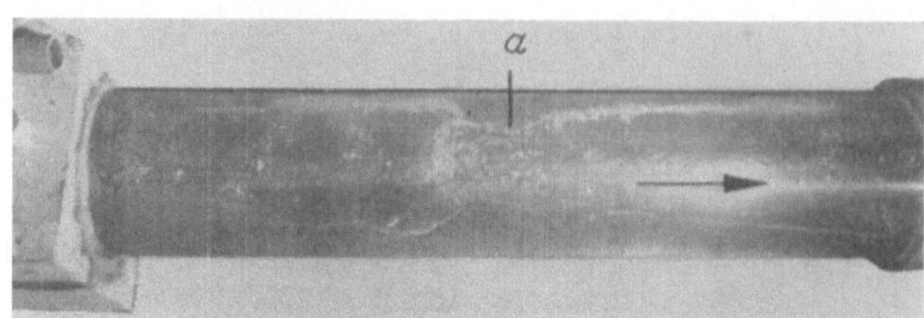

Abb. A 12. (Draufsicht) Schwingungswelle im Stollen (wie Abb. 11). Nahezu Teilabschluß der Kalotte in *a*.

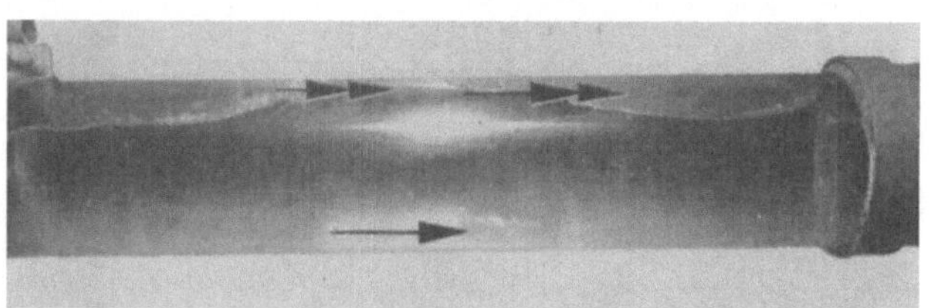

Abb. A 13. Durch Schwallwelle teilweiser Abschluß des Stollens. Bei plötzlichem Schießen und Scheitelbelüftung Ausbildung eines Sunkes, der den Schwall abbaut (siehe Diagr. 14b, 17 und 18).

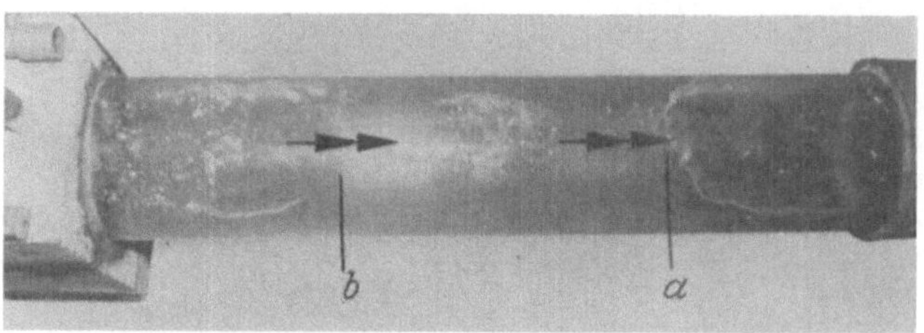

Abb. A 14. (Draufsicht) Vorgang wie in Abb. 13. Der Schwall befindet si in *a*, der nachfolgende Sunk in *b*. (Siehe Diagr. 14b, 17 u. 18.)

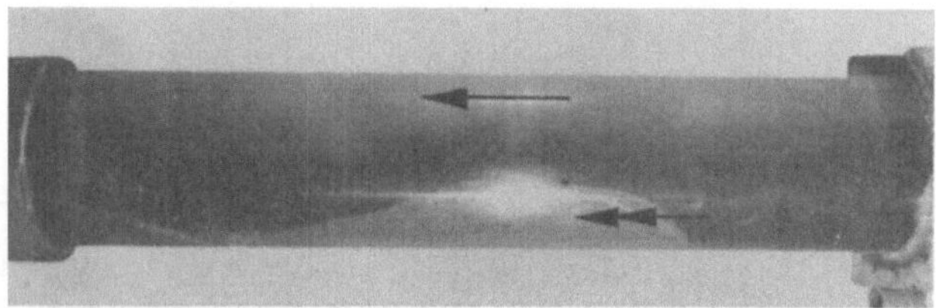

Abb. A 15. Schwallwelle schließt den Scheitel vollkommen ab. (Siehe Diagr. 2.)

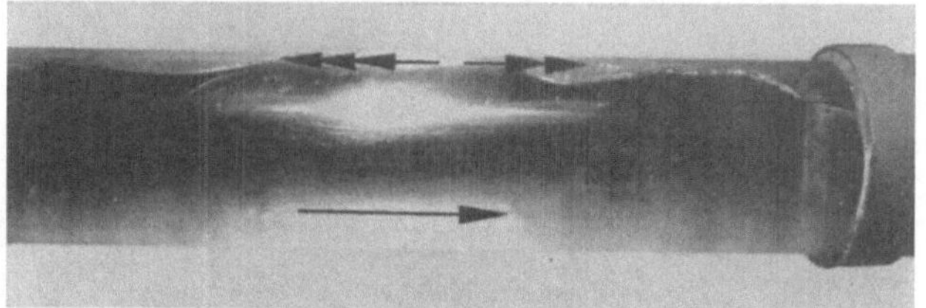

Abb. A 16. Schwall erreicht den Scheitel. Schnelles Schließen der Dross klappe verursacht bei geschlossener Belüftung einen Druckstoß, wobei d Schwallkopf zum Abschlußorgan hin zurückschnellt. (Siehe Diagr. 14

Abb. A 17. Die Schwallwelle hat den Stollenscheitel erreicht und dadurch den Stollen zum U. W. hin abgesperrt. Bei plötzlichem Schließen der Drosselklappe entsteht ein Druckstoß, da die Scheitelbelüftung geschlossen ist. Durch diesen wird ein „Zurückschießen" der Schwallwelle zum Abschlußorgan hin bewirkt. (Siehe Diagr. 11–15.)

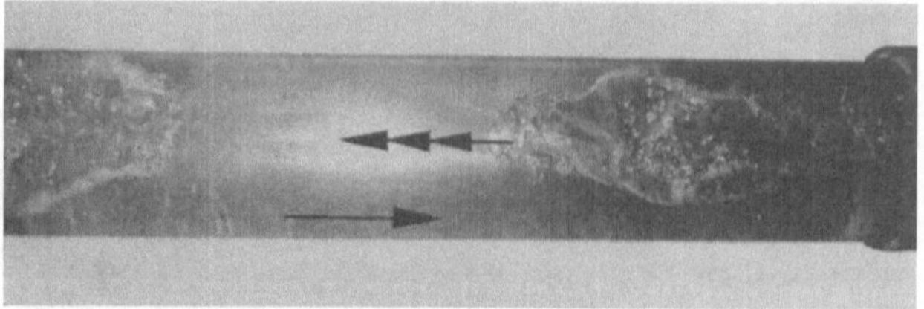

Abb. A 18. (Draufsicht) Derselbe Vorgang wie bei Bild 17. (Siehe Diagr. 11–15.)

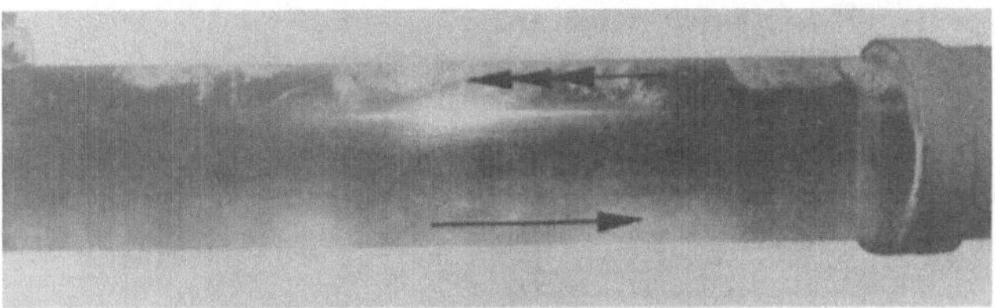

Abb. A 19. Vorgang wie bei Abb. 17 Zurückschießen der Schwallwelle. (Siehe Diagr. 11 – 15.)

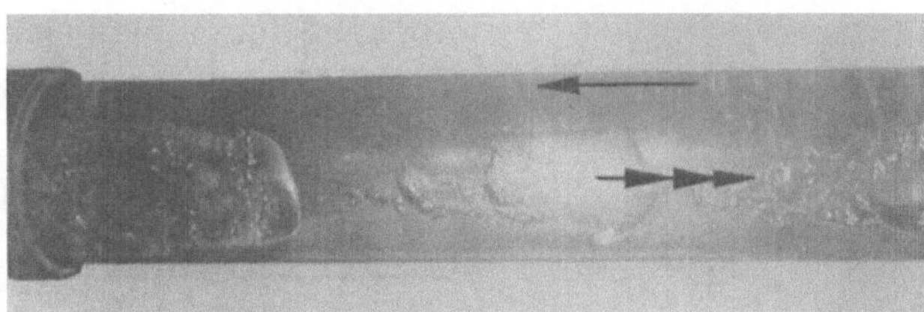

Abb. A 20. (Draufsicht) Vorgang wie oben. (Siehe Diagr. 11 – 15.)

Abb. A 21. Sunkwelle mit nachfolgender Reaktionswelle (bereits überfallend) in einem Stollen, der bis zum Scheitel gefüllt ist. (Scheitelbelüftung hinter dem Abschlußorgan. Diagr. 12, 13, 15, 16, 17 und 18.)

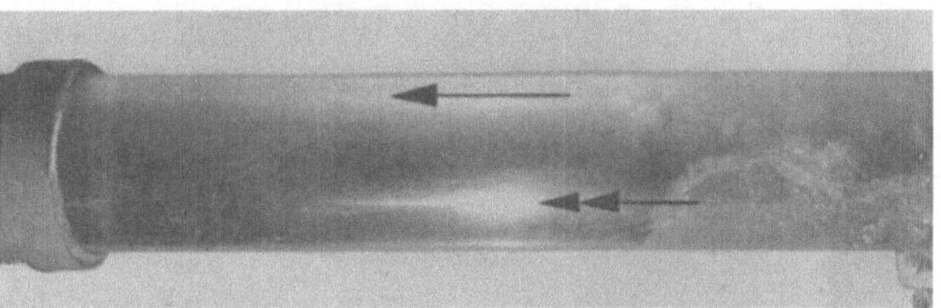

Abb. A 22. Sunkwelle im Stollen mit steiler Sunkfront, da im Scheitel Luftblasen die Reibung vergrößern und damit die Wellengeschwindigkeit verringern. (Diagr. 12, 13, 15, 16, 17 u. 18.)

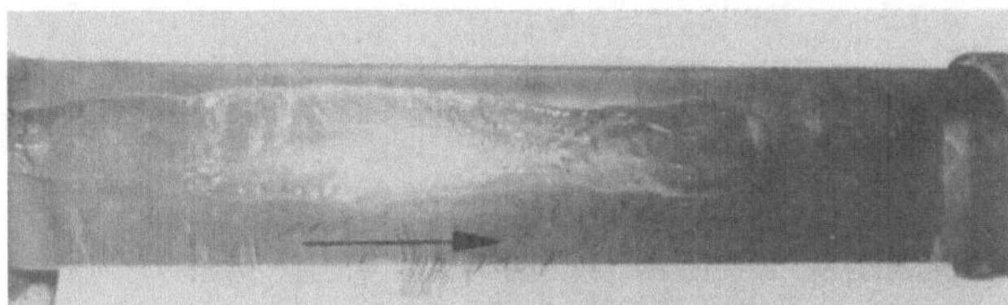

Abb. A 23. Durch plötzliche Wasserspiegelhebung wurde diese Luftblase eingeschlossen. Es stellt sich ein stationärer Zustand ein, bei dem sich aber die Luftblasen hartnäckig halten.

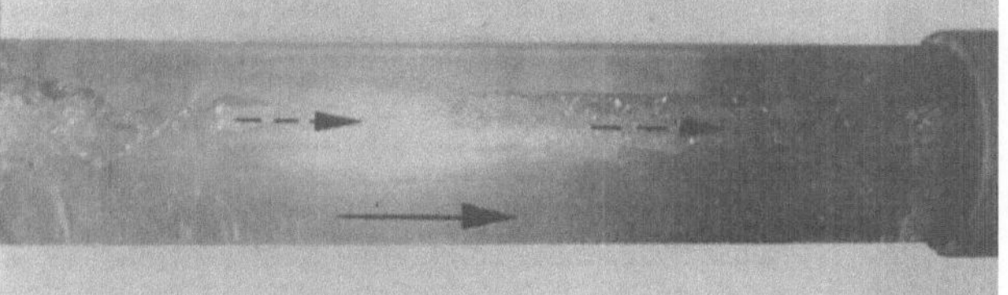

Abb. A 24. Die Lufteinschließung wird in mehrere Luftblasen unterteilt, von denen einige weiterwandern, während kleinere zusammenbrechen.

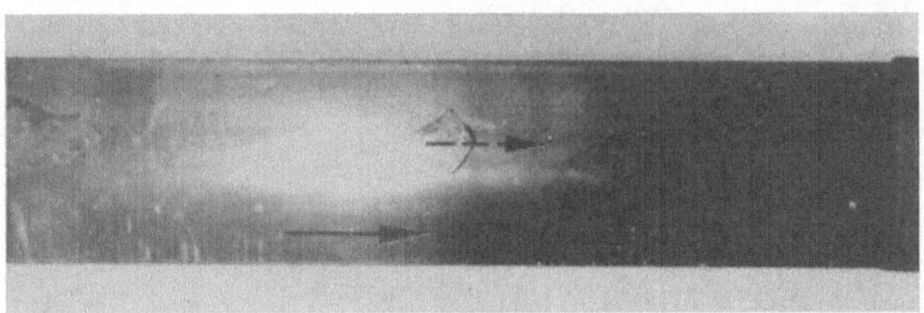

Abb. A 25. Der größte Teil der Luftblasen ist nach längerer Zeit abgewandert bzw. geplatzt. Hier löst sich wieder eine Luftblase und wandert so lange weiter, bis sie an einer neuen Unebenheit bzw. Lufteinschließung hängenbleibt.

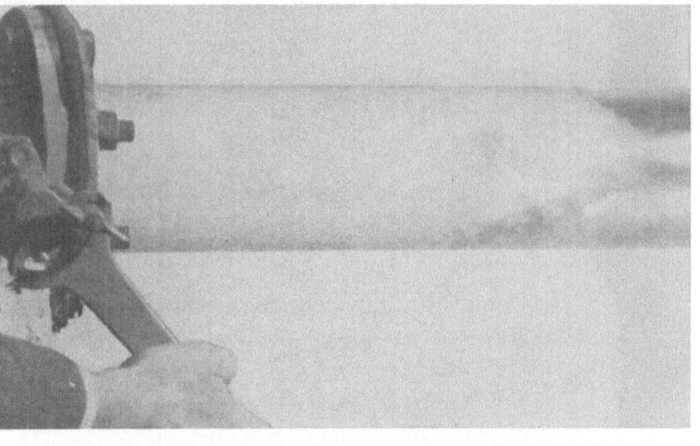

Abb. A 26. Abreißen der Wassersäule. Wasserdampf in dem Unterdruckbereich unterhalb des Abschlußorganes.

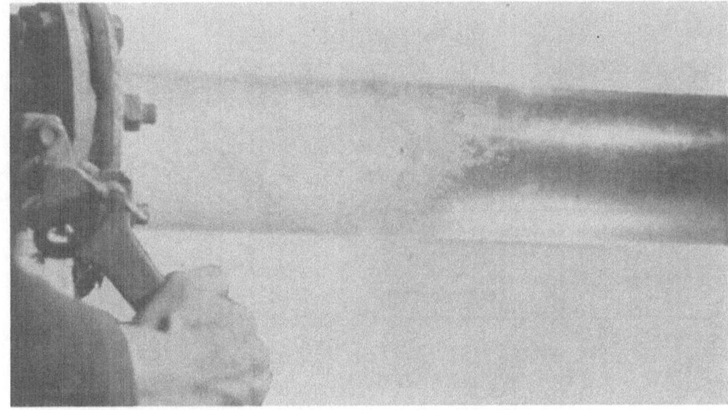

Abb. A 27. Phase des Rückstoßes der abgerissenen Wassersäule.

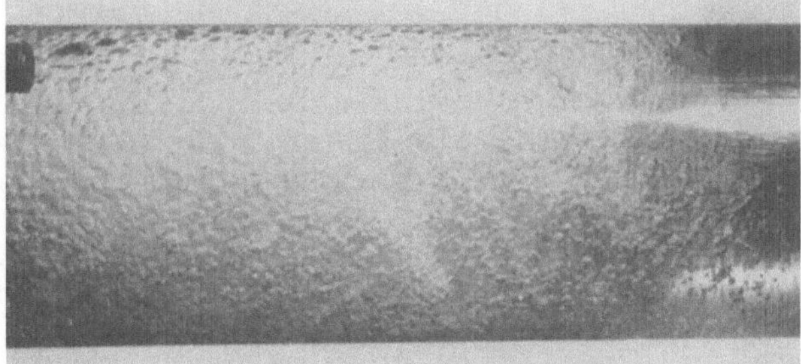

Abb. A 28. Wasserdampf unmittelbar hinter dem Abschlußorgan im absoluten Unterdruckbereich während des Abreißvorganges.

Schwall- und Sunkdiagramme in Unterwasserstollen.

(Registriert mit Lichtpunktlinienschreiber).

Schwall im Stollen bei mittlerer Füllung (plötzliches Öffnen = 0,2 s).

1.

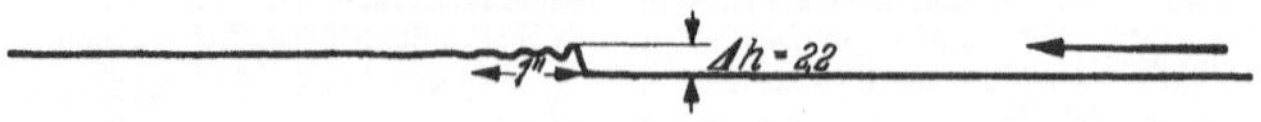

$h_0 = 12{,}1$ cm $\Delta Q = 3{,}8$ l/s $\Delta h = 2{,}2$ cm

Man erkennt an der Charakteristik des Schwalldiagrammes, daß der Schwallkopf keine Veränderung erleidet (Füllung bis $h = 14{,}3$ cm).

Schwall im Stollen bei mittlerer Füllung (Öffnungszeit = 0,4 s).

2.

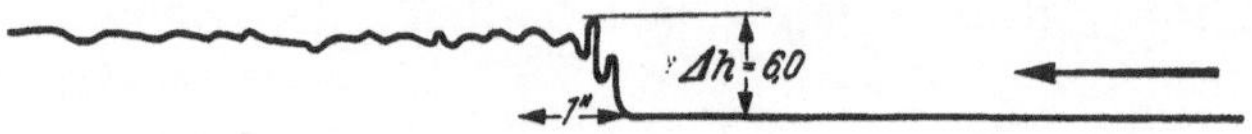

$h_0 = 9{,}0$ cm $\Delta Q = 13{,}25$ l/s $\Delta h = 6{,}0$ cm

Bei der größeren Öffnungszeit bilden sich vor Erreichen der maximalen Schwallhöhe zwei Schwallwellen mit einer dazwischenliegenden stärker ausgebildeten Reaktionswelle.

Schwall im Stollen bei mittlerer Füllung (plötzliches Öffnen = 0,2″).

3.

$h_0 = 10{,}9$ cm $\Delta Q = 7{,}0$ l/s $\Delta h = 4{,}8$ cm

Das Diagramm zeigt eine Schwallwelle mit schwach ausgeprägten Reaktionswellen. Der Schwallkopf ist durch Aufwölbung am Rand erhöht.

4.

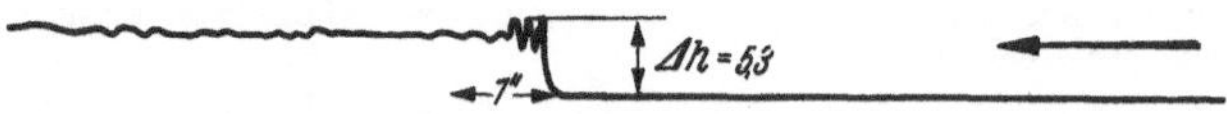

$h_0 = 9{,}4$ cm $\Delta Q = 7{,}6$ l/s $\Delta h = 5{,}3$ cm

Schwallwelle mit starken Reaktionswellen. Verformung des Schwallkopfes durch Randaufwölbung.

Schwall in der Stollenkalotte.

5.

$h_0 = 12{,}2$ cm $\Delta Q = 10{,}5$ l/s $\Delta h = 6{,}0$ cm

Das Diagramm zeigt die ebenfalls in der photografischen Aufnahme A 8 ersichtliche starke Erhöhung des Schwalles (Randaufwölbung) mit nachfolgender ausgeprägter Reaktionswelle.

6.

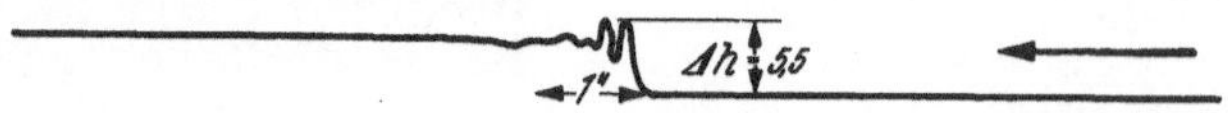

$h_0 = 14{,}0$ cm $\Delta Q = 8{,}4$ l/s $\Delta h = 5{,}5$ cm

Der Schwall erreicht hier ebenfalls den Scheitel. Starke Aufwölbung und ausgeprägte Reaktionswelle.

Gegenüberstellung von Schwall und Sunk.

7.

a) $h_0 = 10{,}3$ cm $\Delta Q = 5{,}25$ l/s $\Delta h = 3{,}4$ cm

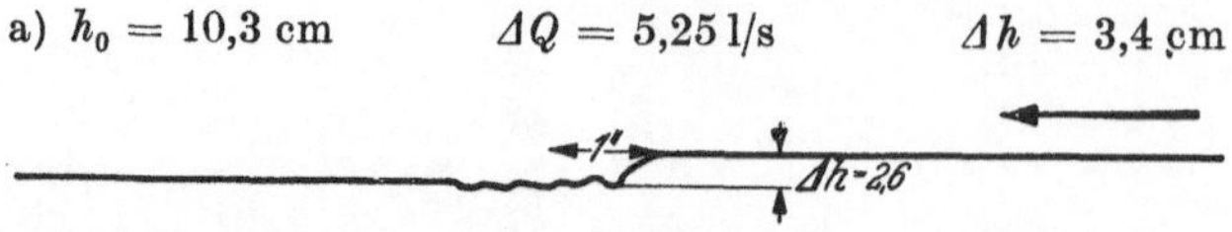

b) $h_0 = 17{,}2$ cm $\Delta Q = 5{,}25$ l/s $\Delta h = 2{,}6$ cm

Man erkennt die Abflachung des Sunkes gegenüber dem Schwall bei gleicher Wassermenge und gleichen Schließ- bzw. Öffnungszeiten.

Gegenüberstellung von Schwall und Sunk.

8.

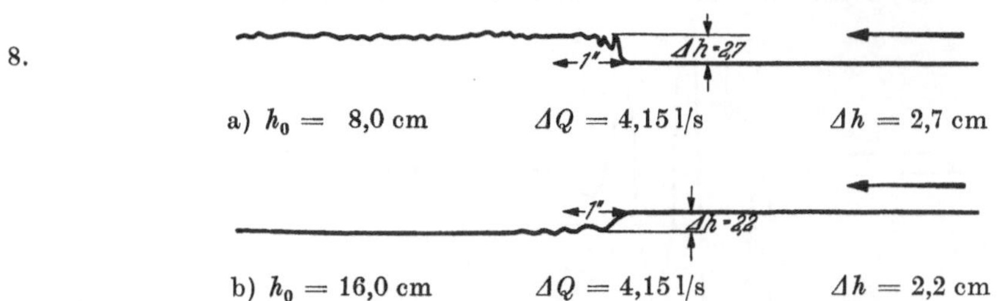

a) $h_0 =$ 8,0 cm $\Delta Q = 4{,}15$ l/s $\Delta h = 2{,}7$ cm

b) $h_0 = 16{,}0$ cm $\Delta Q = 4{,}15$ l/s $\Delta h = 2{,}2$ cm

Abflachung des Sunkes. Geringe Höhe des Schwallkopfes, da Füllung $h_0 = 8{,}0$ cm.

Sunkwelle bei mittlerer Stollenfüllung.

9.

$h_0 = 16{,}0$ cm $\Delta Q = 8{,}4$ l/s $\Delta h = 4{,}5$ cm

Abgeflachte Sunkfront, da die größeren Geschwindigkeiten oben sind. Geringere Reaktionswellen.

10.

$h_0 = 16{,}5$ cm $\Delta Q = 8{,}4$ l/s $\Delta h = 5{,}0$ cm

Ebenfalls flache Sunkfront mit nachfolgenden Reaktionswellen.

Druckdiagramme unterhalb des Abschlußorganes bei plötzlichem Schließen mit und ohne Belüftung.

11.

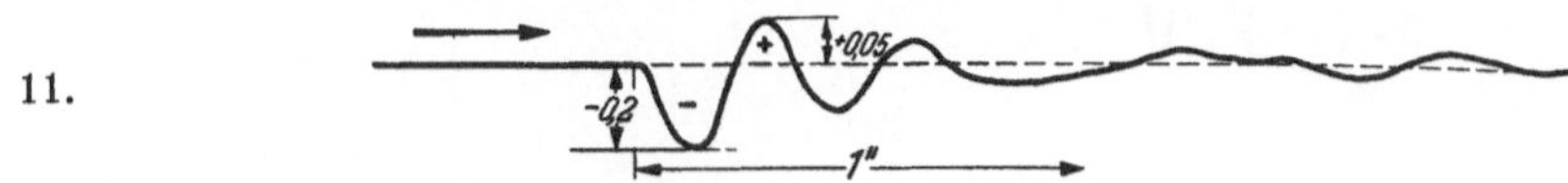

a) Ohne Belüftung — Nur Druckstoß.

b) Mit Belüftung — Druckstoß und Sunk.

a und b. $h_0 = 19{,}6$ cm $\Delta Q = 6{,}4$ l/s.

Teilweiser, augenblicklicher Rohrabschluß durch Schwingungswellen.

12.

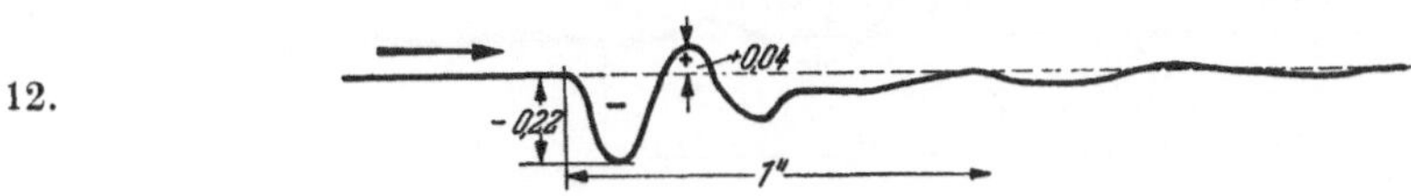

a) Ohne Belüftung. — Nur Druckstoß.

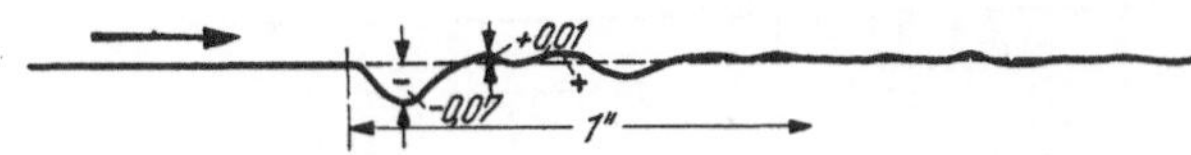

b) Mit Belüftung. Druckstoß und Sunk.

a und b. $h_0 = 18{,}4$ cm $\Delta Q = 7{,}7$ l/s.

Teilweiser, augenblicklicher Rohrabschluß durch Schwingungswellen. Bei 12a teilweise stärkere Deformierung der Reflektionswellen als bei 11a auf Grund der geringeren Wassertiefe ($h_0 = 18{,}4$ cm).

Druckdiagramme unterhalb des Abschlußorganes bei plötzlichem Schließen mit und ohne Belüftung.

13.

a) Ohne Belüftung.

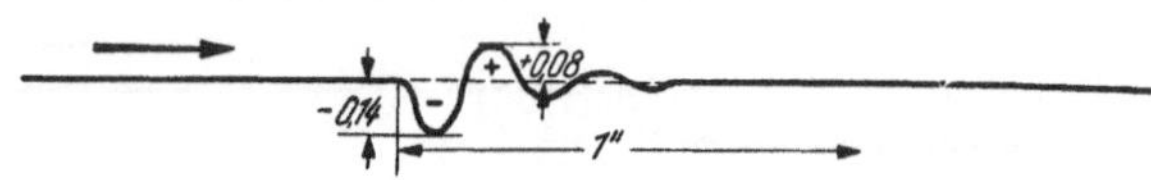

b) Mit Belüftung.

a und b. $h_0 = 20$ cm $+ 2$ cm Überstau vom UW her. $\Delta Q = 10$ l/s.

14.

a) Ohne Belüftung.

b) Mit Belüftung.

a und b. $h_0 = 20{,}0$ cm $+ 2{,}5$ cm Überstau $\Delta Q = 10{,}7$ l/s

Druckdiagramme unterhalb des Abschlußorganes bei plötzlichem Schließen mit und ohne Belüftung.

15.

a) Ohne Belüftung.

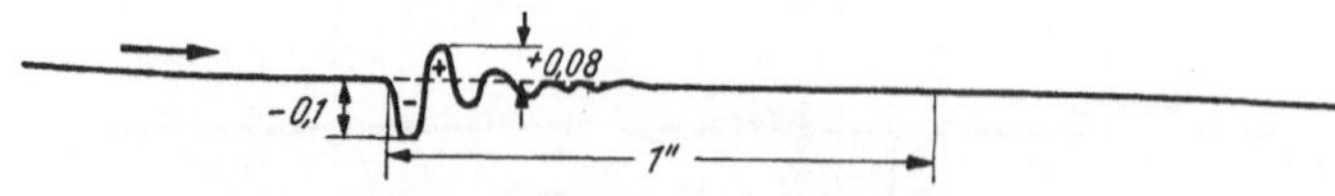

b) Mit Belüftung.

$\Delta Q = 10$ l/s Ausgangswassertiefe $h_0 = 14{,}5$ bzw. $14{,}4$ cm

Durch den Schwall erhöht sich der Wasserpiegel um 5,3 cm (5,1) auf 19,8 (19,5). Dadurch entsteht ein vorübergehender, teilweiser Rohrabschluß. Bei Nichtbelüftung entsteht ein Druckstoß, bei Belüftung im Saugrohr ein wesentlich geringerer Druckstoß und in der Rohrleitung ein Sunk.

Sunk bei Füllung bis zum Scheitel und bei Scheitelbelüftung.

16.

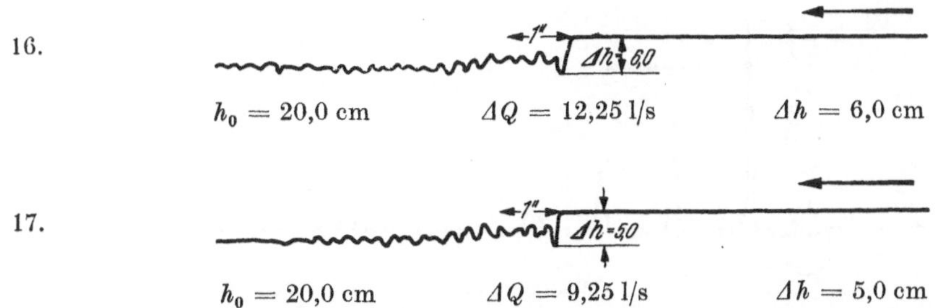

$h_0 = 20{,}0$ cm $\Delta Q = 12{,}25$ l/s $\Delta h = 6{,}0$ cm

17.

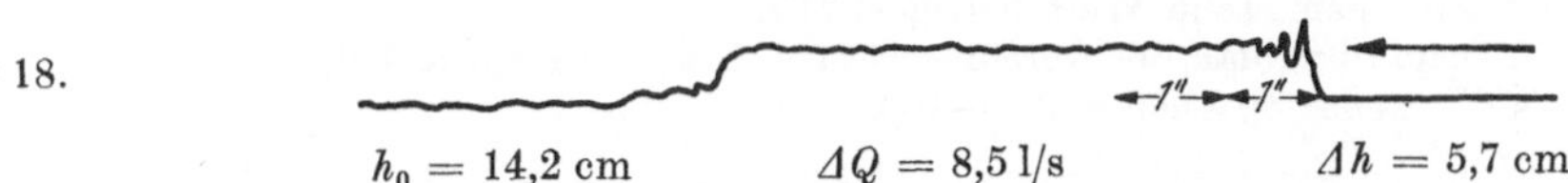

$h_0 = 20{,}0$ cm $\Delta Q = 9{,}25$ l/s $\Delta h = 5{,}0$ cm

In den Diagrammen erkennt man sehr deutlich die steilen Sunkfronten und ausgeprägten Reaktionswellen. Dies ist durch die stärkere Reibung im Scheitel (eingeschlossene Luftblasen) und damit verminderte Wellengeschwindigkeit zu erklären.

Schwall und Sunk in schneller Folge (charakteristische Diagramme).

18.

$h_0 = 14{,}2$ cm $\Delta Q = 8{,}5$ l/s $\Delta h = 5{,}7$ cm

Der Schwallkopf erreicht nahezu den Scheitel (starke Randaufwölbung). Unmittelbar hinter der Schwallfront stellt sich der tiefere Beharrungswasserspiegel ein und bewirkt durch seine zum Teil freie Oberfläche bei dem nachfolgenden Sunk eine relativ flachgeneigte Front.

19.

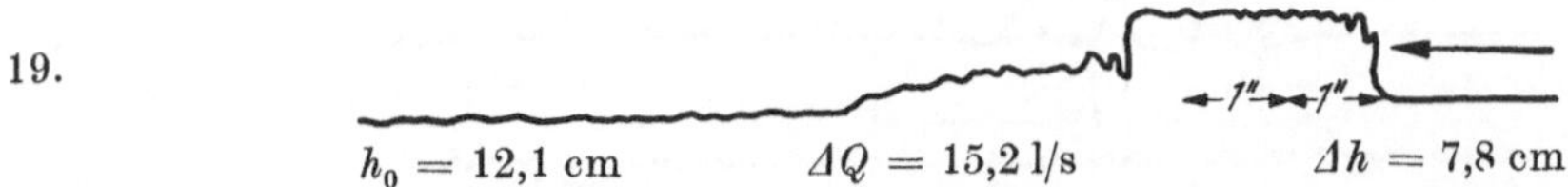

$h_0 = 12{,}1$ cm $\Delta Q = 15{,}2$ l/s $\Delta h = 7{,}8$ cm

Bei dieser sehr großen Wassermenge hoher Schwallkopf, der nahezu das Rohr füllt (19,9 cm). Der unmittelbar folgende Sunk mit zunächst sehr steiler Front erzeugt dadurch eine starke Reaktionswelle, die im Meßpunkt bereits einen Teil des Sunkes aufgefüllt hat. Allmählicher weiterer Abbau des Sunkes.

Einfluß von Lufteinschließungen bei einem Druckstoß.

20.

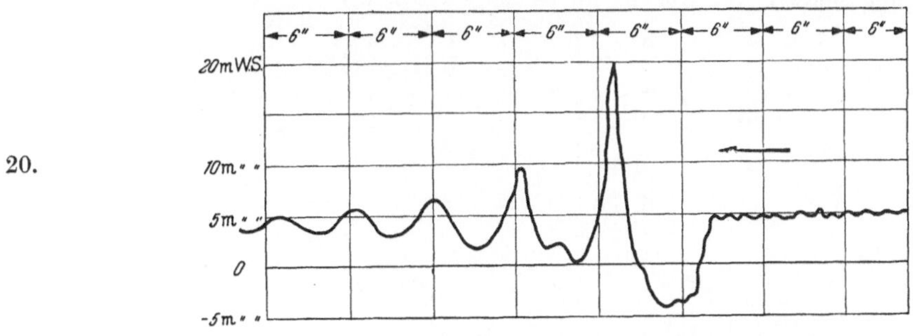

Meßergebnis eines Abschaltvorganges
(Gem. an einer Druckrohrleitung $L = 630$ m und ϕ 900 m).

Die Pumpe wurde mit 500 l/s eingeschaltet. Da die Leitung nur teilweise gefüllt war, entstanden erhebliche Lufteinschließungen. Dies zeigt sich sehr deutlich in dem stark gewellten Verlauf der Diagrammlinie.

Beim Abschalten der Pumpe entsteht ein Unterdruck bis —4,5 m (Druckstoß = — 9,5 m). Bei der Reflexion tritt die Erscheinung auf, die in dem Kapitel über Lufteinschließungen beschrieben ist. Zusätzlich zu der positiven Reflexion des Druckstoßes entsteht durch den Druckausgleich auf Grund der Lufteinschließungen eine zum Abschlußorgan hin gerichtete Wasserbewegung, die eine erhebliche Drucksteigerung bewirkt. Sie beträgt hier 6,0 m, d. h. der positive Druckstoß beträgt insgesamt + 15,0 m.

Modellversuche.
Abreißen der Wassersäule.

21.

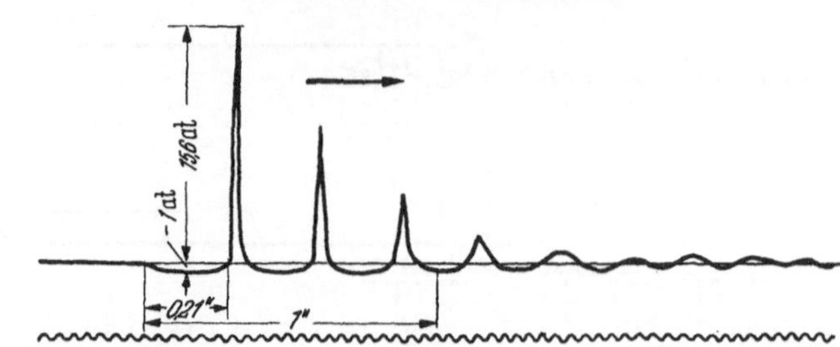

Dieser Versuch wurde mit einer Wassermenge von 9,38 l/s durchgeführt. Die Geschwindigkeit in der gesamten Leitung betrug im Mittel 0,35 m/s, am Abschlußorgan 1,19 m/s.

Die Größe des Rückstoßes wurde mit der Formel $\Delta p = a/g \cdot v_A = 15{,}1$ at ermittelt. Der entsprechende im Modellversuch gemessene Wert betrug 15,6 at.

Für die zeitliche Überprüfung des Verlaufes des Abreißvorganges wurde die Formel $t_1 = L/(10{,}33 + y_0) \cdot v/g$ benützt.

Es ergab sich dabei für das Abreißen $t_1 = 0{,}101$ s, d. h. für den gesamten Vorgang bis zum Rückstoß $t = 0{,}202$ s, der hierfür gemessene Wert betrug 0,21 s.

Man erkennt in dem Diagramm, daß der Abreißvorgang sich so lange wiederholt (mit jeweils kleiner werdenden Werten), bis die Reflexion kleiner als —10,0 m wird.

22.

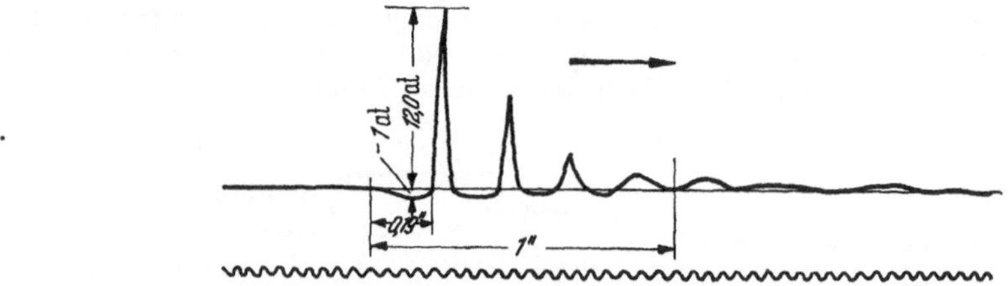

Der Versuch wurde mit $Q = 7{,}2$ l/s durchgeführt. Die Geschwindigkeit in der Rohrleitung betrug 0,3 s, am Abschlußorgan 0,92 s.

Damit ergab sich für die Größe des Rückstoßes ein Wert von 11,6 at, während der gemessene Wert 12,0 at betrug.

Für die Abreißdauer wurde $t_1 = 0{,}087''$, d. h. für den gesamten Vorgang $t = 0{,}174''$ ermittelt. Die aus dem Diagramm abgelesene Zeit beträgt $0{,}19''$.

Man erkennt in dem Diagramm sehr gut, daß nach dem 3. Abreißvorgang eine normale, stark deformierte Schwingung einsetzt.

Druckstoß und Wasserschlag beim Abschluß von Hauswasserleitungen.

Von W. Gandenberger, Stuttgart.

Mit 23 Abbildungen.

In Hauswasserleitungen und in oberirdisch frei verlegten Leitungen kleinerer Abmessungen, wie sie zu Garten-, Feld-, Weinberg- und Wiesenbewässerungen meist verwendet werden, treten bei deren raschem Abschluß häufig Druckstöße auf, die mit starker Geräuschbildung verbunden sind. Sie sind in Wohnhäusern, hier besonders beim Abschluß von Abortspülhahnen, sehr lästig. Die Leitungen selbst und die an sie angeschlossenen Geräte werden durch sie stark gefährdet. Das Geräusch entsteht durch den Wiederaufschluß der am Abschlußhahnen abgerissenen Wassersäule. Das Abreißen ist eine Folge des auf den Druckstoß folgenden starken Unterdruckes am geschlossenen Hahnen. Es kann mehrmals hintereinander in Abständen von 2 *Tr* Sekunden erfolgen, wobei *Tr* die Reflexionszeit der Leitung bedeutet. Da es sich hier meist um kurze Leitungen von 10 bis 100 m Länge handelt, beträgt diese Zeit etwa 0,02 bis 0,2 Sekunden. Das Schlagen wirkt sich als ratterndes Geräusch mit starken Erschütterungen der lose verlegten Leitung aus. Abb. 1 zeigt diesen Vorgang bei einer längeren Leitung mit großem Druckverlust und kleiner Durchflußgeschwindigkeit. Der größte Druckstoß erfolgt beim Abschluß des Hahnens (Punkt 1), dann folgt der Druckabfall mit Abreißen der Wassersäule am Hahnen (Punkt 2). Bei Punkt 3 trifft die zurückfließende Wassersäule auf den Hahnen und verursacht den Wasserschlag. Das Spiel wiederholt sich so lange, bis die Amplitude der Schwingung so stark abgeklungen ist, daß kein Abreißen mehr erfolgen kann. Auf Abb. 2 ist dieser Vorgang bei einer kurzen Leitung mit kleinem Druckverlust und großer Durchflußgeschwindigkeit gezeigt. Das Abreißen und der Wasserschlag wiederholen sich hier zehnmal.

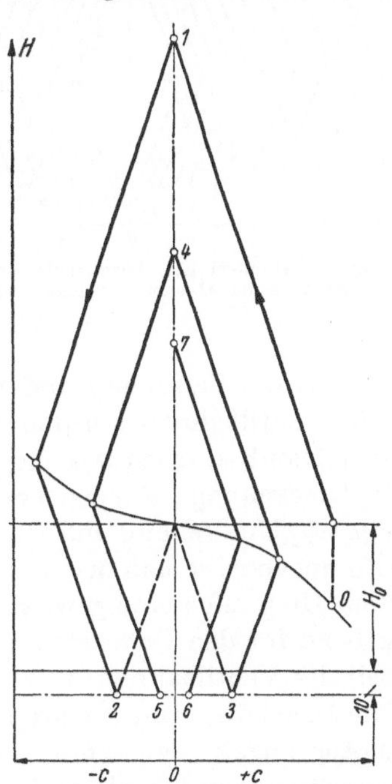

Abb. 1. Abreißen der Wassersäule am Abschlußorgan nach dessen Abschluß bei einer langen Leitung.

Bei diesen kleinen Leitungen ist es nicht üblich, die Druckstöße vorher zu berechnen oder die Grenzen festzustellen, innerhalb deren die Geräuschbildung vermieden wird. Es kann auch den Installateuren nicht zugemutet werden, sich bei diesen kleinen Objekten mit derartig schwierigen Fragen zu beschäftigen. Die Beseitigung der Geräusche wird oft nachträglich erfolglos mit ungeeigneten Maßnahmen versucht. Erfolg jedoch ist nur zu erwarten, wenn die Ursachen klar erkannt und beseitigt werden.

In der folgenden Arbeit ist die Größe der beim Abschluß derartiger Leitungen auftretenden Druckstöße in Abhängigkeit von der Rohrlänge, dem Rohrdurchmesser, dem statischen Druck und der Art und Größe der Abschlußhahnen experimentell, graphisch und rechnerisch ermittelt. Ferner werden die Grenzen der statischen Drücke und Rohrlängen für verschiedene Rohrdurchmesser und Abschlußhahnen, innerhalb deren mit einem Wasserschlag zu rechnen ist, festgestellt. Die Arbeit beschränkt sich auf Rohrleitungen und Hahnen gleichen Durchmessers. Die graphischen und rechnerischen Ergebnisse können durch Einsetzen der Durchflußkennlinien bzw. Querschnitte anderer Hahnengrößen auf diese erweitert werden.

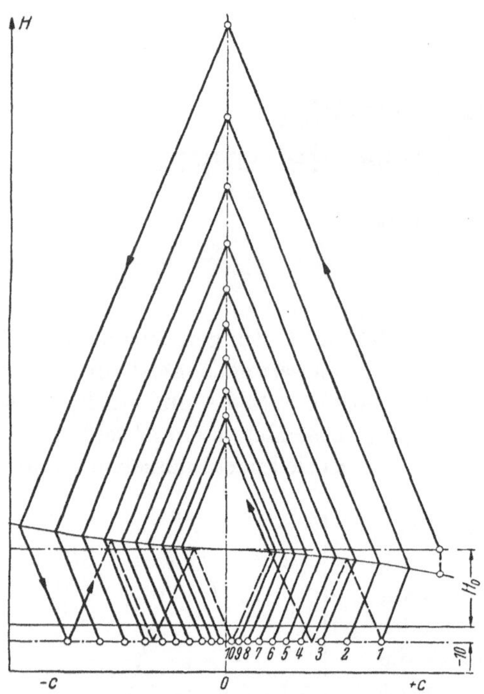

Abb. 2. Abreißen der Wassersäule am Abschlußorgan nach dessen Abschluß bei einer kurzen Leitung.

Experimentelle Ermittlung.

Die experimentelle Ermittlung der Druckstöße wurde für verschiedene Rohrlängen und statische Drücke mit ½″ Leitungen und ½″ Ventilhahnen und ½″ Reiberhahnen vorgenommen. Die Hahnen waren fabrikneu. Gebrauchte Hahnen mit abgenutzten Dichtungsflächen, Gewindespiel, Verkrustungen und Rostansatz haben andere Druckflußkennlinien und führen zu abweichenden Ergebnissen. Aber auch neue Hahnen werden infolge Verschiedenheiten des Gusses gewisse Abweichungen in sich schließen. Weitere Ungenauigkeiten erhält man durch die Abschlußzeit, die beim Abschluß von Hand nicht genau eingehalten werden kann, die Verschiedenheit der Einstellung des Öffnungsgrades der Hahnen und die Fehlerquellen in der Messung der Druckschwankungen mit sehr kleinen Reflexionszeiten bzw. hohen Frequenzen.

Für die Versuche standen statische Drücke von 11,5; 40; 84 und 175 m zur Verfügung. Die Ventilhahnen wurden aus der geschlossenen Stellung ½ Umdrehung geöffnet und von Hand so rasch wie möglich geschlossen. Bei den Reiberhahnen war der Schließweg ¼ Umdrehung. Normalerweise öffnet man bei kurzen Wasserentnahmen Ventilhahnen etwa ½ Umdrehung und schließt sie aus dieser Stellung heraus ruckartig. Auch bei größeren Öffnungen wird man in der Regel etwa von ½ zu ½ Umdrehung abschließen, und da zwischen dem Umgreifen eine gewisse Zeit vergeht, ist die letzte ½ Umdrehung hauptsächlich maßgebend für den Druckstoß. Durch wiederholtes Öffnen und Schließen wurde die Abschlußzeit des Ventilhahnens zu etwa 0,2 s und die des Reiberhahnens zu etwa 0,12 s festgestellt. Die Druckdiagramme wurden mit Kolbenindikatoren, deren Trommel durch einen Elektromotor angetrieben wurde, aufgenommen. Die Ergebnisse von etwa 5 bis 10 Abschlußversuchen wurden als Striche in die Abb. 8 und 9 eingetragen. Die aufgenommenen Diagramme sind bei einem Luftangriff vernichtet worden. Einige davon sind im ,,Gas- und Wasserfach“[1] 1943 und 1947 wiedergegeben. Die Höchstdrücke nehmen mit der Rohrlänge zunächst zu als Folge relativ kürzerer Abschlußzeiten $\frac{ts_{\max}}{Tr}$, erreichen einen Höchstwert, um dann als Folge geringer Durchflußgeschwindigkeiten wieder abzunehmen. Die Durchflußgeschwindigkeiten sind etwa $\sqrt{Ho}$ proportional, und dementsprechend vergrößern sich die Druckstöße mit wachsendem statischen Druck Ho. Der nicht ganz gleichartige Ver-

[1] GANDENBERGER, W.: Windkessel in Pumpendruckleitungen. GWF 1943, H. 22, S. 386. — GANDENBERGER, W.: Druckschwankungen beim Abschalten von Druckleitungen mit Windkessel. GWF 1947, H. 5, S. 146.

lauf der Kurven der Abb. 7, besonders bei $Ho = 40$ m, ist die Folge nicht gleicher Öffnungsstellungen bei Teilöffnungen (Schieberkennlinie) der Ventilhahnen. Bei Reiberhahnen sind die Fehlerquellen geringer, daher auch der gleichartige Verlauf aller Druckkurven bei verschiedenen statischen Drücken. Der Wasserschlag erfolgt schon bei kleinen Rohrlängen, verstärkt sich mit zunehmender Rohrlänge, um bei größeren Rohrlängen wieder zu verschwinden.

Graphische Ermittlung der Höchstdrücke.

Um die Ergebnisse der Versuche nachzuprüfen und zu vervollständigen, wurden die Höchstdrücke nach dem graphischen Rechnungsverfahren[1] für ½″ Leitungen und den beim Versuch verwendeten Ventilhahnen und Reiberhahnen ½″ ermittelt. Hierbei war es zunächst notwendig, die tatsächlichen Durchflußkennlinien der Hahnen bei den statischen Drücken und Rohrleitungslängen der Versuche festzustellen. So zeigt z. B. Abb. 3 die auf den Rohrquerschnitt bezogenen Durchflußgeschwindigkeiten eines Ventilhahnens ½″ in Abhängigkeit von der Hahnenstellung bei verschiedenen Rohrlängen und bei einem statischen Druck von 11,5 m. Abb. 4 zeigt die gleichen Durchflußkennlinien bei $Ho = 175$ m. Die Durchflußkennlinien für die Reiberhahnen ½″ bei statischen Drücken von 11,5 m und 175 m sind auf den Abb. 5 und 6 aufgetragen. Die auf diese Weise experimentell gemessenen Durchflußkennlinien und die gemessenen Rohr-

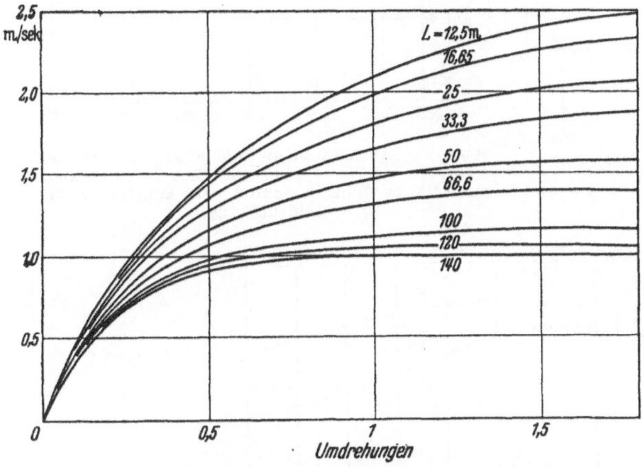

Abb. 3. Durchflußkennlinie eines ½″ Ventilhahnens bei $Ho = 11{,}5$ m und verschiedenen Leitungslängen mit $D = ½″$.

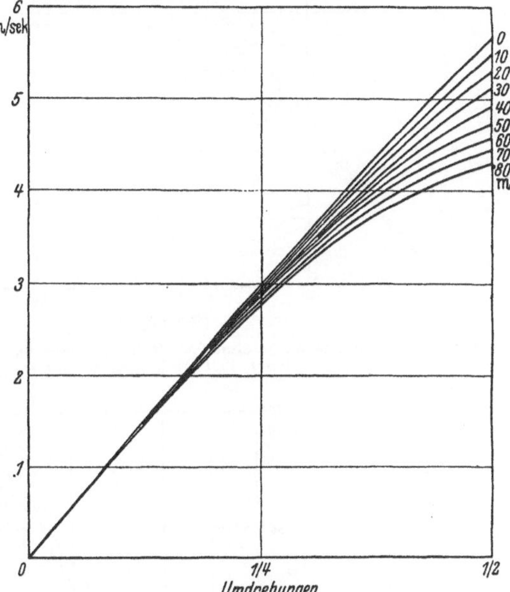

Abb. 4. Durchflußkennlinie eines ½″ Ventilhahnens bei $Ho = 175$ m und verschiedenen Leitungslängen mit $D = ½″$.

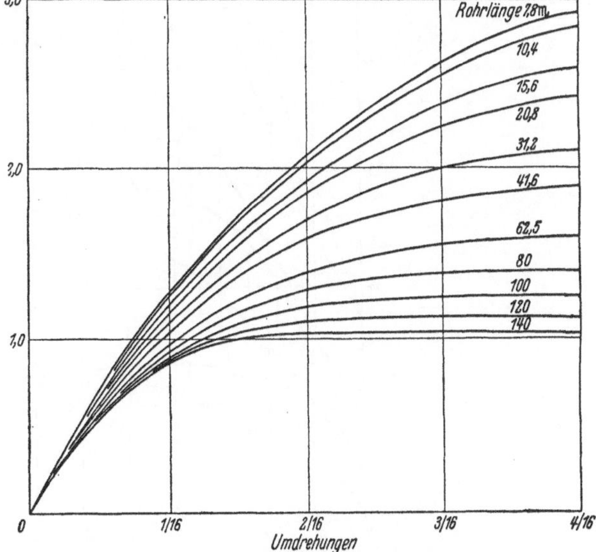

Abb. 5. Durchflußkennlinie eines ½″ Reiberhahnens bei $Ho = 11{,}5$ m und verschiedenen Leitungslängen mit $D = ½″$.

[1] Gandenberger, W.: Grundlagen der graphischen Ermittlung der Druckschwankungen in Wasserversorgungsleitungen. Verlag Oldenbourg 1950.

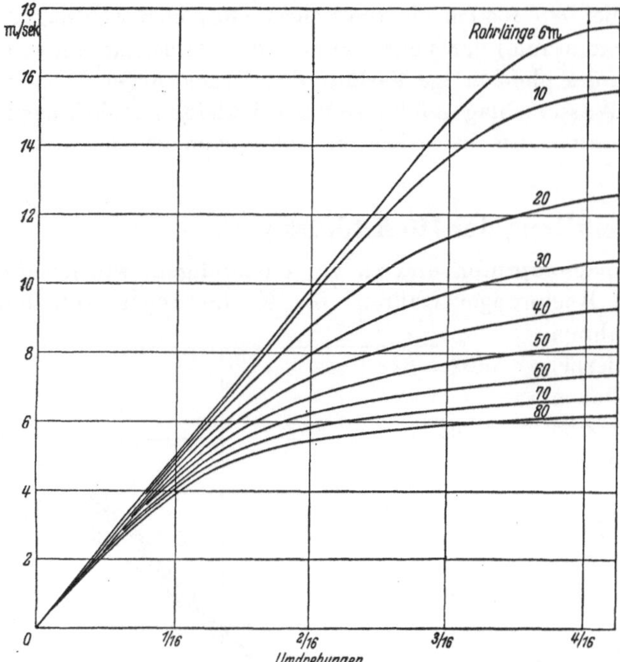

Abb. 6. Durchflußkennlinie eines $^1/_2''$ Reiberhahnens bei $Ho = 175$ m und verschiedenen Leitungslängen mit $D = ^1/_2''$.

Abb. 7. Durchflußkennlinie eines $^1/_2''$ Reiberhahnens bei $Ho = 45$ m und einer Leitungslänge von 100 m beim Abschluß mit konstanter Beschleunigung.

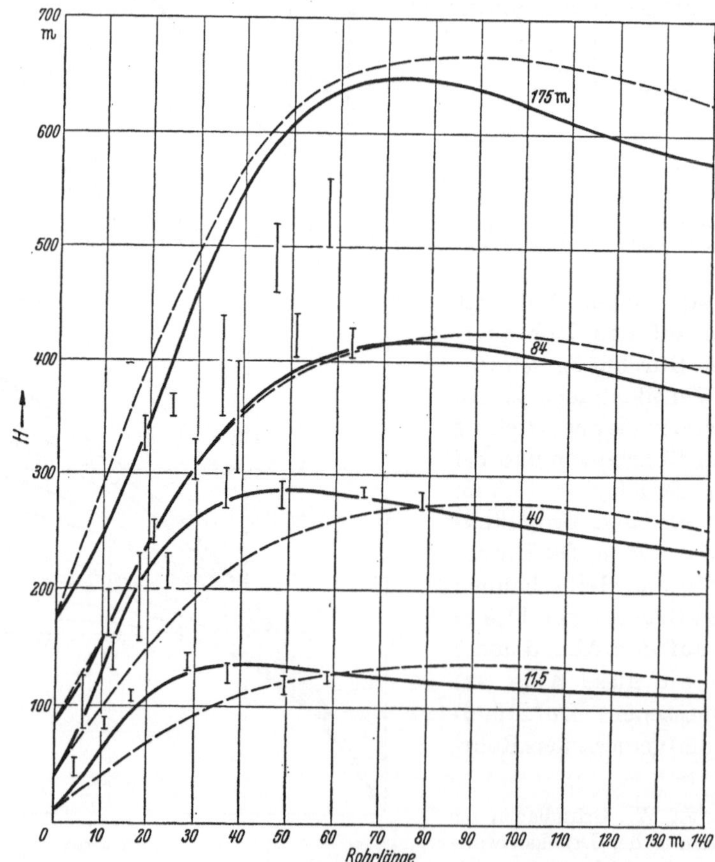

Abb. 8. Höchstdruck beim Abschluß eines $^1/_2''$ Ventilhahnens in einer $^1/_2''$ Leitung in Abhängigkeit von der Leitungslänge. —— graphisch; ---- rechnerisch; I Versuch.

reibungsverluste bei verschiedenen Rohrlängen wurden den graphischen Berechnungen zugrunde gelegt.

Ausgegangen wurde von der Durchflußgeschwindigkeit (co), die sich bei einer Öffnung von ½ Umdrehung beim Ventilhahnen und ¼ Umdrehung beim Reiberhahnen ergab. Es wurde angenommen, daß der Abschluß der Hahnen von Hand mit konstanter Beschleunigung erfolgt. Daraus ergibt sich für das Schließgesetz $Fa = Fa_{\max}\left(1 - \frac{t_s^2}{t_{s\max}^2}\right)$ bzw. $U = Uo\left(1 - \frac{t_s^2}{t_{s\max}^2}\right)$, wobei U die Umdrehungszahl der Hahnen bedeutet. Eine nach diesem Gesetz auf die Schließzeit ts bezogene Durchflußkennlinie zeigt Abb. 7 für einen Reiberhahnen ½″ bei $Ho = 45$ m. Dieses angenommene Schließgesetz birgt selbstverständlich gewisse Ungenauigkeiten in sich, die sich besonders bei kleinen Rohrlängen auswirken; bei Rohrlängen von $L > \frac{Tr \cdot a}{2}$ ist es jedoch ohne Einfluß.

Die Ergebnisse der graphischen Ermittlungen der Höchstdrücke unter Zugrundelegung der experimentell ermittelten Durchflußkennlinien sind auf den Abb. 8 und 9 eingetragen.

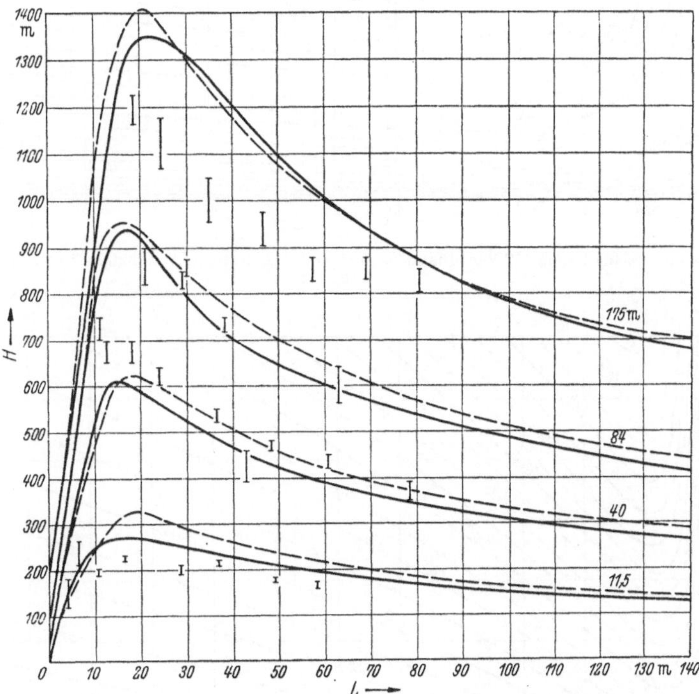

Abb. 9. Höchstdruck beim Abschluß eines ½″ Reiberhahnens in einer ½″ Leitung in Abhängigkeit von der Leitungslänge ——— graphisch; – – – – rechnerisch; I Versuch.

Sie decken sich weitgehend mit den Versuchsergebnissen. Stärkere Abweichungen zeigen hauptsächlich die Werte bei $Ho = 175$ m bei kleinen Rohrlängen. Es ist anzunehmen, daß der Kolben des Indikators bei diesen kleinen Reflexionszeiten dem Druck nicht rasch genug folgen konnte.

Diese weitgehende Übereinstimmung von Versuch und graphischer Berechnung zeigt, daß auch für sehr kleine Leitungen und sehr kleine Reflexionszeiten die graphische Ermittlung von Druckschwankungen zu brauchbaren Ergebnissen führt. Um einen Überblick über die zu erwartenden Höchstdrücke in ihrer Abhängigkeit vom statischen Druck und der Rohrlänge zu erhalten, empfiehlt es sich, Tafeln für verschiedene Rohrdurchmesser und Hahnengrößen zusammenzustellen, welche Installateuren als Arbeitsblätter dienen können. Auf den Abb. 10 und 11 sind diese Drücke für ½″ Leitungen und ½″ Hahnen aufgetragen. Sie sind aus den Abb. 8 und 9 übertragen worden. Für den praktischen Gebrauch könnten sie sich auf kleinere statische Drücke beschränken, müßten aber auf verschiedene Leitungsdurchmesser und Hahnengrößen und deren Kombinationen erweitert werden. Die Herstellung derartiger Tafeln auf Grund experimenteller oder graphischer Ermittlungen wäre

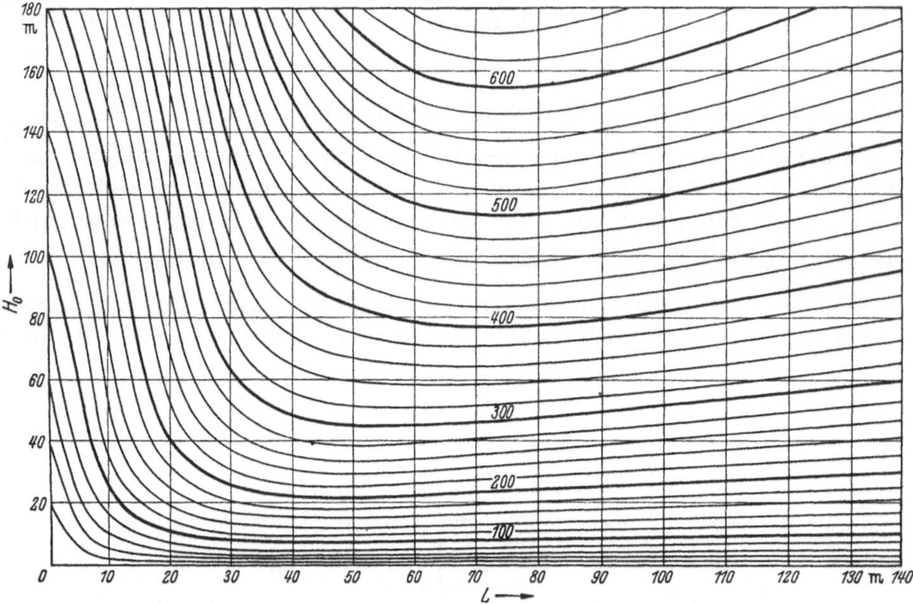

Abb. 10. Höchstdruck beim Abschluß eines ½″ Ventilhahnens in einer ½″ Leitung in Abhängigkeit vom statischen Druck und der Leitungslänge.

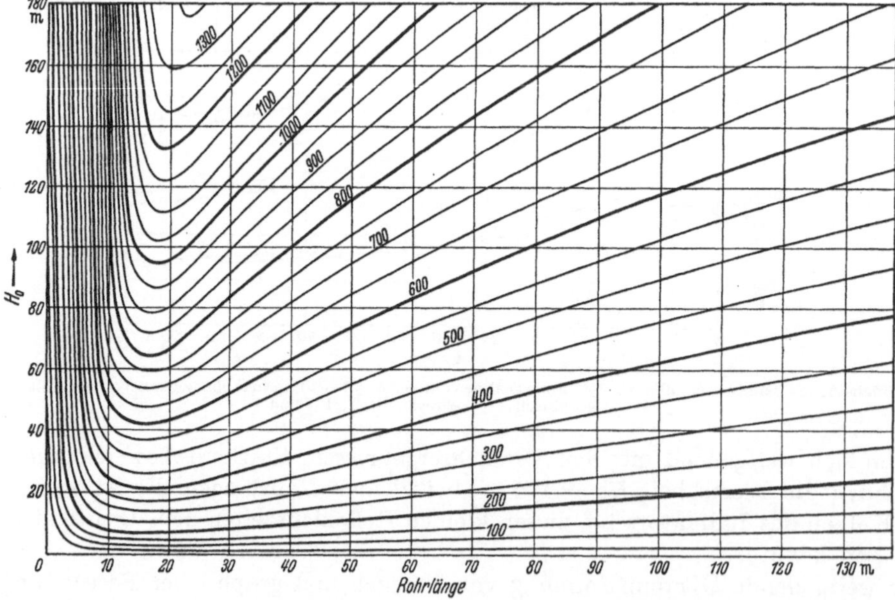

Abb. 11. Höchstdruck beim Abschluß eines ½″ Reiberhahnens in einer ½″ Leitung in Abhängigkeit vom statischen Druck und der Leitungslänge.

sehr zeitraubend. Es soll daher anschließend versucht werden, durch Näherungsrechnung ebenfalls zu brauchbaren Ergebnissen zu kommen.

Wenn nun der höchste Druckstoß h in Abhängigkeit vom statischen Druck Ho und der Rohrlänge L bekannt ist, läßt sich auch der statische Druck bzw. die Rohrlänge feststellen, bis zu denen ein Abreißen der Wassersäule und damit ein Wasserschlag auftritt. Das Abreißen der Wassersäule erfolgt, wenn:

$$H = 2\,Ho + 2\,hr + 10$$

oder

$$h = Ho + 2\,hr + 10$$

ist (Abb. 1 und 2).

Durch Eintragen von verschiedenen Werten von Ho und dem zugehörigen Wert von h in das Konstruktionsblatt für eine bestimmte Rohrlänge und der zugehörigen Druckverlustkurve können diese Grenzwerte von Ho und L ebenfalls graphisch ermittelt werden. Auch dieses Verfahren ist zeitraubend. Es soll daher auch hierfür ein rechnerisches Näherungsverfahren gesucht werden.

Rechnerische Ermittlung der Höchstdrücke und des Wasserschlages.

Höchstdrücke.

Bei der rechnerischen Ermittlung der Höchstdrücke wird angenommen, daß dieser Druck durch den Abschluß einer Hahnenöffnungsstellung entsteht, die einer Schließzeit von $ts = \frac{2\,L}{a}\,(s)$, also der Reflexionszeit der Leitung, entspricht. Diese Annahme führt zu richtigen Ergebnissen, wenn das bis zu dieser Stellung geöffnete Ventil aus der Ruhestellung heraus geschlossen wird. Wird dagegen diese Hahnenstellung aus einer größeren Öffnungsstellung heraus überfahren, dann erhält man höhere oder kleinere Werte, je nachdem die Durchflußparabel durch diesen Punkt steiler oder flacher als die Druckstoßgerade verläuft. Der Unterschied wird vernachlässigbar klein, wenn der größte Teil der Abdrosselung der Durchflußgeschwindigkeit innerhalb der letzten $ts = \frac{2\,L}{a}\,(s)$ erfolgt, wie es bei dem hier vorgesehenen Abschlußgesetz der Fall ist (Abb. 12). Man erhält dabei bei kleinem Ho zu kleine und bei großem Ho zu große Werte. Der Fehler macht sich bei sehr kurzen Leitungslängen am stärksten bemerkbar.

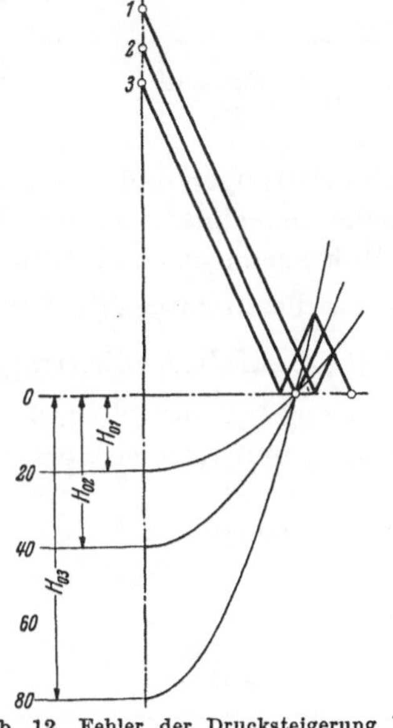

Abb. 12. Fehler der Drucksteigerung beim Abschluß aus der Öffnungsstellung, die einer Schließzeit von $ts = Tr = \frac{2L}{a}\,(s)$ entspricht.

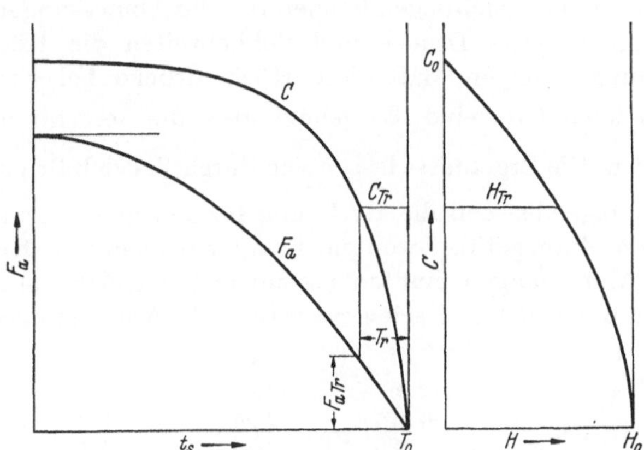

Abb. 13. Schieber- und Durchflußkennlinie bei einer Falleitung mit freiem Ausfluß.

Beim Abschluß des Hahnens aus der oben erwähnten Stellung heraus beträgt der Druckstoß, da es sich hier um einen direkten Druckstoß handelt:

$$Hj = \frac{a}{g}\,c_{Tr}.$$

Die Durchflußgeschwindigkeit c_{Tr} beträgt nach Abb. 13:

$$c_{Tr} = \varphi\,\frac{F\,a_{Tr}}{F}\sqrt{2\,g\,H_{Tr}} \qquad c_{Tr} = \varphi\,\frac{F\,a_{Tr}}{F}\sqrt{2\,g\left(Ho - \lambda\,\frac{L\,c_{Tr}^2}{D\,2\,g}\right)}.$$

Der Abschluß soll mit konstanter Beschleunigung erfolgen.

$$Fa = Fa_{\max}\left(1 - \frac{t_s^2}{t_{s\max}^2}\right)$$

$$ts = Tr = ts_{\max} - \frac{2L}{a}$$

$$Fa_{Tr} = Fa_{\max}\left(1 - \frac{\left(ts_{\max} - \frac{2L}{a}\right)^2}{t_{s\max}^2}\right) = Fa_{\max}\frac{4L}{a \cdot ts_{\max}}\left(1 - \frac{L}{a \cdot ts_{\max}}\right)$$

Für c_{Tr} ergibt sich:

$$c_{Tr} = \frac{\varphi Fa_{Tr}\sqrt{2g}}{F}\sqrt{H_0\left(1 - \frac{\lambda L F\overset{2}{a}_{Tr}\varphi^2}{DF^2}\right) + \left(\frac{\lambda L F\overset{2}{a}_{Tr}\varphi^2}{DF^2}\right)^2 - \left(\frac{\lambda L F\overset{2}{a}_{Tr}\varphi^2}{DF^2}\right)^3 + \cdots}$$

$$c_{Tr} = \frac{\varphi \cdot Fa_{Tr}\sqrt{2g}}{F}\sqrt{\frac{Ho}{1+y}} \qquad y = \frac{\lambda L\varphi^2 F\overset{2}{a}_{Tr}}{DF^2}$$

$$h = \frac{a}{g}\,\frac{\varphi \cdot Fa_{\max} \cdot 4 \cdot L\left(1 - \frac{L}{a\,ts_{\max}}\right)\sqrt{2g}}{a \cdot ts_{\max} F}\sqrt{\frac{Ho}{1+y}}$$

Diese Formel gilt für:

$ts_{\max} > \frac{2L}{a}$ und $L < \frac{a\,ts_{\max}}{2}$ und vereinfacht sich zu

$$h = 2{,}3\,\frac{\varphi Fa_{\max} L}{ts_{\max} D^2}\left(1 - \frac{L}{a\,ts_{\max}}\right)\sqrt{\frac{Ho}{1+y}} \qquad y = 25{,}9\,\frac{\lambda L^3 F\overset{2}{a}_{\max} \cdot \varphi^2}{D^5 \cdot t_{s\max}^2 \cdot a^2}\left(1 - \frac{L}{a\,ts_{\max}}\right)^2$$

Für $ts_{\max} < \frac{2L}{a}$ und $L > \frac{a \cdot ts_{\max}}{2}$ wird $Fa_{Tr} = Fa_{\max}$ und:

$$h' = 0{,}575\,\frac{a \cdot \varphi \cdot Fa_{\max}}{D^2}\sqrt{\frac{Ho}{1+y'}} \qquad y' = 1{,}61\,\frac{\lambda L F\overset{2}{a}_{\max}\varphi^2}{D^5}$$

Mit diesen Gleichungen können für alle Abmessungen von Rohrleitungen und Abschlußhahnen, statische Drücke und Schließzeiten die Höchstdrücke berechnet werden. Die Gleichungen zeigen, daß diese Höchstdrücke bei gleichen Rohrleitungen und Hahnen proportional $\sqrt{Ho}$ sind. Es genügt also, die Berechnungen für ein bestimmtes $H'o$ durchzuführen. Die Ergebnisse lassen sich durch Vervielfältigung mit $\sqrt{\frac{Ho}{Ho'}}$ auf alle Ho übertragen.

Im folgenden soll die Rechnung für Leitungen und Hahnen von 1/4″ bis 2″ und $Ho = 100$ m durchgeführt werden. Kombinationen von Rohrleitungen und Hahnen verschiedener Abmessungen müßten besonders berechnet werden.

Für die Leitungen seien nachstehende Abmessungen zugrunde gelegt:

	Di	s	F	a	λ
	cm	mm	cm²	m/s	
¼″	0,875	2,25	0,6	1400	0,0285
⅜″	1,225	2,25	1,18	1385	0,0279
½″	1,575	2,75	1,94	1380	0,0274
¾″	2,125	2,75	3,55	1370	0,0267
1″	2,7	3,25	5,70	1365	0,0260
1¼″	3,575	3,25	10,00	1350	0,0250
1½″	4,125	3,50	13,40	1345	0,0244
2″	5,25	3,75	21,60	1330	0,0233

Aus den Abmessungen neuer Ventilhahnen wurde Fa für ½ Umdrehung errechnet und der Wert φ für $Ho = 100$ m durch Versuche festgestellt. Die Abhängigkeit des Wertes φ von Ho:

zum Beispiel	Ho =	10	50	100	180 m
bei $d = ½″$	φ =	0,43	0,415	0,4	0,375

wurde vernachlässigt. Ebenso wurde beim Ventilhahnen die Abhängigkeit von φ von dem Öffnungsgrad des Hahnens nicht beachtet und nachstehende Mittelwerte von $\varphi\, Fa_{\max}$ eingesetzt.

	1/4"	3/8"	1/2"	3/4"	1"	1 1/4"	1 1/2"	2"
d_2 cm	0,7	0,9	1,25	1,8	2,35	2,8	3,4	4,55
Hub cm	0,5	0,6	0,7	0,9	1,0	1,2	1,5	1,8
F cm²	1,1	1,7	2,75	5,1	7,4	10,6	16	25,7
Umdrehungen	1,97	2,36	2,76	3,55	3,0	3,63	4,54	5,45
Fa ½ Umdrehung	0,28	0,36	0,50	0,72	1,23	1,46	1,76	2,36
Q exp. l/s	0,55	0,70	0,88	1,20	2,18	3,05	3,5	4,2
$\varphi\, Fa$ max.	0,124	0,16	0,2	0,272	0,49	0,683	0,79	0,945
ts max. s	0,18	0,19	0,2	0,225	0,25	0,275	0,3	0,35

Für die Reiberhahnen wurde angenommen:

	1/4"	3/8"	1/2"	3/4"	1"	1 1/4"	1 1/2"	2"
Fa max. cm²	0,6	1,18	1,94	3,55	5,70	10	13,4	21,6
ts max. s	0,108	0,114	0,12	0,136	0,15	0,165	0,18	0,21

Die hier angenommenen Werte für $Fa_{\max}$ und $ts_{\max}$ sind auf den Abb. 14 und 15 aufgetragen. Sie sind so genau wie hier möglich geschätzt, bergen jedoch eine gewisse Ungenauigkeit in sich. Bei Reiberhahnen steht in der Öffnungsstellung der volle Querschnitt der Rohrleitung zur Verfügung. Der Wert von φ ist demnach 1. Bei Teilöffnungen kann die Änderung von φ dagegen nicht vernachlässigt werden. Sie läßt sich experimentell feststellen. Diese Feststellung bietet bei kleinen Hahnen jedoch gewisse Schwierigkeiten. Es sei daher die Annahme gemacht, daß der Wert φ nach Abb. 16 verläuft.

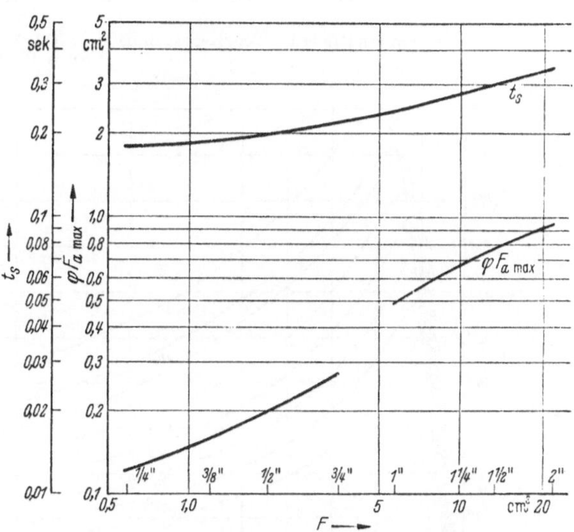

Abb. 14. Schließzeit und Öffnungsquerschnitt (einschl. des Durchflußkoeffizienten) φFa max bei ½ Umdrehung Hahnenöffnung in Abhängigkeit vom Rohrquerschnitt für Rohre und Ventilhahnen gleicher Größe von ¼" bis 2".

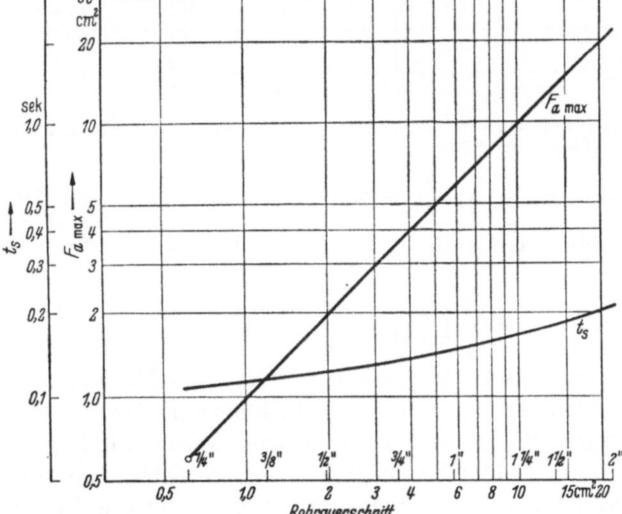

Abb. 15. Schließzeit und Öffnungsquerschnitt Fa max in Abhängigkeit vom Rohrquerschnitt für Rohre und Reiberhahnen gleicher Größe von ¼" bis 2".

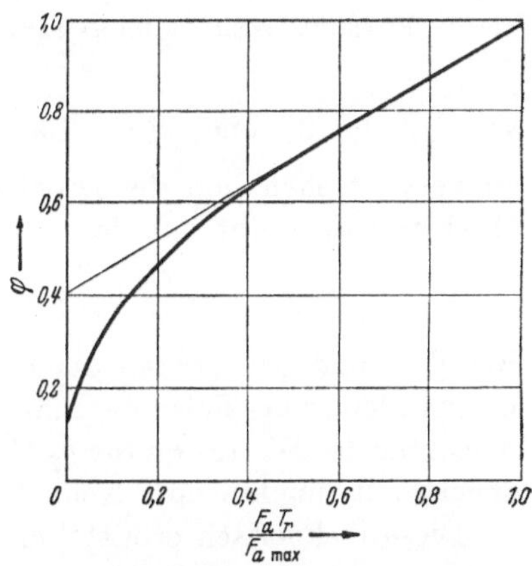

Abb. 16. Durchflußkoeffizient für Reiberhahnen in Abhängigkeit von der Öffnungsstellung.

Mit den erwähnten Formeln und Abmessungen der Leitungen und Hahnen wurden die Druckstöße errechnet und die Ergebnisse auf den Abb. 17 und 18 für Leitungen und Hahnen

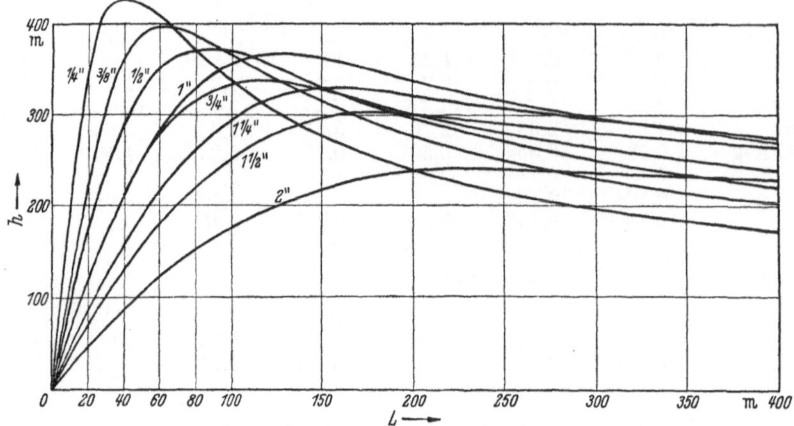

Abb. 17. Rechnerisch ermittelte Drucksteigerungen beim Abschluß von Ventilhahnen in Abhängigkeit von der Leitungslänge für $Ho = 100$ m.

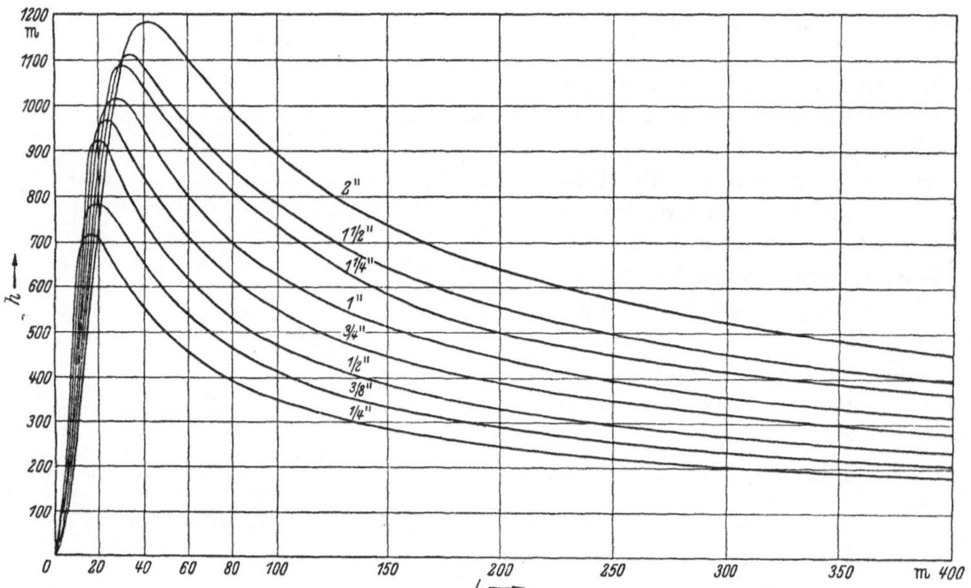

Abb. 18. Rechnerisch ermittelte Drucksteigerungen beim Abschluß von Reiberhahnen in Abhängigkeit von der Leitungslänge für $Ho = 100$ m.

von $^1/_4''$ bis $2''$ und $Ho = 100$ m aufgetragen. Diese Werte von h (100) sind mit $\sqrt{\frac{Ho}{100}}$ zu vervielfachen, um die Druckstöße für jeden anderen Wert von Ho zu erhalten. Der Höchstdruck ergibt sich dann aus:

$$H = Ho + h\,(100)\sqrt{\frac{Ho}{100}}\,.$$

Bei Ventilhahnen werden die Höchstdrücke mit zunehmenden Rohr- und Hahnennennweiten kleiner als Folge der zunehmenden Umdrehungszahl der Hahnen und der relativen Abnahme des Wertes Fa für $\frac{1}{2}$ Umdrehung. Bei Reiberhahnen dagegen werden die Höchstdrücke mit zunehmender Nennweite größer, da hier Fa linear mit der Nennweite zunimmt.

Diese rechnerisch ermittelten Werte sind in die Abb. 8 und 9 für $\frac{1}{2}''$ Nennweite eingetragen. Wie zu erwarten war, sind die rechnerischen Werte bei $L < \frac{a \cdot ts_{\max}}{2}$ bei kleinem

Ho zu klein und bei großem Ho zu hoch. Bei $L > \frac{a \cdot ts_{\max}}{2}$ müßten sie gleich sein. Dies trifft bei den Ventilhahnen weitgehend zu. Stärkere Abweichungen sind hierbei auf Ungenauigkeiten des Abschlußgesetzes und der Hahnenbauart zurückzuführen. Das betrifft besonders den Versuch mit $Ho = 40$ m. Bei Reiberhahnen zeigt sich eine bessere Übereinstimmung. Ungenauigkeiten werden hierbei durch das Abschlußgesetz und die Wahl des Durchflußkoeffizienten φ bei $L < \frac{a \cdot ts_{\max}}{2}$ verursacht. Da hier aber wesentlich klarere Verhältnisse bestehen als beim Ventilhahnen, kann der Einfluß der Abweichungen, die durch die Annahme, daß der Abschluß aus der Stellung für $ts = \frac{2L}{a}$ erfolgt, besser beurteilt werden. Wenn man beachtet, daß sich in der Praxis infolge der Verschiedenheit der Hahnen, der Art des Abschlusses von Hand und anderer Faktoren eine gewisse Streuung der Druckstöße ergibt, kann das hier vorgeschlagene Näherungsverfahren für die Berechnung der Druckstöße als durchaus befriedigend betrachtet werden. Durch genaue Ermittlung des Abschlußgesetzes und der Durchflußkennlinie der Hahnen läßt sich die Rechnung noch verbessern.

Wasserschlag.

Mit den rechnerisch gewonnenen Werten des Druckstoßes h sind nun die Bereiche von Ho und L, innerhalb der ein Wasserschlag möglich ist, errechnet worden. Abb. 19 zeigt

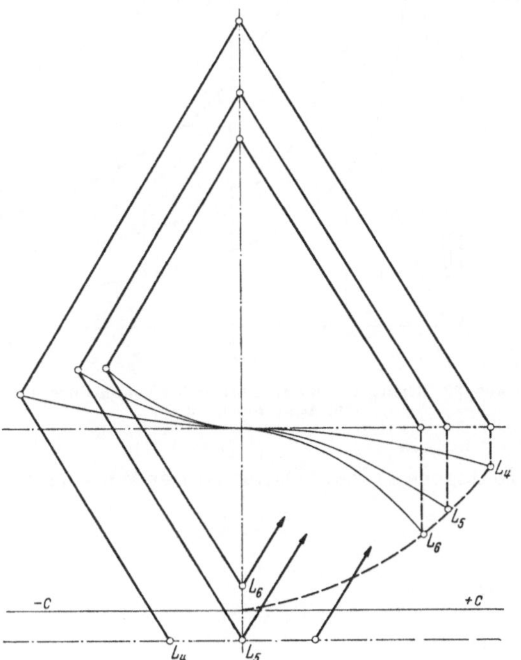

Abb. 19. Abhängigkeit des Wasserschlages von der Leitungslänge bei gleichem Ho und $L > \frac{a\,ts}{2}$.

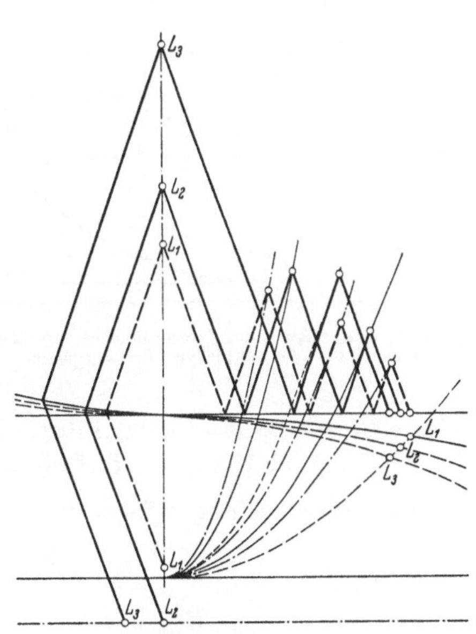

Abb. 20. Abhängigkeit des Wasserschlages von der Leitungslänge bei gleichem Ho und $L < \frac{a\,ts}{2}$.

die Leitungskennlinien von drei verschieden langen Leitungen gleicher Nennweite und gleicher statischer Druckhöhe. Von den Durchflußgeschwindigkeiten gleicher Hahnenöffnung ist der Druckstoß h für den direkten Druckstoß, also $L > \frac{a \cdot ts_{\max}}{2}$ aufgetragen. Man erkennt, daß die kürzere Leitung zum Wasserschlag führt, die längere Leitung dagegen nicht. Es gibt also bei gleicher statischer Druckhöhe einen Grenzwert bezüglich der Leitungslänge, über den hinaus kein Wasserschlag mehr auftreten kann. Auf Abb. 20 ist nun ebenfalls wieder der Druckstoß ermittelt für drei Leitungen verschiedener Länge bei gleichem

Ho, wobei jedoch $L < \frac{a\,ts_{max}}{2}$ angenommen ist. Die Länge der Leitung (1) beträgt hierbei $^1/_4 \frac{a\,ts_{1max}}{2}$, die der Leitung (2) $^1/_3 \frac{a\,ts_{2max}}{2}$ und die der Leitung (3) $^1/_2 \frac{a\,ts_{3max}}{2}$. Es zeigt sich, daß in diesem Bereich die lange Leitung zum Wasserschlag führt, die kurze dagegen nicht. Es besteht daher auch eine untere Grenze von L, oberhalb der mit einem Wasserschlag gerechnet werden muß. Ermittelt man nun den Druckstoß h für verschiedene statische Drücke bei gleicher Leitungslänge und Hahnenöffnung, so zeigt Abb. 21, daß das

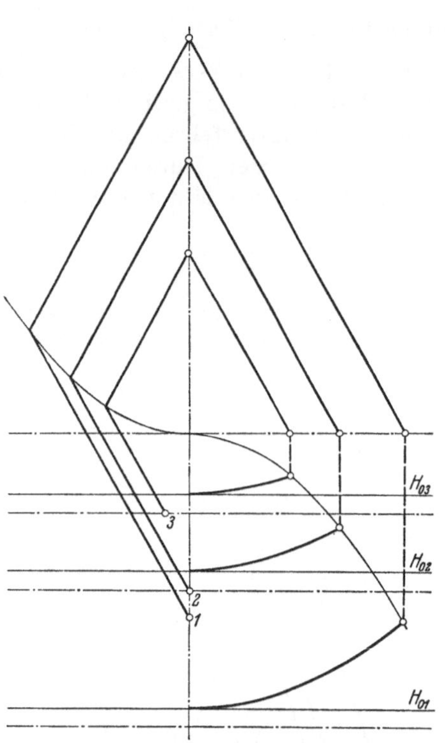

Abb. 21. Abhängigkeit des Wasserschlages vom statischen Druck Ho bei gleicher Leitungslänge.

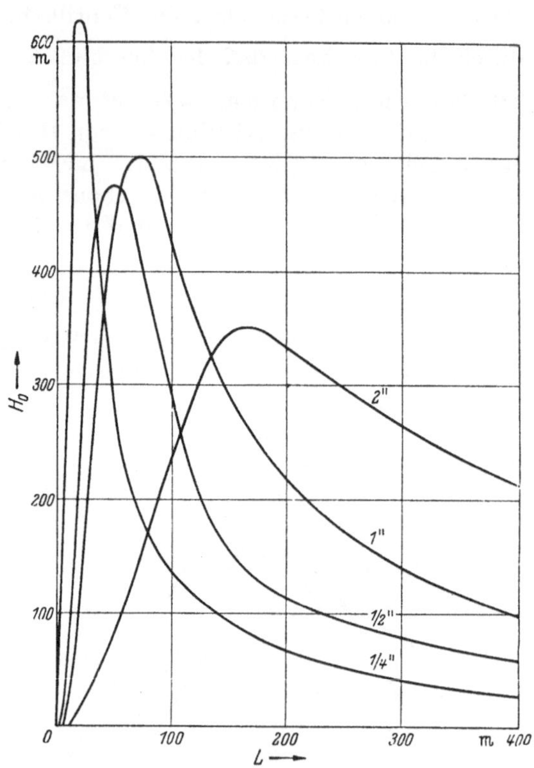

Abb. 22. Bereich des Wasserschlages bei Ventilhahnen in Abhängigkeit von Ho und L.

kleine Ho zum Wasserschlag führt, das große Ho dagegen nicht. Damit ist der Wasserschlag bis zu einem bestimmten Ho begrenzt.

Der Wasserschlag erfolgt, wenn:

$$h - 2hr > Ho + 10$$

$$h - 2\frac{\lambda L}{D}\frac{c^2_{Tr}}{2g} > Ho + 10.$$

Es ist: $h = \frac{a}{g} c_{Tr}$ und $h = h_{(100)}\sqrt{\frac{Ho}{100}} = h'\sqrt{\frac{Ho}{100}}$

$$h - \frac{\lambda L g}{Da^2} h^2 > Ho + 10 \qquad \boxed{\sqrt{Ho} < \frac{\left(\frac{h'}{100} - \frac{10}{\sqrt{Ho}}\right)}{1 + \frac{\lambda L g}{D a^2}\frac{h'^2}{100}}}.$$

Nach dieser Gleichung wurden die Grenzwerte von Ho und L für die Leitungen $^1/_4''$, $^1/_2''$, $1''$ und $2''$ und für die Ventil- und Reiberhahnen errechnet und auf den Abb. 22 und 23 aufgetragen.

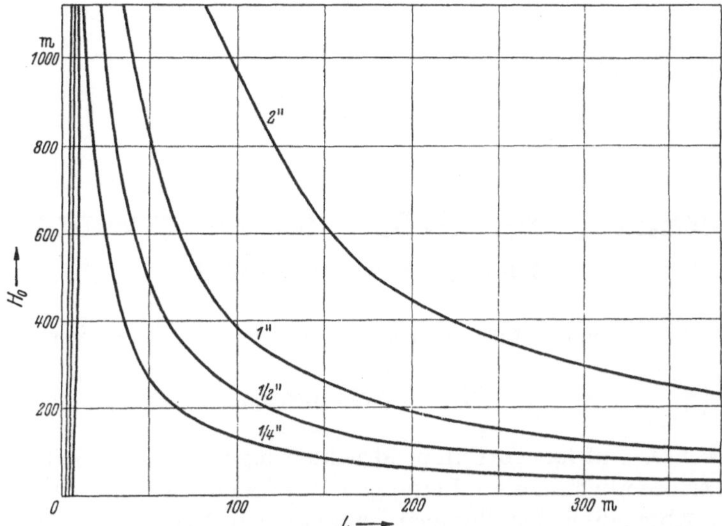

Abb. 23. Bereich des Wasserschlages bei Reiberhahnen in Abhängigkeit von *Ho* und *L*.

Zusammenfassung.

Die Versuche und Berechnungen der Druckstöße und der Wasserschläge in kleinen Leitungen, die mit Hahnen gleicher Nennweite versehen sind, zeigen, wie außerordentlich stark derartige Leitungen belastet werden können und welche Gefahren für Wassergeräte, die an derartigen Leitungen angeschlossen sind, bestehen. Ein Schutz der Leitungen durch Windkessel, Festlegung der Schließzeit oder andere bei großen Leitungen übliche Methoden ist praktisch kaum durchführbar. Es besteht jedoch die Möglichkeit, die Länge der Zuleitung mit gleicher Nennweite wie der Abschlußhahn zu beschränken, kleinere Nennweiten für die Hahnen zu verwenden, oder die Durchflußmenge der Hahnen durch eingebaute Widerstände, Querschnittsverringerungen oder vorgeschaltete Druckreduzierventile zu vermindern, wie dies zur Vermeidung von Strömungsgeräuschen schon vorgeschlagen wurde. Bei der rechnerischen Ermittlung der Höchstdrücke wurde von der Öffnungsstellung der Hahnen ausgegangen, deren Abschlußzeit der Reflexionszeit der gegebenen Leitungslänge entspricht. Dieses Verfahren ist nur anwendbar, wenn die Durchflußkennlinie des Hahnens kurz vor dem Abschluß die stärkste Neigung besitzt und dadurch beim Schließen des Hahnens an dieser Stelle der Durchflußkennlinie der größte Druck hervorgerufen wird. Dies trifft für alle Abschlußorgane in nicht reibungsfreien Rohrleitungen zu, deren Schieberkennlinie nahezu linear verläuft und bei denen nicht durch Schlitze, Schaufelkränze oder andere Eingriffe der Durchfluß gegen Ende der Schieberstellung stark vermindert wird. Das Verfahren kann daher auch für größere Abschlußorgane zur Bestimmung der Schließzeit und Schiebergröße Verwendung finden. Der Fehler, der durch diese Vereinfachung der Rechnung entsteht, ist nur bei kleinen statischen Drücken zu beachten, da hier die Rechnung zu kleine Werte ergibt. Bei größeren statischen Drücken erhält man zwar höhere Werte, die aber immer auftreten, wenn der Schieber aus dieser Teilöffnung heraus geschlossen wird. Besitzt die Leitung hinter dem Abschlußorgan keinen freien Ausfluß, dann sind die Formeln entsprechend abzuändern.

Die gewonnenen Ergebnisse für Leitungen und Hahnen gleicher Nennweite können für Variationen der Nennweiten und Hahnen anderer Bauarten ergänzt und auf Blätter ähnlich der Abb. 10 und 11 aufgetragen werden. Auf diese Weise kann den Installateuren ein Mittel in die Hand gegeben werden, Leitungen und Hahnen so zu bemessen, daß weder ein unzulässiger Druckstoß noch ein Wasserschlag zu erwarten ist.

Berechnung der Größe der Druckwindkessel bei Wasserwerken.

Von Konrad Ludwig † und Hans Stack, Hannover.

Mit 19 Abbildungen.

Bei Wasserwerken mit langen Pumpendruckleitungen ist es besonders bei Betrieb mit Kreiselpumpen erforderlich, in diese Leitungen Druckwindkessel einzubauen, um den sonst bei plötzlichem Abschalten der Pumpen auftretenden Druckstoß zu vermeiden. Unter „Druckstoß" soll dabei eine Druckwelle mit steiler Stirn verstanden werden; ein solcher Stoß tritt ein, wenn kein Windkessel vorhanden ist.

Die bisherigen Berechnungen von Druckwindkesseln wurden im allgemeinen unter Berücksichtigung der Elastizität von Wasser und Rohrleitungen durchgeführt. Die Elastizität beider spielt dann auf jeden Fall eine Rolle, wenn kein Windkessel vorhanden ist. Bei Einbau von genügend großen Windkesseln — die Berechnung solcher soll in dieser Arbeit durchgeführt werden — tritt jedoch kein Druckstoß auf.

Bei einem plötzlichen Ausfall der Pumpen fließt das Wasser in der Druckrohrleitung weiter, wobei der Windkessel nunmehr sein Wasser in die Leitung abgibt. Durch die Reibung in der Leitung und durch den Druckabfall im Windkessel kommt die Wassersäule *allmählich* zum Stillstand. Es tritt nunmehr eine Umkehrung der Fließrichtung des Wassers ein, hervorgerufen durch den geringeren Druck im Windkessel gegenüber dem Wasserstand im Hochbehälter. Dabei wirkt von Anfang an die Rohrreibung wieder bremsend, später auch der höhere Druck im Windkessel gegenüber dem Wasserstand des Hochbehälters, bis die Wassersäule ebenfalls *allmählich* wieder zum Stillstand kommt. Aus dem Gesagten geht klar hervor, daß es sich um reine Fließvorgänge einer Wassersäule handelt, die weder ruckartig beschleunigt, noch verzögert wird. Es ist ferner möglich, den Druckwindkessel so auszulegen, daß der Druck bei der zurückfließenden Wassermenge nur wenig höher (etwa 10%) als der Betriebsdruck liegt. Es tritt also auch keine Überbeanspruchung des Rohrmaterials ein.

Aus den hier geschilderten Vorgängen geht unseres Erachtens einwandfrei hervor, daß bei richtiger Berechnung der Windkessel weder die Elastizität des Wassers noch die der Rohrleitung eine Rolle spielt. Sie sind daher auch von uns bei der ganzen Berechnung unberücksichtigt gelassen.

Die Berechnung der Druckwindkessel ist in den meisten Fällen sehr genau durchführbar. Es sollen bei der folgenden Berechnung nur da Vereinfachungen vorgenommen werden, wo sie sich entweder zuungunsten des Windkessels auswirken, oder wo Glieder wegen ihrer geringen Größe anderen gegenüber vernachlässigt werden können.

Bei den heute meistens durch Elektromotoren angetriebenen Pumpen ist die unangenehmste Störung der durch plötzliches Abschalten des Stromes verursachte gleichzeitige Ausfall sämtlicher Pumpen. Dadurch werden die unter voller Belastung laufenden Maschinen sehr stark abgebremst. Die Drehzahl sinkt zunächst sehr stark, aber die Förderhöhe der Pumpen fällt sogar quadratisch, so daß die hinter den Pumpen angebrachten Rückschlagklappen fast gleichzeitig mit dem Ausfall des Stromes zuschlagen. Zahlreiche Versuche an Pumpen verschiedenster Größe haben gezeigt, daß innerhalb der ersten Sekunde die Rückschlagklappen zufallen. Es soll daher bei den Berechnungen angenommen werden, daß schlagartig die Zufuhr von Wasser ausfällt. Diese Vereinfachung dürfte zulässig sein, da sie sich nur zuungunsten des Windkessels auswirkt.

Bevor die Berechnung der Druckwindkessel durchgeführt wird, sollen zunächst einmal die verschiedenen Betriebsfälle, die für Wasserwerke in Frage kommen, skizziert werden. Der Windkessel soll dabei durch ein Standrohr von entsprechendem Querschnitt ersetzt werden, um so am augenfälligsten die Vorgänge erläutern zu können. Auf den Unterschied zwischen Standrohr und Windkessel wird bei der eigentlichen Berechnung der Windkessel eingegangen.

Bei diesen Untersuchungen kommen folgende Berechnungsgrößen vor:

p_a Luftdruck in m WS.
H die statische Druckhöhe in m WS.
h die Reibungshöhe in m WS.
D_s Durchmesser des Standrohres in m.
F_s Querschnitt des Standrohres in m^2.
c_s Geschwindigkeit des Wassers im Standrohr in m/sek.
c_r Geschwindigkeit des Wassers in der Rohrleitung in m/sek.
D_r Durchmesser der Rohrleitung in m.
F_r Querschnitt des Rohres in m^2.
L Länge der Leitung in m.
z Abweichung des Wasserspiegels im Standrohr oder Windkessel von der Ruhelage in m, ungerader Zeiger bedeutet Abweichung im oberen Umkehrpunkte, gerader Zeiger Abweichung im unteren Umkehrpunkte.
t Zeit in sek.
g Schwerebeschleunigung = 9,81 m/sek.
λ Reibungskonstante.

Der einfachste Fall der Wasserversorgung ist in Abb. 1 dargestellt. Die Pumpen drücken das Wasser durch das Standrohr in die Hauptdruckleitung, die direkt zu einem Hochbehälter führt. Von dort aus fließt das Wasser in das Versorgungsnetz. Im Ruhezustand steht das Wasser im Standrohr in derselben Höhe wie im Hochbehälter. Im Betriebszustand steht das Wasser im Standrohr um ein gewisses Maß höher, das durch die Reibungsverluste in der Rohrleitung gegeben ist. Wenn der Strom ausfällt, fließt das Wasser in der Rohrleitung wegen seines Beharrungsvermögens zunächst mit gleicher Geschwindigkeit weiter, wobei das nicht mehr von der Pumpe geförderte Wasser aus dem Standrohre nachfließt. Dabei wird die Geschwindigkeit des Wassers laufend durch die Reibung gebremst. Gleichzeitig sinkt der Wasserspiegel im Standrohr, und zwar unter Umständen beträchtlich unter den Wasserspiegel des Hochbehälters. Allmählich kommt durch beide Ursachen die Wassermasse zum Stillstand. Linie 2 in Abb. 1. Da jetzt der Wasserspiegel im Hochbehälter höher als im Standrohr ist, fängt das Wasser in umgekehrter Richtung an zu fließen. Dabei wirkt wieder die Reibung bremsend und, wenn das Wasser im Standrohr über den Ausgleichspunkt steigt, wirkt auch der Spiegelunterschied bremsend, bis das Wasser zum Stillstand kommt — Linie 3 in Abb. 1 — und wieder in der ersten Richtung zu fließen anfängt. Die Ausschläge am Standrohr werden bei jedem Hin- und Hergang geringer, bis der Ruhezustand erreicht ist.

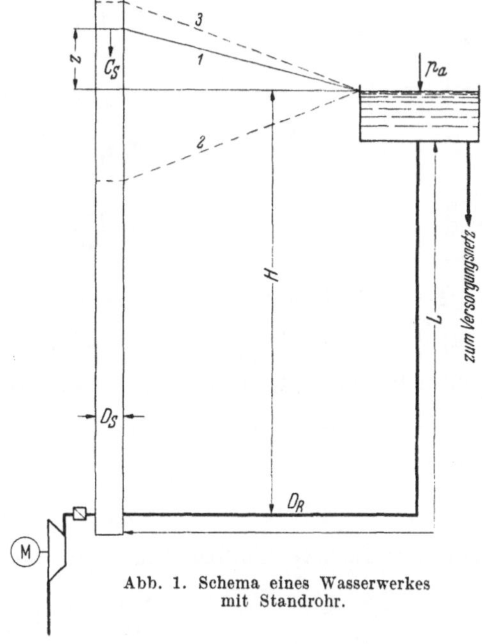

Abb. 1. Schema eines Wasserwerkes mit Standrohr.

Es tritt bei diesem ganzen Vorgang, da es sich um ein offenes System handelt, keinerlei Stoßwirkung mehr auf; denn jeder Wassertropfen im Rohr fließt nur um ein ständig geringer werdendes Maß hin und her. Es handelt sich also um das Pendeln der Wassersäule in kommunizierenden Röhren, wobei der eine Schenkel erweitert ist und sich am anderen Schenkel ein Gefäß von sehr großem Querschnitt, bezogen auf den Rohrquerschnitt, befindet.

Um diese Strömung zu erfassen, wird die erweiterte BERNOUILLIsche Gleichung angesetzt (WALTER KAUFMANN, Angewandte Hydromechanik. Band 2, S. 97, Berlin 1934). Zu einer beliebigen Zeit des Vorganges liege der Wasserspiegel um z m höher als die Spiegelgleiche; dabei sei die Geschwindigkeit des Wassers im Standrohr c_s. Der Luftdruck ist auf beiden Seiten der gleiche, und der Wasserpiegel im Hochbehälter ändert sich während des Auspendelns kaum; er soll als gleichbleibend angenommen werden. Es ist dann:

$$\frac{c_s^2}{2g} + z = \Sigma h_v + \frac{1}{g}\int_{s_1}^{s_2} \frac{dc}{dt} ds. \tag{1}$$

In dieser Gleichung bezeichnet Σh_v die Gesamtheit der Verlusthöhen und ds ein Längenelement, gemessen in der Strömungsrichtung. Die Verlusthöhen setzen sich zusammen aus den Reibungshöhen des Standrohres und der Rohrleitung und aus den Einzelwiderständen, die sich aus Ein- und Austrittswiderständen durch eingebaute Krümmer, Schieber usw. ergeben. Alle diese Widerstände liegen für eine gegebene Leitung fest und können mit Hilfe von Reibungszahlen ausgedrückt werden. Es ist also:

$$\Sigma h_v = \frac{c_s^2}{2g}\lambda_s \frac{H}{D_s} + \frac{c_r^2}{2g}\lambda_r \frac{L}{D_r} \text{ m WS}. \tag{2}$$

Das zweite Glied der rechten Seite der Gleichung (1) stellt die Änderung der Bewegungsenergie dar; es ist

$$\frac{1}{g}\int_{s_1}^{s_2} \frac{dc}{dt} ds = \frac{1}{g}\left(H\frac{dc_s}{dt} + L\frac{dc_r}{dt}\right). \tag{3}$$

Aus der Kontinuitätsbedingung $c_s F_s = c_r F_r$ ergibt sich $c_r = c_s \frac{F_s}{F_r}$ und damit wird

$$\Sigma h_v = \frac{c_s^2}{2\,g\,D_s}\left\{\lambda_r \left(\frac{D_s}{D_r}\right)^5 L + \lambda_s H\right\} \tag{2a}$$

und

$$\frac{1}{g}\int_{s_1}^{s_2} \frac{dc}{dt} ds = \frac{dc_s}{g\,dt}\left(H + L\frac{F_s}{F_r}\right). \tag{3a}$$

Da die Untersuchung sich speziell auf lange Leitungen erstrecken soll, kann in Gleichung (2a) $\lambda_s H$ gegen $\lambda_r \left(\frac{D_s}{D_r}\right)^5 L$ vernachlässigt werden, zumal λ_s kleiner als λ_r und $\frac{D_s}{D_r}$ ein unechter Bruch ist. Ebenso kann auch in Gl. (3) H, da es klein gegen $L\frac{F_s}{F_r}$ ist, unberücksichtigt bleiben. Mit den Werten aus den Gleichungen (2a) und (3) erhält die Gleichung (1) folgende Form:

$$\frac{c_s^2}{2g} + z = \frac{c_s^2}{2g}\frac{F_s^2}{F_r^2}\lambda\frac{L}{D_r} + \frac{LF_s}{gF_r}\frac{dc_s}{dt}. \tag{1a}$$

Durch einfachste Umformung ergibt sich:

$$\frac{dc_s}{dt} + c_s^2\left(\frac{F_s\lambda}{2F_r D_r} - \frac{F_r}{2F_s L}\right) - \frac{gF_r}{LF_s}z = 0.$$

Für die im Standrohr abwärts gerichtete Bewegung ist $c_s = -\frac{dz}{dt}$. Mit diesem Wert erhält man, wenn man noch zur Vereinfachung

$$m = \frac{F_s\lambda}{2F_r D_r} - \frac{F_r}{2F_s L} \tag{4}$$

und $$n = \frac{g F_r}{L F_s} \text{ setzt, die Differentialgleichung:} \tag{4a}$$

$$\frac{d^2 z}{d t^2} - m \left(\frac{dz}{dt}\right)^2 + nz = 0. \tag{5}$$

Für die aufwärts gerichtete Bewegung gilt dieselbe Gleichung, nur muß dann das erste Glied der rechten Seite von Gleichung 4 ebenfalls negativ genommen werden.

Die Ausrechnung der Gleichung (5), ebenso die Bestimmung der Integrationskonstanten soll später bei der eigentlichen Druckwindkesselberechnung gezeigt werden. Der Vollständigkeit halber sei hier nur die Lösung angegeben:

$$\frac{dz}{dt} = \sqrt{C\, e^{2mz} + \frac{n}{2\, m^2}(2mz + 1)}\,. \tag{6}$$

Aus dieser Gleichung ist zu entnehmen, daß der Faktor m von ausschlaggebender Bedeutung ist.

Als zweiter Fall soll der untersucht werden, daß Standrohr und Hochbehälter durch mehrere Leitungen mit verschiedenen Rohrdurchmessern verbunden sind. In diesem Fall kann die Gleichung (1) in der angegebenen Form als reine Höhengleichung nicht verwandt werden, sondern es muß die Energieform gewählt werden. Bezeichnet man mit M die Gesamtwassermasse, mit M_1, M_2 usw. die Wassermassen und mit c_1, c_2 usw. die Geschwindigkeiten in den einzelnen Rohren, dann ergibt sich, da die Reibungshöhe in sämtlichen Rohren gleich sein muß, folgende Energiegleichung:

$$\frac{M c_s^2}{2} + M g z = M_1 g h + M_2 g h + \cdots + M_i\, g h + L\left(M_1 \frac{dc_1}{dt} + M_2 \frac{dc_2}{dt} + \cdots + M_i \frac{dc_i}{dt}\right). \tag{7}$$

In dieser Gleichung ist:

$$h = \frac{c_1^2}{2g}\lambda_1 \frac{L}{D_1} = \frac{c_2^2}{2g}\lambda_2 \frac{L}{D_2} = \cdots = \frac{c_i^2}{2g}\lambda_i \frac{L}{D_i} = h\,. \tag{8}$$

Ferner ist $M_1 + M_2 + \cdots + M_i = M$.

Damit vereinfacht sich Gleichung (7) zu:

$$\frac{M c_s^2}{2} + M g z = M \frac{c_1^2}{2}\lambda_1 \frac{L}{D_1} + L\left(M_1 \frac{dc_1}{dt} + M_2 \frac{dc_2}{dt} + \cdots + M_i \frac{dc_i}{dt}\right). \tag{7a}$$

Aus der Gleichung (8) ergibt sich:

$$c_2 = c_1 \sqrt{\frac{\lambda_1 D_2}{\lambda_2 D_1}} \qquad c_i = c_1 \sqrt{\frac{\lambda_1 D_i}{\lambda_i D_1}}\,. \tag{9}$$

Ferner verhalten sich die einzelnen Fördermengen wie:

$$\frac{c_2 F_2}{c_1 F_1} = \sqrt{\frac{\lambda_1 D_2^5}{\lambda_2 D_1^5}} \qquad \frac{c_i F_i}{c_1 F_1} = \sqrt{\frac{\lambda_1 D_i^5}{\lambda_i D_1^5}}\,.$$

Die Kontinuitätsgleichung lautet für diesen Fall:

$$c_s F_s = c_1 F_1 + c_2 F_2 + \cdots + c_i F_i = c_1 F_1 \left(1 + \sqrt{\frac{\lambda_1 D_2^5}{\lambda_2 D_1^5}} + \cdots + \sqrt{\frac{\lambda_1 D_i^5}{\lambda_i D_1^5}}\right)$$

oder zur Vereinfachung den Klammerausdruck gleich A gesetzt:

$$c_s F_s = A\, c_1 F_1. \tag{10}$$

Setzt man die in Gleichung (9) gefundenen Werte in Gleichung (7a) ein, so erhält man:

$$\frac{M c_s^2}{2} + M g z = M \frac{c_1^2}{2}\lambda_1 \frac{L}{D_1} + L \frac{dc_1}{dt}\left(M_1 + M_2 \sqrt{\frac{\lambda_1 D_2}{\lambda_2 D_1}} + \cdots + M_i \sqrt{\frac{\lambda_1 D_i}{\lambda_i D_1}}\right.. \tag{7b}$$

Den Klammerausdruck in dieser Gleichung gleich B gesetzt und c_1 aus Gleichung (10) durch c_s ersetzt, gibt:

$$\frac{c_s^2}{2g} + z = c_s^2 \frac{F_s^2 \lambda_1 L}{2 g F_1^2 A^2 D_1} + \frac{L B F_s}{g M A F_1} \frac{dc_s}{dt}\,.$$

Die weitere Ordnung dieser Gleichung ergibt:

$$\frac{d^2z}{dt^2} - \left(\frac{dz}{dt}\right)^2 \left(\frac{F_s \lambda_1 M}{2F_1 A D_1 B} - \frac{M A F_1}{2 B F_s L}\right) + \frac{M g A F_1}{B L F_s} z = 0 .$$

Diese Gleichung entspricht der Gleichung (5).

Für zwei gleiche Rohre, also $\lambda_1 = \lambda_2 = \lambda$ und $D_1 = D_2$ wird $A = 2$ und $B = M$; damit wird:

$$m = \frac{F_s \lambda}{4 F_1 D_1} - \frac{F_1}{F_s L}$$

und

$$n = \frac{2 g F_1}{L F_s} .$$

Für ein Rohr wird $A = 1$ und $B = M$, und die Werte m und n erhalten die in den Gleichungen (4) und (4a) dargestellte Form.

Die dritte Möglichkeit besteht darin, daß zwar nur eine Leitung zwischen Standrohr und Hochbehälter vorhanden ist, diese aber aus Rohren von verschiedenem Durchmesser ausgeführt ist. In diesem Fall genügt wieder die BERNOUILLIsche Höhengleichung, sie lautet hierfür:

$$\frac{c_s^2}{2g} + z = \frac{c_1^2}{2g} \lambda_1 \frac{L_1}{D_1} + \frac{c_2^2}{2g} \lambda_2 \frac{L_2}{D_2} + \cdots + \frac{c_i^2}{2g} \lambda_i \frac{L_i}{D_i} + \frac{L_1}{g} \frac{dc_1}{dt} + \frac{L_2}{g} \frac{dc_2}{dt} + \cdots + \frac{L_i}{g} \frac{dc_i}{dt} .$$

Die Kontinuitätsgleichung lautet für diesen Fall:

$$c_s F_s = c_1 F_1 = c_2 F_2 = \cdots = c_i F_i .$$

Die entsprechenden Werte für $c_1, c_2 \cdots c_i$ in die vorhergehende Gleichung eingesetzt, gibt:

$$\frac{c_s^2}{2g} + z = \frac{c_s^2 F_s^2}{2g} \left(\frac{\lambda_1 L_1}{F_1^2 D_1} + \frac{\lambda_2 L_2}{F_2^2 D_2} + \cdots + \frac{\lambda_i L_i}{F_i^2 D_i}\right) + \frac{F_s}{g} \left(\frac{L_1}{F_1} + \frac{L_2}{F_2} + \cdots + \frac{L_i}{F_i}\right) \frac{dc_s}{dt}$$

oder zur Vereinfachung:

$$\frac{c_s^2}{2g} + z = \frac{c_s^2 F_s^2}{2g} A' + \frac{F_s}{g} B' \frac{dc_s}{dt} .$$

Die weitere Umformung ergibt wieder:

$$\frac{d^2z}{dt^2} - \left(\frac{dz}{dt}\right)^2 \left(\frac{F_s A'}{2B'} - \frac{1}{2 F_s B'}\right) + \frac{g}{F_s B'} z = 0 .$$

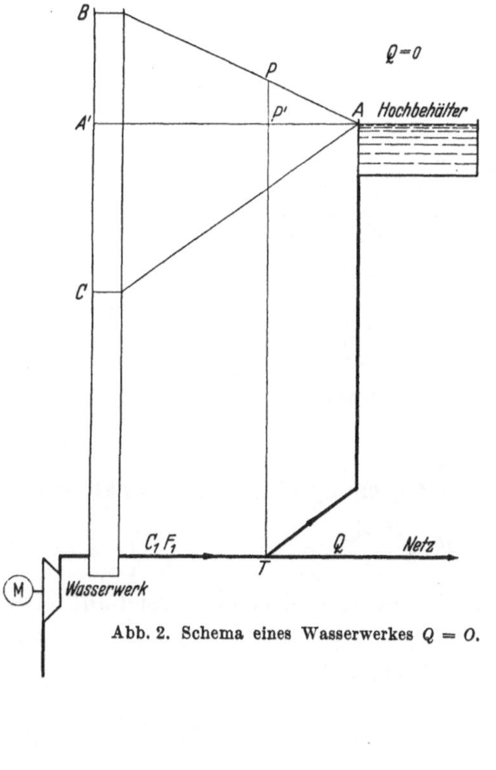

Damit wird

$$m = \frac{F_s A'}{2B'} - \frac{1}{2 F_s B'}$$

und

$$n = \frac{g}{F_s B'} .$$

Abb. 2. Schema eines Wasserwerkes $Q = 0$.

4. Die allgemeinste Form eines Wasserwerkes ist in den Abb. 2 bis 5 dargestellt. Vom Standrohr führt die Hauptdruckleitung ins Netz. Von dieser Leitung zweigt eine Nebenleitung zum Hochbehälter ab. Es soll nun zunächst gezeigt werden, welche verschiedenen Betriebsfälle vorkommen können. Die Fördermenge des Werkes sei mit $c_1 F_1$ und die ans Netz abgegebene Wassermenge mit Q bezeichnet.

Bei Stillstand des Werkes und bei keiner Abgabe von Wasser ins Netz, also $Q = 0$, ergibt sich der durch die Linie $A'A$ gegebene Druckverlauf über dem zu untersuchenden Abschnitt.

Fördert das Werk eine Wassermenge $c_1 F_1$, wobei zunächst wieder $Q = 0$ sein soll, so stellt sich entsprechend der Reibung im Rohr die Drucklinie BA ein. Die Höhe BA' ist die Reibungshöhe. An der Abzweigstelle zum Hochbehälter T ist der Druck durch den Punkt P gegeben. Fällt nun das Werk mit seiner Förderung plötzlich aus, so ist das Schwingen des Wassers in der Rohrleitung durch die früher abgeleiteten Formeln zu errechnen. Dabei soll als tiefster Punkt im Standrohr der Punkt C erreicht werden, womit die Drucklinie CA den Druckverlauf für diesen Zustand wiedergibt. Nach dem Ausschwingen wird sich als Ruhelinie die Line $A'A$ einstellen.

Wie verhalten sich diese Drucklinien, wenn $Q \neq 0$ ist? Zunächst sei angenommen, daß die ins Netz abgegebene Wassermenge kleiner als die geförderte ist, also $Q < c_1 F_1$. Es geht dann ein Teil des geförderten Wassers noch zum Hochbehälter und füllt diesen. Der Verlauf des Druckes ist in Abb. 3 durch die Drucklinie BPA dargestellt. Da die Wassermenge, die zum Hochbehälter fließt, kleiner als im vorigen Fall ist, ist auch die Reibungshöhe vom Abzweigstück T bis zum Hochbehälter kleiner; der Punkt P liegt also tiefer als im ersten Falle. Die Reibungshöhe vom Werk bis zur Abzweigstelle ist dieselbe wie vorher, die Linie BP liegt damit parallel zu der Linie in Abb. 2, nur um ein gewisses Maß tiefer. Welcher Endzustand tritt nach dem Ausschwingen der Wassersäule ein, wenn das Werk zum Stillstand kommt? Jetzt wird das im Netz benötigte Wasser vom Hochbehälter allein gedeckt. Das gesamte Wasser fließt also vom Hochbehälter ins Netz. Da für das Durchfließen der Rohrleitung vom Hochbehälter zur Abzweigstelle aber Reibungshöhe benötigt wird, liegt der Druck an der Abzweigstelle etwa bei P'. Durch das Absinken des Druckes an dieser Stelle von P auf P', wird auch die ins Netz abfließende Wassermenge Q geringer werden, und zwar um so mehr, wenn noch andere Hochbehälter am Netz angeschlossen sind. Bei dieser Betrachtung soll aber angenommen werden, daß Q konstant bleibt. Da vom und zum Wasserwerk kein Wasser fließt, ist im Wasserwerk derselbe Druck wie an der Abzweigstelle.

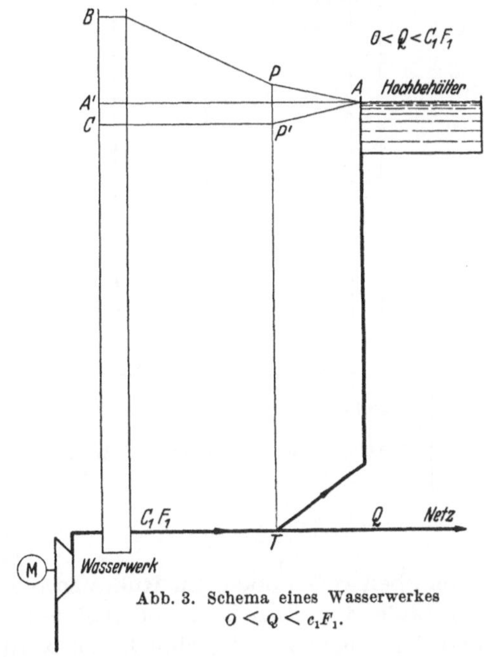

Abb. 3. Schema eines Wasserwerkes $0 < Q < c_1 F_1$.

Beim plötzlichen Ausfall des Werkes schwingt die Drucklinie nicht geradlienig vom Punkt A aus, wie im ersten Fall, sondern sei wird an der Abzweigstelle immer einen mehr oder weniger starken Knick aufweisen. Eine genaue rechnerische Erfassung wird kaum möglich sein, aber eins kann mit Sicherheit gesagt werden:

Da der Druck im Ruhezustand im Wasserwerk niedriger als im ersten Fall ist, werden sowohl der höchste wie der tiefste Druck beim Schwingungsvorgang tiefer liegen.

Noch ausgeprägter als in dem eben geschilderten Fall wird der Knick in der Drucklinie, wenn die Wassermenge, die ins Netz fließt, größer als die geförderte Menge ist: $Q > c_1 F_1$. In diesem Falle sinkt gleichzeitig der Wasserstand im Hochbehälter. Der Druck an der Abzweigstelle liegt niedriger als der Wasserspiegel im Behälter (Abb. 4). Die Linie BP läuft immer noch parallel zu den beiden vorigen Linien, aber noch weiter abgesenkt. Der Endzustand nach Stillsetzung des Werkes ist durch die Linie $CP'A$ gegeben, die hier noch niedriger liegt. Auch hier gilt, wie bei dem vorigen Fall, daß bei plötzlichem Ausfall des Werkes der höchste und tiefste Druck beim Ausschwingen der Wassersäule niedriger liegen werden als im ersten Fall.

Eine weitere Möglichkeit von Wasserwerksbetrieben soll noch erläutert werden. Arbeiten mehrere Wasserwerke auf dasselbe Netz, so kann es vorkommen, daß ein anderes Wasserwerk so stark durchdrückt, daß der Hochbehälter vom Netz her aufgefüllt wird. Das bedeutet, daß $Q < 0$, d. h. negativ ist. Der Druckverlauf ist in Abb. 5 dargestellt. Der Druck an der Abzweigstelle T liegt höher als im ersten Fall, da ja durch die größere Wassermenge in der Leitung zum Hochbehälter, die sich aus dem vom Werk geförderten Wasser und aus dem vom Netz herkommenden Wasser zusammensetzt, die Reibungshöhe größer geworden ist. Die Linie BP läuft wieder parallel zu den früheren, aber diesmal um ein gewisses Maß

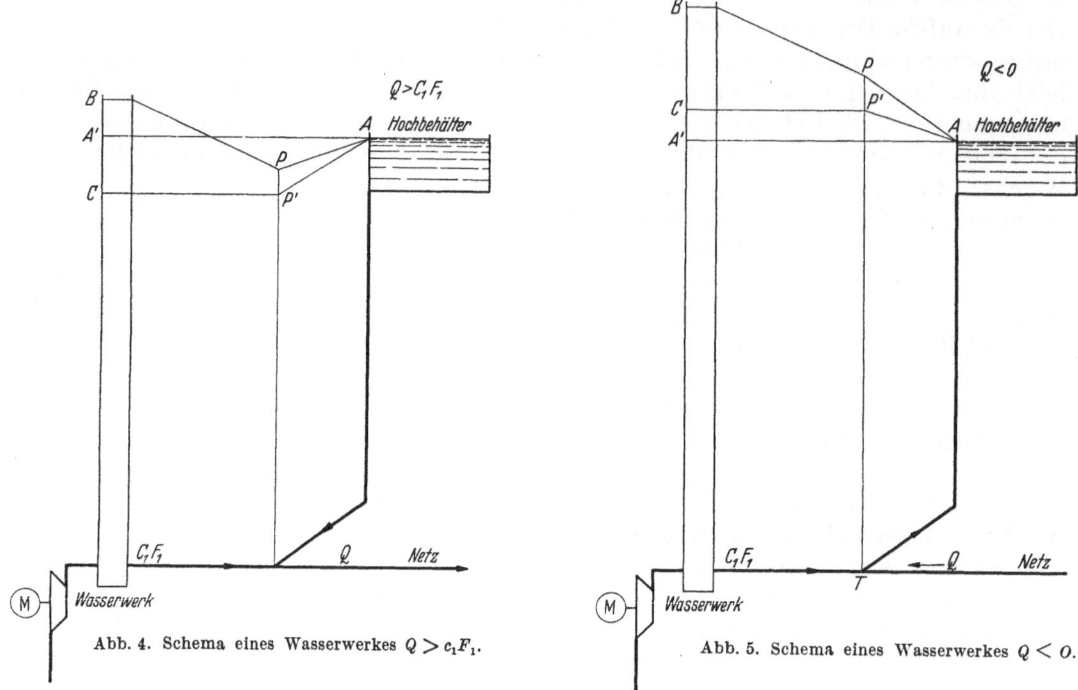

Abb. 4. Schema eines Wasserwerkes $Q > c_1F_1$.

Abb. 5. Schema eines Wasserwerkes $Q < 0$.

nach oben verschoben. Im Ruhezustand des betrachteten Werkes liegt die Linie CP' über der Linie $A'A$. Das bedeutet, daß jetzt beim Ausschwingen der Wassersäule der höchste und der tiefste Druck höher liegen werden, als im ersten Fall.

Da diese letzte Betriebsart nur selten vorkommt, wird es im allgemeinen genügen, wenn es gelingt, den Druckwindkessel so zu bestimmen, daß der höchste Druck ein bestimmtes Maß nicht überschreitet, und zwar für den Fall, daß die gesamte geförderte Wassermenge zwischen Hochbehälter und Wasserwerk schwingt.

Berechnung des Druckwindkessels.

Bei den bisherigen Überlegungen ist davon ausgegangen, daß im Wasserwerk ein Standrohr von ausreichender Höhe vorhanden ist, und in diesem Standrohr das Wasser bei gleichem Außendruck schwingt. Ein solches Standrohr läßt sich praktisch bei den hohen Betriebsdrücken nicht mehr verwirklichen. Man ist also gezwungen, einen Druckwindkessel aufzustellen. Es ist nun zu untersuchen, wie sich die Schwingungen in einem Windkessel auswirken.

Bevor an die eigentliche Berechnung gegangen wird, seien die vorkommenden Größen zusammengestellt. Es bedeutet:

p_0 Druck im Windkessel im Ruhezustand in m WS.
p_a Luftdruck in m WS.
p_b Betriebsdruck in m WS.
H die statische Druckhöhe in m WS.
h die Reibungshöhe in m WS.
c_w Geschwindigkeit des Wassers im Windkessel in m/sek.
c_r Geschwindigkeit des Wassers im Rohr in m/sek.
D_w Durchmesser des Windkessels in m.
F_w Querschnittfläche in m².
l Höhe des Luftraumes im Windkessel im Ruhezustand in m.
V_L Luftraum des Windkessels in m³.
V_g Gesamtvolumen des Windkessels in m³.
D_r Durchmesser der Rohrleitung in m.
F_r Querschnitt des Rohres in m².
L Länge der Leitung in m.
z Abweichung des Wasserspiegels im Windkessel von der Ruhelage in m, ungerader Zeiger bedeutet Abweichung nach oben, gerader Zeiger Abweichung nach unten.
t Zeit in sek.
g Schwerebeschleunigung in = 9,81 m/sek².
λ Reibungszahl.

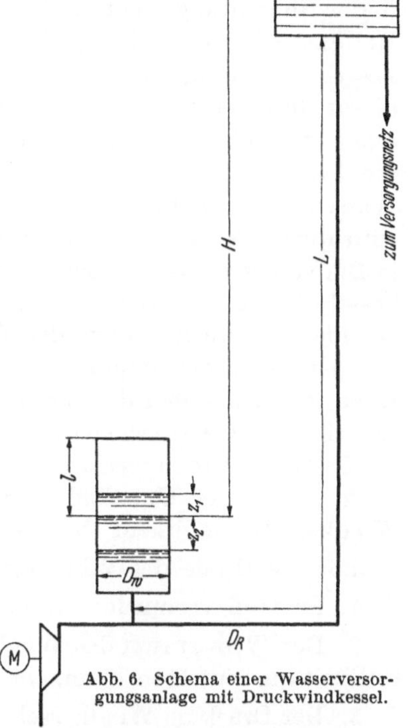

Abb. 6. Schema einer Wasserversorgungsanlage mit Druckwindkessel.

Die Bedeutung der einzelnen Größen geht zum Teil aus Abb. 6 hervor. Im Ruhezustand ist der Druck im Windkessel:

$$p_0 = H + p_a \text{ m WS}.$$

Im Betriebszustand verringert sich das Luftvolumen im Windkessel um die Höhe z_1. Dadurch erhöht sich auch der Druck im Windkessel. Für die Kompression und Expansion der Luft im Windkessel soll ein isothermer Verlauf, also $p \cdot V =$ konst. angenommen werden. Der neue Druck (Betriebsdruck p_b) errechnet sich aus der Gleichung:

$$p_0 \cdot F_w \cdot l = p_b F_w (l - z_1)$$

zu:

$$p_b = p_0 \frac{l}{l - z_1} \quad \text{m WS}. \tag{11}$$

Der Überdruck gegenüber dem Ruhezustand wird damit:

$$h = z_1 + p_0 \left(\frac{l}{l - z_1} - 1\right) \quad \text{m WS}. \tag{12}$$

Dieser Überdruck ist verursacht durch die Reibungshöhe in der Rohrleitung, sie ist:

$$h_v = \frac{c_r^2}{2g} \lambda \frac{L}{D_r} \quad \text{m WS}. \tag{13}$$

Aus Gleichung (12) kann die Höhe z_1 errechnet werden, sie ist:

$$z_1 = \frac{1}{2} p_0 + h + l - \sqrt{(p_0 + h + l)^2 - 4hl}.$$

Das positive Vorzeichen für die Wurzel kommt nicht in Betracht, da dann ein unbrauchbarer Wert herauskommt. Durch Erweitern dieser Gleichung mit

$$p_0 + h + l + \sqrt{(p_0 + h + l)^2 - 4\,hl}$$

erhält man eine für die Rechnung bessere Gleichung für z_1

$$z_1 = \frac{2\,hl}{p_0 + h + l + \sqrt{(p_0 + h + l)^2 - 4\,hl}} \quad \text{m WS}. \tag{14}$$

Da $h = h_v$ ist, kann die Höhe z_1 durch Einsetzen des aus Gleichung (13) für h_v gefundenen Wertes für h errechnet werden. Mit Hilfe von Gleichung (11) kann der Betriebsdruck ebenfalls errechnet werden.

Beim plötzlichen Abschalten der Pumpe wird eine Schwingung ausgelöst. Das Wasser in der Rohrleitung fließt infolge seiner kinetischen Energie zunächst weiter, wobei allein die Reibung der Geschwindigkeit entgegen arbeitet. Das Wasser wird dann aus dem Windkessel abgesogen, so daß sein Wasserspiegel unter den des Ruhezustandes sinkt. Durch dieses Absinken des Wassers tritt ein Unterdruck gegen den statischen Druck auf, der nunmehr ebenfalls bremsend wirkt. Es wirken jetzt Reibung und Windkessel verzögernd auf die Geschwindigkeit, bis die Wassermasse zum vollen Stillstand kommt. Dabei ist der Wasserspiegel um die Höhe z_2 nach unten abgesenkt. Nach dem Stillstand der Wassermasse wird durch den Unterdruck in dem Windkessel diese wieder in entgegengesetzter Richtung in Bewegung gesetzt, wobei nur die Reibung zunächst bremsend wirkt, während der Windkessel bis kurz vor dem Ausgleich des Wasserspiegels mit entsprechender statischer Höhe beschleunigt wirkt. Steigt der Wasserspiegel über den des Ruhezustandes hinaus, wirkt nunmehr auch der Windkessel bremsend, bis die gesamte Wassermasse wieder zum Stillstand kommt, wobei der Wasserstand im Windkessel die Höhe z_3 über den Ruhezustand erreicht. Jetzt wiederholen sich die Schwingungen, bis allmählich der Ruhestand erreicht ist. Da die Schwingungen an und für sich verhältnismäßig langsam verlaufen — eine Schwingung kann unter Umständen mehrere Minuten dauern — kann also beim Einbau eines Windkessels von einem Druckstoß nicht mehr die Rede sein.

Für die Größe des Windkessels sind folgende Bedingungen zu stellen:

1. Es muß vermieden werden, daß ein Unterdruck in dem Kessel eintritt.

2. Der Wasserraum des Windkessels muß so groß sein, daß auf keinen Fall Luft in die Rohrleitung eintreten kann, um Wasserschläge zu vermeiden.

3. Der Druck im Windkessel beim Zurückkommen der Wassermasse darf eine bestimmte Höhe nicht überschreiten.

Es kommt also darauf an, aus dem gegebenen Betriebszustand die zu erwartenden Größen z_2 und z_3 zu berechnen.

Beim plötzlichen Abschalten der Pumpe tritt im Windkessel die Geschwindigkeit c_w auf. Die Geschwindigkeit im Hochbehälter kann vernachlässigt werden, da sein Querschnitt im Verhältnis zu dem Querschnitt des Windkessels und der Rohrleitung sehr groß ist. Zur Berechnung des Vorganges ist die erweiterte BERNOUILLIsche Gleichung anzusetzen; es ist:

$$\frac{c_w^2}{2g} + h = h_v + \frac{1}{g}\int \frac{dc}{dt}\, ds. \tag{15}$$

Diese Gleichung (15) unterscheidet sich von Gleichung (1) nur dadurch, daß $\frac{c_s^2}{2g}$ durch $\frac{c_w^2}{2g}$ und z durch h ersetzt ist. Die Reibung des Wassers im Windkessel ebenso die Änderung der Bewegungsenergie des im Windkessel vorhandenen Wassers kann, da der Weg, den das Wasser im Windkessel zurücklegt, gegenüber der Länge der Leitung sehr klein ist, vernachlässigt werden. Es kann also gesetzt werden:

$$\frac{1}{g}\int \frac{dc}{dt}\, ds = \frac{1}{g}\, L\, \frac{dc_r}{dt}.$$

Aus der Kontinuitätsbedingung $c_r F_r = c_w F_w$ ergibt sich:

$$c_r = c_w \frac{F_w}{F_r}.$$

Wird in Gleichung (15) für h_v der aus Gleichung (13) gefundene Wert eingesetzt, so erhält man:

$$\frac{c_w^2}{2g} + h = \frac{c_w^2}{2g}\frac{F_w^2}{F_r^2}\,\lambda\,\frac{L}{D_r} + \frac{1}{g}\frac{F_w}{F_r}\, L\,\frac{dc_w}{dt}. \tag{15a}$$

Durch einfache Umformung ergibt sich:

$$\frac{dc_w}{dt} + c_w^2\left(\frac{F_w\lambda}{2F_rD_r} - \frac{F_r}{2F_wL}\right) - g\frac{F_r}{LF_w}h = 0. \qquad (15\text{b})$$

Für die abwärts gerichtete Bewegung im Windkessel ist $c_w = -\frac{dz}{dt}$. Setzt man noch zur Vereinfachung:

$$m = \frac{F_w\lambda}{2F_rD_r} - \frac{F_r}{2F_wL}$$

und

$$n = \frac{gF_r}{LF_w},$$

so erhält man die zu lösende Differentialgleichung:

$$\frac{d^2z}{dt^2} - m\left(\frac{dz}{dt}\right)^2 + nh = 0. \qquad (15\text{c})$$

In dieser Gleichung ist für h der Wert aus Gleichung (12) ohne Zeiger zu setzen. Sie entspricht der beim Standrohr abgeleiteten Gleichung (5). Für die aufwärts gerichtete Bewegung ist in Gleichung (15b) das Glied mit λ ebenfalls negativ zu wählen. Als Abkürzung sei für den Klammerausdruck M gewählt, also

$$M = -\frac{F_w\lambda}{2F_rD_r} - \frac{F_r}{2F_wL}.$$

Es sei schon hier darauf hingewiesen, daß bei langen Leitungen, also großen Werten von L, das zweite Glied von m bzw. M sehr klein gegenüber dem ersten wird und vernachlässigt werden kann.

Die zu lösende Gleichung für die abwärts gerichtete Bewegung lautet also:

$$\frac{d^2z}{dt^2} - m\left(\frac{dz}{dt}\right)^2 + n\left\{p_0\left(\frac{l}{l-z} - 1\right) + z\right\} = 0. \qquad (16)$$

Da in dieser Differentialgleichung die Zeit nicht auftritt, wird $\overset{\circ\circ}{z}$ durch z und $\mathring{z}$ ausgedrückt:

$$\overset{\circ\circ}{z} = \frac{d\mathring{z}}{dz}\mathring{z}.$$

Wenn das Geschwindigkeitsquadrat als abhängige Veränderliche eingeführt wird, erhält man eine lineare Differentialgleichung:

$$\frac{d\mathring{z}^2}{dz} - 2m\mathring{z}^2 = -2n\left\{p_0\left(\frac{l}{l-z} - 1\right) + z\right\}.$$

Die Differentialgleichung ohne Störungssummand hat das allgemeine Integral

$$z^2 = Ke^{2mz}.$$

Durch Konstantenvariation folgt

$$\frac{dK}{dz}e^{2mz} = -2n\left\{p_0\left(\frac{l}{l-z} - 1\right) + z\right\}.$$

Durch Integration erhält man:

$$K = -2n\int e^{-2mz}\left\{p_0\left(\frac{l}{l-z} - 1\right) + z\right\}dz$$

$$K = -2n\int e^{-2mz}\left\{\frac{p_0 l}{l-z} + z\right\}dz - \frac{n}{m}p_0e^{-2mz}.$$

Das Integral über dem 2. Summanden wird durch Produktintegration ausgewertet:

$$K = -2np_0l\int\frac{e^{-2mz}}{l-z}dz + \frac{n}{m}\left\{z + \frac{1}{2m} - p_0\right\}e^{-2mz}.$$

Das Integral wird durch den Integrallogarithmus

$$\overline{Ei}\,x = \int_{-\infty}^{x} \frac{e^u}{u}\,du$$

ausgedrückt.

$$K = 2\,n p_0 l\, e^{-2ml}\,\overline{Ei}\,(2m - z) + \frac{n}{m}\left\{z + \frac{1}{2m} - p_0\right\} e^{-2mz} + nC.$$

Diese variierte Konstante wird in das Geschwindigkeitsquadrat eingesetzt:

$$\dot{z}^2 = \left(\frac{dz}{dt}\right)^2 = 2\,n\,p_0 l\, e^{-2m(l-z)}\,\overline{Ei}\,[2m\,(l - z)] + nCe^{2mz} + \frac{n}{m}\left\{z + \frac{1}{2m} - p_0\right\}.$$

Anfangs ist $\frac{d^2z}{dt^2} = 0$, $z = z_1$. Aus Gleichung (16) ergibt sich damit

$$\left(\frac{dz}{dt}\right)^2 = \frac{n}{m}\left\{p_0 \frac{l}{l - z_1} - 1\right) + z_1\right\}.$$

Demnach errechnet sich die Integrationskonstante zu:

$$C = -2\,p_0 l\, e^{-2ml}\,\overline{Ei}\,[2m\,(l - z_1)] + \frac{1}{m}\left\{p_0 \frac{l}{l - z_1} - \frac{1}{2m}\right\} e^{-2mz_1}.$$

Das Geschwindigkeitsquadrat wird

$$\left(\frac{dz}{dt}\right)^2 = 2n\,p_0 l\, e^{-2m(l-z)}\left\{\overline{Ei}\,[2\,m\,(l - z)] - \overline{Ei}\,[2m(l - z_1)]\right\} + \frac{n}{m}\left\{\left(p_0 \frac{l}{l - z_1} - \frac{1}{2m}\right)\right.$$
$$\left. e^{-2m(z_1 - z)} + z + \frac{1}{2\,m} - p_0\right\}.$$

Da im unteren Umkehrpunkt, also in der tiefsten Lage des Wasserspiegels im Windkessel die Geschwindigkeit $\frac{dz}{dt} = 0$ ist und $z = z_2$, so ergibt sich hierfür die Bestimmungsgleichung. :

$$\left\{\frac{1}{2m} - p_0 \frac{l}{l - z_1}\right\} e^{-2mz_1} + 2mlp_0\, e^{-2ml}\,\overline{Ei}\,[2m\,(l - z_1)]$$
$$= \left\{z_2 + \frac{1}{2\,m} - p_0\right\} e^{-2mz_2} + 2\,mlp_0\, e^{-2ml}\,\overline{Ei}\,[2\,m\,(l - z_2)]. \tag{17}$$

Hierin muß die nur auf der rechten Seite auftretende Unbekannte z_2 so bestimmt werden, daß die rechte Seite der bekannten linken Seite gleich wird. Um die Änderung der rechten Seite mit z_2 zu untersuchen, wird die rechte Seite nach z_2 differenziert:

$$\frac{d}{dz_2}\left\{\left[z_2 + \frac{1}{2\,m} - p_0\right] e^{-2mz_2} + 2mlp_0\, e^{-2ml}\,\overline{Ei}\,[2m\,(l - z_2)]\right\} = -2m\, z_2\, e^{-2mz_2}\left\{\frac{p_0}{l - z_2} + 1\right\}.$$

Da dieser Differentialquotient > 0 ist, kann also die rechte Seite dieser Gleichung nur einmal gleich der linken werden; das heißt, die Bestimmung der Höhe z_2 ist nicht mehrdeutig.

Für die im Windkessel aufwärts gerichtete Strömung ist von derselben Gleichung (16) auszugehen, nur wird der Faktor m durch M ersetzt. Der Rechnungsgang ist derselbe wie vorher. Die variierte Konstante wird:

$$K = -2\,np_0 l \int \frac{e^{-2Mz}}{l - z}\,dz + \frac{n}{M} e^{-2Mz}\left\{z + \frac{1}{2M} - p_0\right\}.$$

Das Integral muß jetzt durch den Integrallogarithmus

$$Ei\,(-x) = \int_{-\infty}^{-x} \frac{e^u}{u}\,du$$

ausgedrückt werden. Damit wird:

$$K = 2\,np_0 l\, e^{-2Ml}\,Ei\,[2M\,(l - z)] + \frac{n}{M} e^{-2Mz}\left\{z + \frac{1}{2M} - p_0\right\} + nC.$$

Diese variierte Konstante in das Geschwindigkeitsquadrat eingesetzt, gibt:

$$\left(\frac{dz}{dt}\right)^2 = 2\,n p_0 l\, e^{-2M(l-z)}\, Ei\,[2M\,(l-z)] + \frac{n}{M}\left\{z + \frac{1}{2M} - p_0\right\} + n\,C e^{2Mz}.$$

Die Anfangsbedingung ist für $z = z_2$ $\frac{dz}{dt} = 0$, das heißt, die Geschwindigkeit ist gleich 0. Damit wird die Integrationskonstante

$$C = -2 p_0 l\, e^{-2Ml}\, Ei\,[2M\,(l-z_2)] - \frac{1}{M}\left\{z_2 + \frac{1}{2M} - p_0\right\} e^{-2Mz}.$$

Die Gleichung lautet für das Geschwindigkeitsquadrat:

$$\left(\frac{dz}{dt}\right)^2 = 2 n p_0 l\, e^{-2M(l-z)}\left\{Ei\,[2M\,(l-z)] - Ei\,[2M\,(l-z_2)]\right\} + \frac{n}{M}\left[z + \frac{1}{2M} - p_0 - \left\{z_2 + \frac{1}{2M} - p_0\right\} e^{-2M(z_2-z)}\right].$$

Für den oberen Umkehrpunkt, also den höchsten Wasserspiegel im Windkessel, ist die Geschwindigkeit $\frac{dz}{dt} = 0$ und $z = z_3$; damit ergibt sich:

$$\begin{aligned}&\left\{p_0 - \frac{1}{2M} - z_2\right\} e^{-2Mz_2} - 2Mlp_0 e^{-2Ml}\, Ei\,[2M\,(l-z_2)]\\ &= \left\{p_0 - \frac{1}{2M} - z_3\right\} e^{-2Mz_3} - 2Mlp_0\, e^{-2Ml}\, Ei\,[2M\,(l-z_3)].\end{aligned} \tag{18}$$

Die rechte Seite geht aus der linken nur dadurch hervor, daß z_2 durch z_3 ersetzt wird. Aus dem Differentialquotienten der rechten Seite nach z_3 kann man entsprechend der Bestimmung von z_2 folgenden Schluß ziehen:

Wenn z_3 von z_2 bis 0 wächst, nimmt in dieser Gleichung die rechte Seite von ihrem durch die linke Seite gegebenen Anfangswert zu. Wenn z_3 von 0 bis l wächst, nimmt die rechte Seite unter allen Grenzen ab. Daher ist die Bestimmung der Höhe z_3 eindeutig.

Soll der Schwingungsvorgang weiter untersucht werden, so ist wieder von der ersten Gleichung für den Abwärtsgang auszugehen. Die Integrationskonstante bestimmt sich aus der neuen Anfangsbedingung, daß am oberen Umkehrpunkt $z = z_3$ und die Geschwindigkeit $\frac{dz}{dt} = 0$ ist. Für den nächsten Umkehrpunkt ergibt sich die Gleichung:

$$\begin{aligned}&\left\{z_3 + \frac{1}{2m} - p_0\right\} e^{-2mz_3} + 2mlp_0\, e^{-2ml}\, \overline{Ei}\,[2m\,(l-z_3)]\\ &= \left\{z_4 + \frac{1}{2m} - p_0\right\} e^{-2mz_4} + 2mlp_0\, e^{-2ml}\, \overline{Ei}\,[2m\,(l-z_4)].\end{aligned} \tag{19}$$

Die weiteren Umkehrpunkte können dann weiter aus den Gleichungen (18) und (19) ermittelt werden. Für z_3 ist jeweils z_5, z_7 usw., für z_4 jeweils z_6, z_8 usw. zu setzen.

Bei der Auswertung der Gleichungen (17) bis (19) ist darauf zu achten, daß die Werte mit geraden Zeigern, also z_2, z_4, z_6 usw., negativ sind. Die Zahlenwerte für $\overline{Ei}$ und Ei sind aus „EUGEN JAHNKE und FRITZ EMDE, Tafeln höherer Funktionen, 4. Auflage, Leipzig 1948, Seite 8", zu entnehmen.

Aus den Gleichungen (17) und (18) läßt sich für eine vorhandene Anlage ohne weiteres der tiefste z_2 und höchste z_3 zu erwartende Wasserstand und mit Hilfe von Gleichung (11) der tiefste und höchste Druck errechnen. Die Werte z_2 und z_3 sind abhängig von sämtlichen „Wasserwerkskonstanten", wobei unter Wasserwerkskonstanten folgende Größen gemeint sind: Der statische absolute Druck p_0, die Länge des Luftraumes im Windkessel bei Ruhe l, der Querschnitt des Windkessels F_w, der Durchmesser bzw. Querschnitt der Druckleitung D_r bzw. F_r, die Reibungszahl der Rohrleitung λ, die Länge der Rohrleitung L — die letzten vier Werte sind in dem Faktor m enthalten — und die Geschwindigkeit des Wassers in der Rohrleitung im Betriebszustand c_r; diese Größe ist im Wert z_1 enthalten. Bei vorhandenen Anlagen liegen alle Größen fest. Bei Neuanlagen ist von vornherein die Länge der Leitung vom Wasserwerk zum Hochbehälter L und der statische Druck p_0 durch die örtliche Lage gegeben. Der Rohrdruckmesser D_r und die größte Geschwindigkeit des Wassers im Rohr c_r werden nach wirtschaftlichen Gesichtspunkten errechnet. Die Reibungszahl λ wird durch die Wahl des Rohrmaterials bestimmt. Zu errechnen bleibt die geeignete Größe des Windkessels, also F_w und l und $l - z_2$. Die Größe $l - z_2$ stelle die Gesamtlänge des Windkessels bis Oberkante Rohrdurchmesser dar.

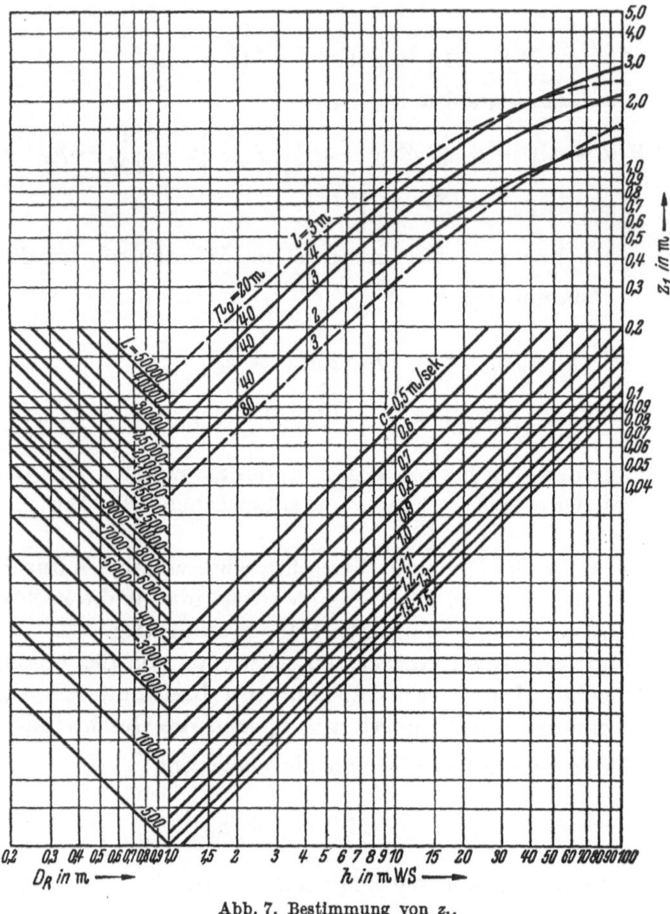

Abb. 7. Bestimmung von z_1.

Da nun alle gegebenen Größen für die Wasserwerke sehr verschieden sein können, ist in Abb. 7 einmal gezeigt, wie hoch die Reibungshöhe für verschiedene Rohrdurchmesser, Längen der Leitung und Geschwindigkeiten des Wassers im Rohr, sich errechnet. Dabei ist eine konstante Reibungszahl von $\lambda = 0{,}02$ zugrunde gelegt. Bei Abb. 7 ist auf der linken Seite vom Schnittpunkt zwischen gewähltem Rohrdurchmesser D_r und Länge der Leitung L auszugehen. Dieser Punkt ist horizontal bis zur gewählten Geschwindigkeit c_r auf der rechten Seite zu verfolgen. Es kann dann senkrecht darunter die Reibungshöhe abgelesen werden. Die Reibungshöhe kann für sehr verschiedene Fälle die gleiche sein. Im rechten oberen Teil kann dann noch für verschiedene statische Drücke p_0 und verschiedene Luftraumlängen des Windkessels l der zugehörige Wasserspiegelanstieg im Windkessel z_1 bei Betriebszustand abgelesen werden.

Aus der Abb. 7 kann entnommen werden, daß bei gleichen Reibungshöhen sich der Wert z_1 fast verdoppelt, wenn der Luftraum des Windkessels doppelt so lang gewählt wird. Die Abweichung ist nur sehr gering; sie beträgt bei Verdoppelung der Luftraumlänge im Windkessel und bei einer Reibungshöhe von mehr als 10 m weniger als 3%. Ebenso zeigt sich, daß z_1 fast derselbe Wert bleibt bei gleichen Werten von $\frac{h}{p_0}$ und bei gleicher Länge des Luftraumes. Auch hier ist die Abweichung nur sehr gering. Geht man von einem mittleren Druck $p_0 = 40$ aus, so beträgt sie bei einem Druck $p_0 = 20$ -3% und bei einem Druck $p_0 = 80$ $+1{,}5\%$.

Nach dieser Zwischenbetrachtung sollen nunmehr die Gleichungen (17), (18) und (19) näher untersucht werden. In den Gleichungen tritt an den meisten Stellen der Faktor m, der den Querschnitt des Windkessels bestimmt, in Verbindung mit einer Länge, also z_1, l, $l - z_2$ usw., auf. Das bedeutet, daß dieses Produkt ein Volumen darstellt. Es kann daher angenommen werden. daß bei einer Veränderung von m und gleichzeitiger Änderung der entsprechenden Längen sich der Wert der einzelnen Glieder der Gleichung kaum ändert.

In der Tat zeigt eine genaue Durchrechnung, daß die Form des Windkessels nicht von entscheidender Bedeutung ist, sondern nur das Luftvolumen. Es ist also gleichgültig, ob der Windkessel nur einen geringen Durchmesser, dafür aber eine große Länge, oder einen großen Durchmesser und eine entsprechend kleine Länge hat. Die Abweichung bei der Berechnung von z_2, z_3 usw. mit verschiedenen Werten von l beträgt weniger als 1%. Dazu kommt noch die oben gezeigte Abweichung bei der Berechnung von z_1.

Weiter fällt in den Gleichungen auf, daß in jedem Glied der Wert p_0 auftritt. Im ersten Glied jeder Gleichung allerdings als Summand. Da die anderen beiden Summanden im allgemeinen klein gegen p_0 sind, ist anzunehmen, daß bei der Berechnung von z_2 dieser Wert sich nur wenig bei verschiedenen Drücken, aber gleichem z_1-Wert, ändert. Hier zeigt sich allerdings, daß die Abweichung bei kleinen Drücken gegenüber einem mittleren Druck größer bis zu 5%, bei hohen Drücken allerdings kleiner ist. Hierzu kommt noch die oben gezeigte Abweichung bei der Bestimmung von z_1.

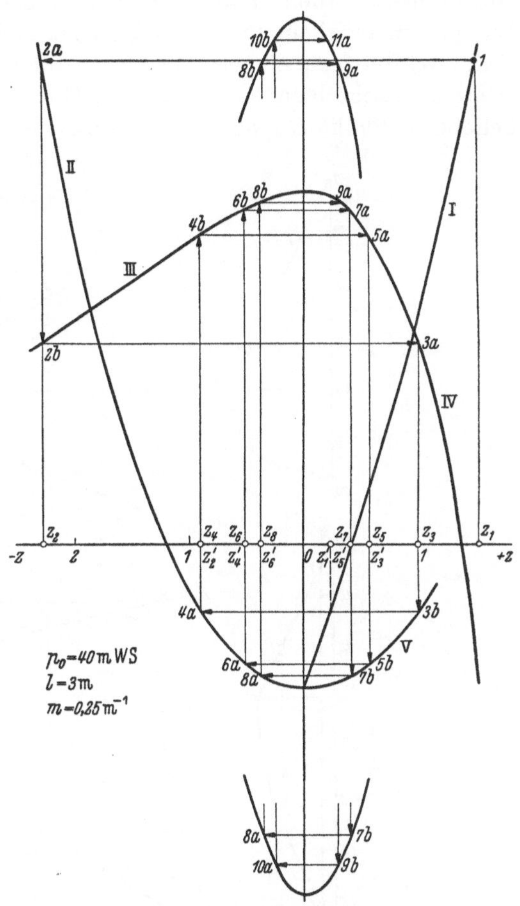

Abb. 8. Bestimmung von z_2, z_3 usw. aus z_1.

Bei der Auswertung der drei Gleichungen verfährt man zweckmäßigerweise folgendermaßen: Man zeichnet zunächst den Wert der linken Seite der Gleichung als Funktion von z_1 auf. Das gibt z. B. in Abb. 8 die Kurve I. Entsprechend zeichnet man von der rechten Seite die Kurve als Funktion von z_2 auf, Kurve II in Abb. 8. In gleicher Weise verfährt man mit den anderen beiden Gleichungen, so daß im ganzen fünf Kurven entstehen. Von dem Anfangspunkt z_1 auf Kurve I geht man nun horizontal zur Kurve II und findet damit den Wert z_2. Von Punkt 2a geht man nur vertikal zu III 2b, dort horizontal zur Kurve IV 3a und findet den Wert z_3, von IV geht man zu V 3b und von dort horizontal auf Kurve II und findet den Punkt 4a und damit z_4. Die weiteren Punkte der Schwingung kann man, wie aus Abb. 8 ersichtlich, bestimmen. Kommt man dabei in den Bereich eines flachen Kurvenverlaufs, so empfiehlt es sich, diese Teile überhöht herauszuzeichnen, wie es ebenfalls in Abb. 8 gezeigt ist.

Aus dem eingetragenen Beispiel geht hervor, daß die zurückkommende Druckwelle kleiner ist als der Betriebsdruck; denn z_3 ist kleiner als z_1. Geht man aber von dem kleineren Betriebsdruck z_1 aus (in Abb. 8 gestrichelte Linie), so wird die Druckwelle größer als der Betriebsdruck; denn z_3' ist größer als z_1'. Aus diesen beiden Tatsachen ist zu entnehmen, daß es möglich ist, für jeden Betriebsfall den richtigen Windkessel zu bestimmen.

Weiter ist aus der Abb. 8 zu schließen, daß bei gegebenem Windkessel und gegebenen Wasserwerkskonstanten zu jedem Wert von z_1 nur ein ganz bestimmter Wert z_2 und dazu ebenfalls nur ein ganz bestimmter Wert z_3 gehört. Um für jeden Betriebsfall die zu erwartenden Druckschwankungen schnell zu übersehen, ist auf Grund des oben Gesagten eine andere Darstellungsart zweckmäßig. In Abb. 9 ist der Schwingungsvorgang im oberen Teil im Druckmaßstab und im unteren Teil als Wasserspiegelschwingung im Windkessel dargestellt.

Die Darstellung im unteren Teil der Abbildung soll beschrieben werden. Für den oberen Teil der Abbildung gilt sinngemäß dasselbe, nur ist die jeweilige Länge z in Druck umzurechnen. Auszugehen ist vom Wasserstand im Windkessel während des Ruhezustandes. Von einem beliebigen Punkt B dieser Nullinie ist eine Gerade nach dem Punkt A zu ziehen, der als höchster Punkt im Betriebszustand zu erwarten ist. Für jeden Punkt (z_1) der Linie AB gibt es nur einen entsprechenden Tiefpunkt (z_2). Der Wert kann aus Abb. 8, Kurve I und II, entnommen werden. Trägt man entsprechende Punkte ein, so erhält man die Linie CB. Es ist nun möglich, für jeden Betriebszustand den tiefsten Punkt abzulesen. In Abb. 9 sind zwei Beispiele eingetragen. Aber auch zu jedem Tiefpunkt gehört wieder ein ganz bestimmter nachfolgender Hochpunkt. Um diesen zu ermitteln, ist zunächst wieder von einem beliebigen Punkt D eine Gerade gezogen nach einem tief genug gelegenen Punkt E. Zu all

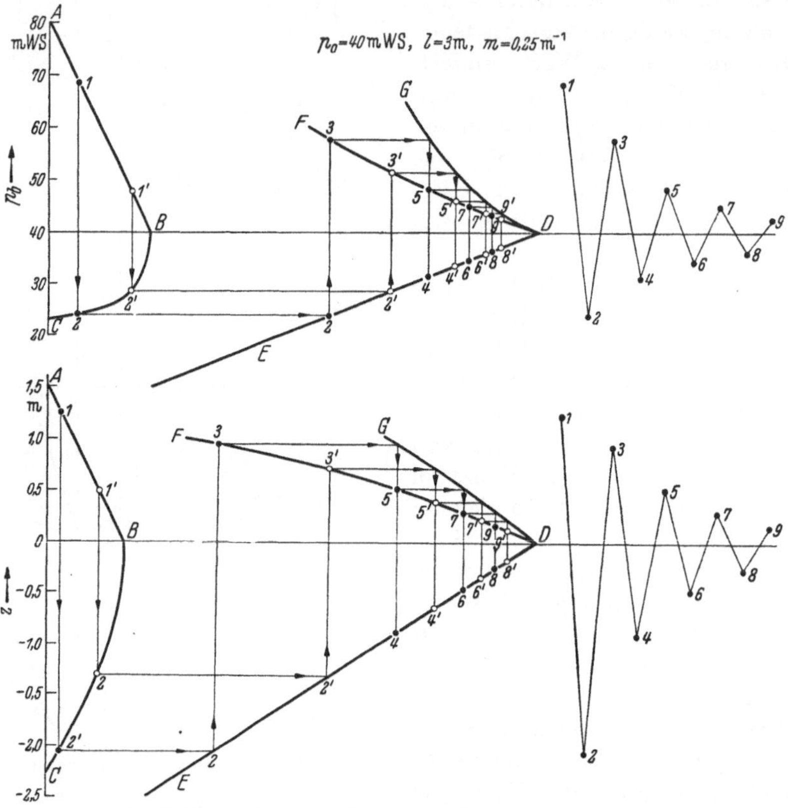

Abb. 9. Wasserspiegel und Druckschwankungen an einem Windkessel.

den auf dieser Geraden liegenden Tiefpunkten (z_2) gehören ganz bestimmte Hochpunkte (z_3). Die zugehörigen Werte sind aus Abb. 8, Kurve III und IV, zu entnehmen. Daraus ergibt sich die Linie DF. Durch Übertragen des vorher gefundenen Tiefpunktes zunächst horizontal auf Linie DE und dann vertikal auf die Linie DF, wird der höchste zu erwartende Wasserstand im Windkessel nach plötzlichem Betriebsausfall gefunden. Soll der Schwingungsvorgang noch weiter untersucht werden, so muß noch eine weitere Hilfslinie eingetragen sein. Zu jedem Hochpunkt gehört wieder ein ganz bestimmter nachfolgender Tiefpunkt. Die zueinander gehörenden Werte sind aus Abb. 9, Kurve V und II, zu entnehmen. Dementsprechend wird von den Linien DE und DF aus in Abb. 9 die Hilfslinie DG bestimmt. Die Bestimmung der weiteren Umkehrpunkte (Hoch- und Tiefpunkte) geht aus Abb. 9 hervor. Der Übersichtlichkeit halber sind in Abb. 9 rechts für ein Beispiel noch einmal die einzelnen Punkte in gleichen Abständen aufgetragen. Vergleicht man die untere Abbildung mit der oberen, so scheint bei der oberen Abbildung die „Nullinie“ $p_0 = 40$ nach unten verschoben zu sein. Vergleicht man die beiden Kurven BC, so zeigen sie eine ganz verschiedene Krümmung. Das bedeutet, daß der Schwingungsvorgang durch die Darstellung als Druckkurve eine Verzerrung erleidet. Diese Verzerrung ist bei Aufnehmen des Schwingungsvorganges durch einen Druckschreiber zu berücksichtigen.

Bisher ist der Schwingungsvorgang an einem ganz bestimmten Windkessel gezeigt. Es ist nun zu untersuchen, wie sich der Schwingungsvorgang ändert, wenn der Windkessel andere Abmessungen erhält. Wie oben schon gesagt, spielt die Form des Windkessels keine ausschlaggebende Rolle. Bei der weiteren Untersuchung soll daher die Länge des Luftraumes im Windkessel nicht geändert werden; dann ist nur noch der Durchmesser zu verändern. Mit dem Durchmesser ändert sich der Wert m, da $m = \frac{F_w \lambda}{2 F_r D_r}$ ist. In Abb. 10

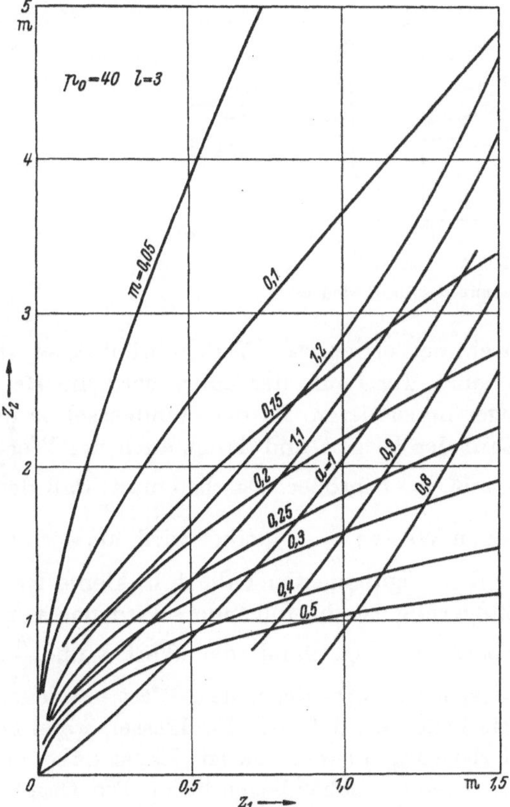

Abb. 10. Abhängigkeit der Größe z_2 von z_1.

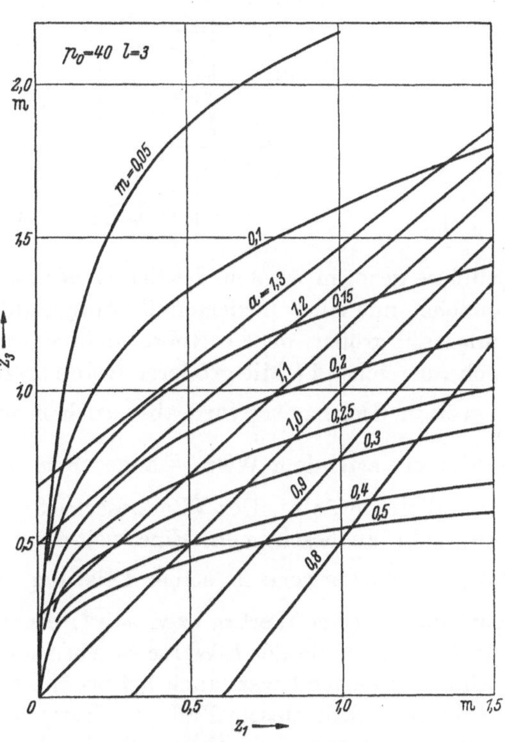

Abb. 11. Abhängigkeit der Größe z_3 von z_1.

ist die Abweichung des Wasserspiegels nach unten, also z_2, in Abhängigkeit von z_1 für verschiedene Werte von m aufgetragen. Aus der Abbildung kann man entnehmen, daß die Absenkung des Wasserspiegels um so kleiner wird, je größer der Windkessel ist. In Abb. 11 ist die Abweichung des Wasserspiegels nach oben, also z_3 abhängig von z_1, für verschiedene Werte von m dargestellt. In dieser Abbildung sind außerdem noch Linien gleichen Druckes eingezeichnet. Sie sind charakterisiert durch die Beziehung

$$a = \frac{p}{p_b},$$

wobei der Wert p_b den Betriebsdruck darstellt. Diese Linien sind in Abb. 10 ebenfalls eingetragen. Aus Abb. 11 ist zu entnehmen, daß es in den meisten Fällen durchaus möglich ist, den Windkessel so zu bestimmen, daß die erste Druckwelle nicht höher wird als der Betriebsdruck. Nur für kleine Werte von z_1 gelingt das nicht. Aber auch in solchen Fällen kann der Windkessel so bestimmt werden, daß die Druckwelle nicht höher als 10% über dem Betriebsdruck liegt.

Aus Abb. 11 ist die Abb. 12 entwickelt. Die Abszisse ist der dimensionslose Wert $\frac{h}{p_0}$, die Ordinate die ebenfalls dimensionslose Größe $m \cdot l$. Eingezeichnet sind Kurven für verschiedene, aber jeweils konstante Werte von α. Aus der Abb. 11 können zunächst zwei

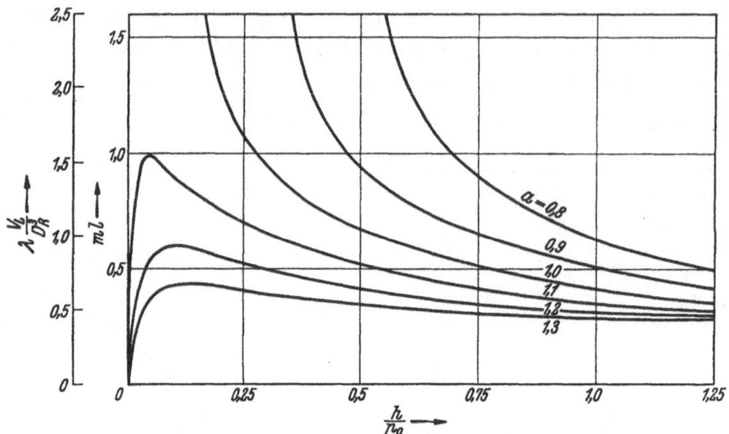

Abb. 12. Bestimmung des Luftraumes des Druckwindkessels.

Schlüsse gezogen werden. Ist der Windkessel für ein neu errichtetes Werk bestimmt, so ist zunächst mit einer niedrigen Reibungszahl gerechnet. Im Laufe der Jahre wird die Reibungszahl größer, da die Rohre mehr oder weniger inkrustieren. Ist der Windkessel dann noch ausreichend? Mit größerer Reibungszahl wird der Wert h und damit auch der Wert $\frac{h}{p_0}$ größer. Gleichzeitig wird aber auch m und damit $m \cdot l$ größer. Das bedeutet, daß der nun zu erwartende α-Wert — abgesehen von kleinen Werten $\frac{h}{p_0}$ — kleiner wird, als der ursprünglich gewählte. Der Windkessel ist also für den ungünstigsten Fall, d. h. kleine Reibungszahl, zu bestimmen. Eine weitere Schlußfolgerung ist die folgende: Wird das vorhandene Wasserwerk in seiner Leistung vergrößert, so steigt damit der Wert h und $\frac{h}{p_0}$, dagegen nicht der Wert m bzw. $m \cdot l$. Auch in diesem Fall wird der neue α-Wert — wieder mit Ausnahme kleiner h-Werte — verringert. Das bedeutet, daß der Windkessel, wenn er vorher ausreichend war, auch bei erhöhter Förderleistung ausreichend ist. Es ist dabei zu beachten, daß in diesem Falle der Betriebsdruck erheblich höher liegen kann. Die Druckwelle steigt zwar auch, aber nicht in gleichem Maße.

Das Produkt $m \cdot l$ enthält das gesuchte Volumen des Windkessels. Es ist:

$$m \cdot l = \frac{F_w \cdot l \cdot \lambda}{2\,F_r\,D_r} = 0{,}64\,\lambda\,\frac{V_L}{D_r^3}\,.$$

Deshalb ist in Abb. 12 neben dem Maßstab für $m \cdot l$ ein weiterer für den Wert $\frac{\lambda V_L}{D_r^3}$ eingetragen. Aus dieser Abbildung kann nunmehr ohne weiteres das gewünschte Luftvolumen des Windkessels abgelesen werden.

In Abb. 13 ist in gleicher Weise, aus Abb. 10 entwickelt, das Gesamtvolumen des Windkessels bis Oberkante Rohranschluß abzulesen. Beide Abb. 12 und 13 gelten strenggenommen nur für einen Druck von $p_0 = 40$ und eine Länge des Luftraumes $l = 3$ m. Wie oben schon gezeigt, sind die Abweichungen für die genaue Bestimmung bei anderen Luftraumlängen nur sehr gering, ebenso für andere Drücke, wenn sie nicht zu stark namentlich nach unten abweichen. Sie können daher ohne weiteres zur überschlägigen Bestimmung der Windkesselabmessungen herangezogen werden. Die Kurven lassen sich für einen großen Bereich durch einfache Exponentialfunktionen darstellen. In der folgenden Tabelle 1 sind die erforderlichen Luftvolumen und Gesamtvolumen für verschiedene Werte von a zusammen-

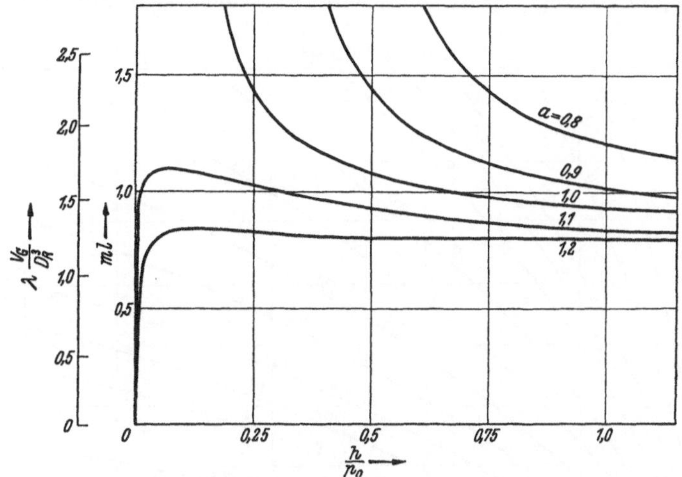

Abb. 13. Bestimmung des Gesamtvolumens des Druckwindkessels.

gestellt. $a = 1$ bedeutet, der Druck wird nicht höher als der Betriebsdruck, $a = 1{,}1$, der Betriebsdruck wird um 10%, $a = 1{,}2$, er wird um 20% überschritten. Als untere Grenze gilt für alle Fälle $\frac{h}{p_0} = 0{,}15$.

Tabelle 1.

a	V_L	V_G
1,0	$0{,}66 \frac{D_r^3}{\lambda} \sqrt[3]{\left(\frac{p_0}{h}\right)^2}$	$1{,}41 \frac{D_r^3}{\lambda} \sqrt[3]{\frac{p_0}{h}}$
1,1	$0{,}55 \frac{D_r^3}{\lambda} \sqrt{\frac{p_0}{h}}$	$1{,}3 \frac{D_r^3}{\lambda} \sqrt[6]{\frac{p_0}{h}}$
1,2	$0{,}5 \frac{D_r^3}{\lambda} \sqrt[3]{\frac{p_0}{h}}$	$1{,}3 \frac{D_r^3}{\lambda}$

Auch diese Werte gelten nur genau für $p_0 = 40$ und $l = 3$. Bei $l < 3$ und bei $p_0 < 40$ muß der Windkessel größer, bei $l > 3$ und bei $p_0 > 40$ muß er kleiner gewählt werden. Da die Abweichungen nur gering sind, können diese Formeln zur überschlägigen Berechnung ebenfalls benutzt werden. Sind die Abweichungen für p_0 und l größer, müssen auf jeden Fall mit den Gleichungen (17) und (18) die Werte von z_2 und z_3, und damit die Drücke nachgerechnet werden, um festzustellen, ob die gewünschten Unter- und Überdrücke nicht überschritten werden. An einem Beispiel soll dies später noch gezeigt werden.

Berechnung von Druck und Unterdruck.

Bei den bisherigen Untersuchungen traten die Abweichungen des Wasserspiegels von der Ruhelage als Längen z_2 und z_3 auf. Zu diesen Längen gehören entsprechende Drücke, die aus der Gleichung (11) $p = p_0 \frac{l}{l - z}$ errechnet werden können. Die Drucksteigerung bzw. Druckabsenkung $\frac{p}{p_0}$ ist in Abb. 14 abhängig von dem Wert $\frac{h}{p_0}$ für verschiedene Windkesselabmessungen $m \cdot l$ dargestellt. Die Abbildung gilt genau nur für den Druck $p_0 = 40$ und für die Länge $l = 3$.

Aus der Abbildung geht hervor, daß der Druck bei kleinen Windkesseln erheblich über dem Ruhedruck und auch über dem Betriebsdruck liegen kann. Die Betriebsdrucklinie ist ebenfalls eingetragen. Dagegen zeigt sich, daß die Druckabsenkung selbst bei sehr kleinen

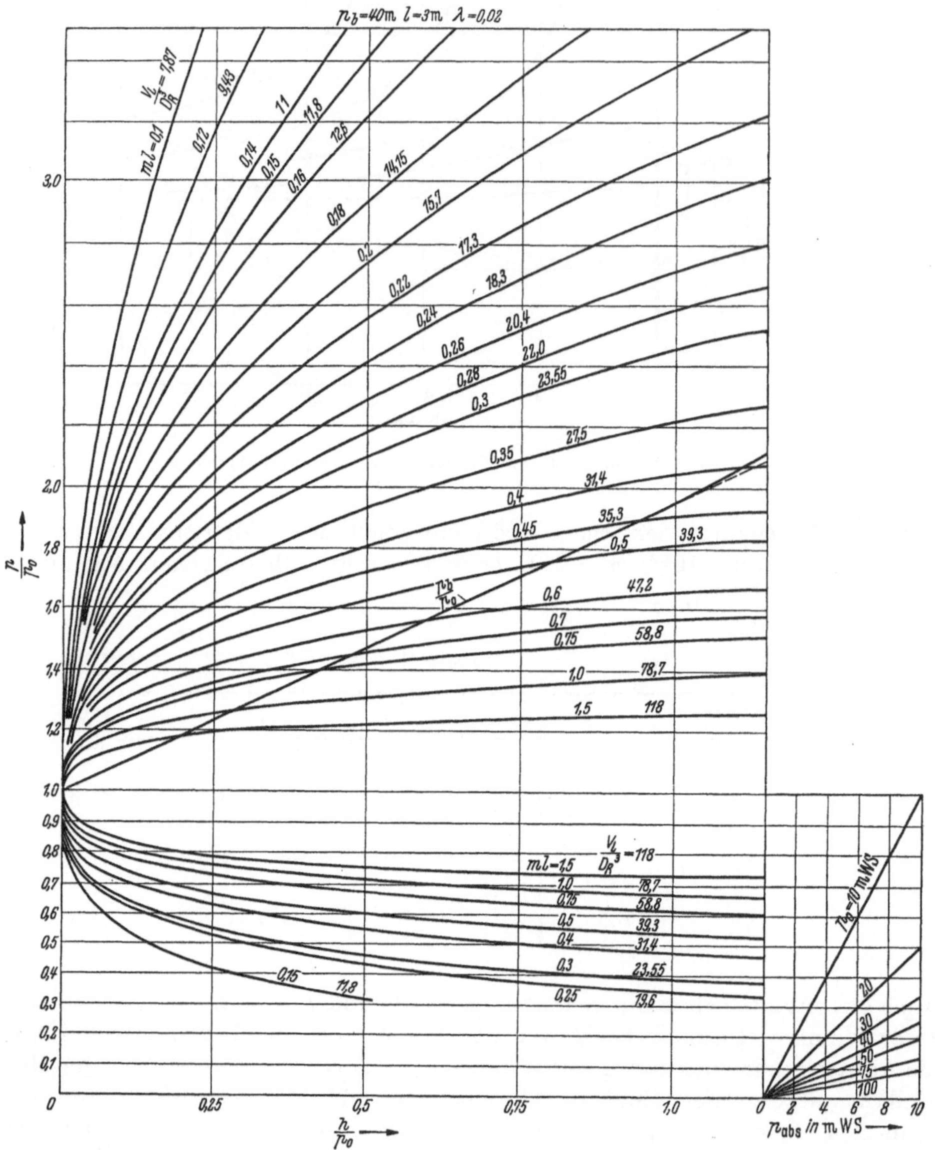

Abb. 14. Drucksteigerung und Druckabfall.

Windkesseln nicht so weit reicht, daß Unterdruck entsteht. Auf der Abbildung ist unten rechts ein Hilfsdiagramm gezeichnet, aus dem zu ersehen ist, wann und wie hoch das Vakuum sein wird. Nur in Ausnahmefällen — etwa bei einem Druck $p_0 = 20$, wie er unter Umständen für Vorhebewerke in Frage kommt — kann Vakuum auftreten. Bei einem Druck $p_0 = 40$, den man wohl für Wasserwerke als normal ansehen kann, tritt selbst bei den kleinsten hier eingetragenen Windkesseln kein Vakuum mehr ein.

Der Druck kann auf den halben Ruhedruck und noch weiter zurückgehen. Es ist daher auf jeden Fall dann wichtig, den tiefsten Druck zu bestimmen, wenn die Druckleitung über einen Berg geht, ob nicht an dieser Stelle ein Vakuum und unter Umständen damit ein

Auseinanderreißen der Wassersäule eintreten kann. An einem Beispiel wird das noch erläutert werden.

Vorerst sollen einige Versuchsresultate angeführt werden, die zeigen, daß die Berechnung zu einwandfreien Werten führt.

Versuchsergebnisse.

Um die aufgestellten Gleichungen auf ihre Brauchbarkeit zu prüfen, wurden in mehreren Wasserwerken unter verschiedenen Bedingungen Versuche durchgeführt.

Zunächst wurde von jedem Werk eine Skizze wie in Abb. 15 gezeichnet, in dem sämtliche wichtigen Daten, besonders auch die einzelnen Höhen, eingetragen waren. Vor Beginn des Versuches wurden festgestellt: Höhe des Wasserstandes im Hochbehälter, Höhe des Wasserstandes im Windkessel, Druck im Windkessel mit Manometer mit $^2/_{10}$ at Teilung, Barometerstand und Fördermenge. Der Wasserstand im Windkessel wurde möglichst dicht am oberen Anschluß gehalten. Für den eigentlichen Versuch war noch ein Indikator angeschlossen. Es stellte sich aber heraus, daß dieser Indikator, wie auch die Lieferfirma bestätigte, zu träge arbeitete. Die tiefsten und höchsten Drücke wurden zu hoch bzw. zu tief angezeigt. Für die Auswertung kämen diese Aufzeichnungen daher nur für die Schwingungsdauer in Frage.

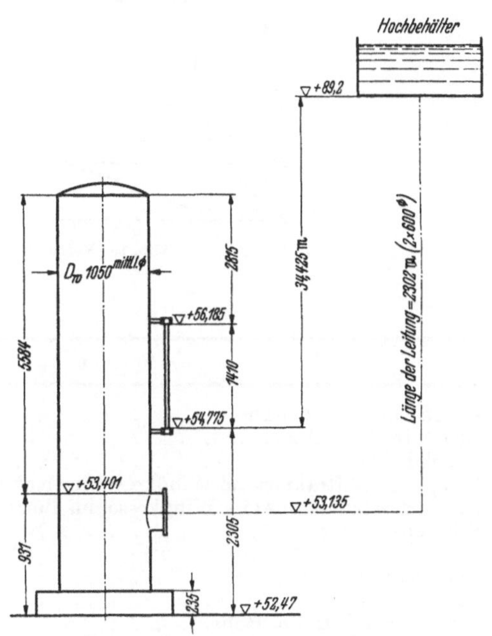

Abb. 15. Skizze eines Wasserwerkes.

Nachdem der Hauptschalter der Pumpe ausgelöst war, wurden jeweils die tiefsten und höchsten Drücke am Manometer abgelesen. Zur Kontrolle wurden auch die tiefsten und höchsten Wasserstände, soweit das möglich war, im Wasserstandsglas des Windkessels festgelegt. Besonders wichtig war die Feststellung des Wasserstandes im Ruhezustand, nachdem die Wassermasse sich ausgependelt hatte. Denn nur so konnte die Reibungszahl festgestellt werden.

1. Versuchsreihe.

Die ersten Versuche wurden in einem Wasserwerk durchgeführt, das strömungsmäßig die übersichtlichsten Verhältnisse hatte (Abb. 15). Das geförderte Wasser floß zunächst durch eine Druckrohrleitung direkt zum Hochbehälter. Die wichtigsten Betriebs- und Ruhezustandsdaten sind in Tabelle 2 zusammengestellt.

Auffallend war, daß die Reibungszahl einen Wert von im Mittel $\lambda = 0{,}0416$ hatte. Bei neuen Rohren hätte der Wert ungefähr 0,020 betragen müssen. Es handelt sich hier um Rohre, die bereits über 80 Jahre in der Erde liegen. Die Zahl der Einzelwiderstände ist nicht sehr groß; die hohe Reibungszahl ist also auf Verluste, die durch starke Inkrustierungen verursacht werden, zurückzuführen. Für den Betrieb ergibt sich aus dieser Feststellung, daß die Pumpen auf jeden Fall reichlich zu dimensionieren sind bei Errichtung neuer Wasserwerke, um im späteren Betrieb die gewünschte Förderleistung auch einhalten zu können.

Die für den Schwingungsvorgang gefundenen Werte sind in Tabelle 3 und Abb. 16 dargestellt.

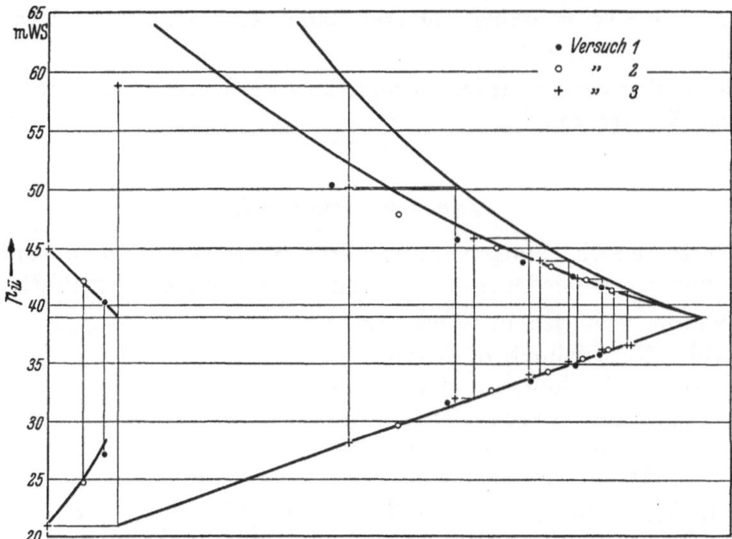

Abb. 16. Versuchswerte bei Förderung durch ein Rohr.

Tabelle 2.

Versuch		1	2	3
Druck im Ruhezustand	p_0 m WS	48,7	49,1	48,7
Druck im Betriebszustand	p_1 m WS	50,3	52,1	55,2
Druckdifferenz	$p_1 - p_0$ m WS	1,6	3,00	6,5
Länge des Luftraumes im Windkessel im Ruhezustand	l m	3,57	3,57	3,57
Länge des Luftraumes im Windkessel im Betriebszustand	$l - z_1$ m	3,46	3,36	3,15
Differenz	z_1 m WS	0,11	0,21	0,42
	$h = z_1 + p_1 - p_0$ m WS	1,71	3,21	6,92
Reibungszahl	λ	0,0443	0,0398	0,0408
Fördermenge	Q m^3/sek.	0,1255	0,181	0,263
Geschwindigkeit im Rohr	c_r m/sek.	0,445	0,642	**0,93**
Für die Reibung zugrunde gelegt:				
Ruhedruck i. Mittel	p_0 m WS		48,8	
Reibungszahl			0,0416	
m	m^{-1}		0,106	

Tabelle 3.

Gemessene und errechnete Druckstufen. Absolute Drücke in m WS.

Versuch Nr.	1			2			3		
Lfd. Nr.	Gemessen m WS	Errechnet m WS	Abweichung m WS	Gemessen m WS	Errechnet m WS	Abweichung m WS	Gemessen m WS	Errechnet m WS	Abweichung m WS
1	50,3			52,1			55,2		
2	37,5	38,1	— 0,6	34,7	34,5	+ 0,2	31,0	31,1	— 0,1
3	60,4	63,0	— 2,6	64,3	69,4	— 5,1	69,0	77,2	— 8,2
4	41,6	41,4	+ 0,2	39,7	39,7	0	38,2	37,9	+ 0,3
5	55,7	56,8	— 1,1	57,8	59,4	— 1,6	60,0	61,8	— 1,8
6	43,5	43,8	— 0,3	42,7	42,8	— 0,1	42,0	41,7	+ 0,3
7	53,7	53,8	— 0,1	55,0	55,0	0	55,9	56,7	— 0,8
8	45,0	45,2	— 0,2	44,4	44,4	0	44,0	42,8	+ 1,2
9	52,6	52,5	+ 0,1	53,4	53,2	+ 0,2	54,0	53,6	+ 0,4
10	45,9	46,1	— 0,2	45,5	45,4	+ 0,1	45,2	44,9	+ 0,3
11	51,6	51,6	0	52,3	52,0	+ 0,3	52,5	52,4	+ 0,1
12				46,3	46,2	+ 0,1	46,3	46,1	+ 0,2
13				51,3	51,3	0	52,2	51,3	+ 0,9

Im einzelnen ist zu den Versuchen noch folgendes zu bemerken:

In Versuch 1 wurde mit kleiner Fördermenge gefahren. Die gemessenen und errechneten Werte zeigen eine recht gute Übereinstimmung. Die größte Abweichung bei der ersten Druckwelle beträgt nur 2,6 m oder 4,1%, und zwar ergab die Rechnung einen zu hohen Wert. Das bedeutet aber, daß der errechnete Wert ungünstiger liegt als der wirkliche. Bei Versuch 2 ist die Abweichung größer bei der ersten Welle, im übrigen liegen die Werte ähnlich wie bei Versuch 1. Die erhöhte Abweichung bei der ersten Druckwelle ist auf folgenden Umstand zurückzuführen. Am Druckwindkessel befindet sich zwischen unterem Wasserstandsglasanschluß und dem Rohranschluß ein ebenso großer, aber abgeblindeter Anschluß; dadurch wird die Windkesselfläche, wenn das Wasser in diese Zone kommt — und nach dem unteren Druck zu urteilen, ist das der Fall gewesen , größer. Damit wird auch die Dämpfung größer. Das wirkt sich auf den tiefen Druck kaum aus, aber auf den anschließenden hohen Druck. Bei Versuch 3 mit der größten Fördermenge ist der Wasserspiegel sogar so weit gesunken, daß Luft in die Förderleitung eingedrungen war, womit eine noch größere Dämpfung erreicht wurde. Infolgedessen ist hier der Fehler mit 8,2 m oder über 10% am größten. Aus diesen Versuchen geht schon hervor, daß auch nur eine geringe Vergrößerung des Windkesselquerschnitts von großer Wirkung auf die Dämpfung ist.

Die Abb. 16 zeigt, wie gleichmäßig die übrigen Punkte an der berechneten Linie liegen.

2. Versuchsreihe.

In demselben Werk war es möglich, eine zweite Versuchsreihe anzuschließen. Bei dieser Versuchsreihe wurde das Wasser durch zwei gleich große Rohrleitungen zum Hochbehälter gefördert. Die Versuchswerte sind in Tabelle 4 und Abb. 17 zusammengestellt. Die Ab-

Tabelle 4.

Versuch Nr.	4			5			6		
Fördermenge Q m³/sek.	0,1245			0,182			0,296		
Geschwindigkeit c_r m/sek.	0,221			0,322			0,534		
Mittlerer Druck p_0 m WS	48,2			48,2			48,2		
Lfd. Nr.	Gemessen m WS	Errechnet m WS	Abweichung m WS	Gemessen m WS	Errechnet m WS	Abweichung m WS	Gemessen m WS	Errechnet m WS	Abweichung m WS
1	48,6			48,8			49,6		
2	39,6	38,0	— 1,6	36,7	37,0	— 0,3	32,6	34,0	— 1,4
3	57,3	57,4	— 0,1	60,5	62,8	— 2,3	66,3	71,4	— 5,1
4	41,7	41,2	+ 0,5	39,8	39,0	+ 0,8	37,0	36,6	+ 0,4
5	55,1	54,7	+ 0,4	56,8	57,2	— 0,4	59,8	62,3	+ 2,5
6	43,0	42,6	+ 0,4	41,8	41,4	+ 0,4	39,8	39,6	+ 0,2
7	53,8	53,0	+ 0,8	54,8	54,6	+ 0,2	56,5	57,2	— 0,7
8	43,9	43,4	+ 0,5	43,1	42,7	+ 0,4	41,9	41,9	0
9	52,6	52,2	+ 0,4	53,3	52,9	+ 0;4	54,5	54,3	+ 0,2
10	44,7	45,1	— 0,4	43,9	43,8	+ 0,1	43,0	42,9	+ 0,1
11	51,6	51,2	+ 0,4	52,1	52,0	+ 0,1	53,0	53,0	0
12	45,3	45,9	— 0,6	44,6	44,7	— 0,1	44,0	44,0	0
13	50,8	50,6	+ 0,2	50,8	51,3	— 0,5	51,8	51,9	— 0,1
14							44,6	45,0	— 0,4
15							50,6	51,3	— 0,3

weichungen der errechneten von den gemessenen Werten sind auch hier sehr gering. Für Versuch 5 und 6 tritt bei der Berechnung der ersten Druckwelle aus den gleichen Gründen wie bei Versuch 2 und 3 dieselbe Abweichung ein. Im übrigen liegen die Differenzen zum großen Teil im Bereich der Ablesegenauigkeit am Manometer.

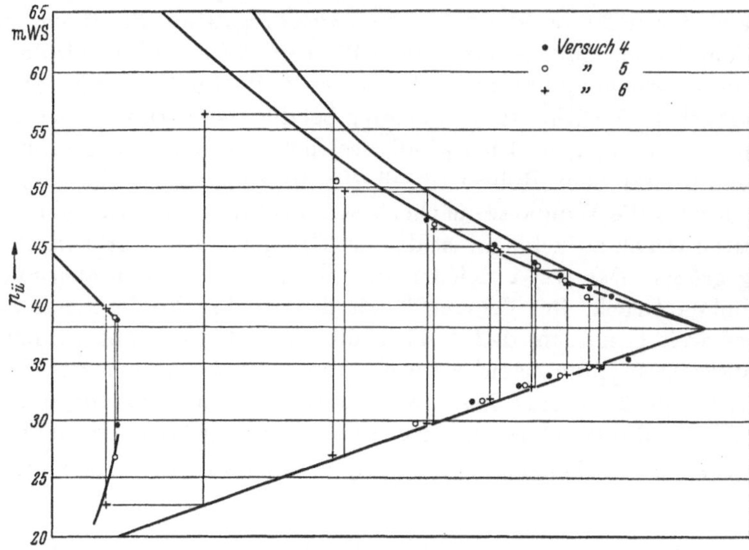

Abb. 17. Versuchswerte bei Förderung durch zwei Rohre.

3. Versuchsreihe.

Eine dritte Versuchsreihe wurde in einem Wasserwerk durchgeführt, das direkt ans Verteilungsnetz angeschlossen ist. Die Hauptdruckleitung mit einem Durchmesser von $D_r = 0{,}8$ m führt in einer Länge von $L = 6575$ m zu einer Abzweigstelle, von der gleichzeitig drei größere Leitungen ins Verteilungsnetz abgehen. Der Druck an dieser Stelle wurde nicht gemessen. Es war daher nur möglich, eine Reibungszahl zu ermitteln, die sich auf die angegebene Länge bezieht. Sie ist daher mit einem Wert von $\lambda = 0{,}059$ sehr hoch, da ja in dieser Zahl auch noch die Reibung der anschließenden Rohrleitungen enthalten ist. Die einzelnen Werte sind in Tabelle 5 zusammengestellt. Die Abweichungen der gemessenen

Tabelle 5.

Versuch Nr.	7	8
Fördermenge m^3/sek.	0,301	0,194
Druckdifferenz im Windkessel zwischen Betrieb und Ruhe m WS	8,45	3,25
Wasserstandsdifferenz zwischen Betrieb und Ruhe m WS	0,475	0,25
Gesamte Reibungshöhe m WS	8,925	3,5
Druck im Ruhezustand p_0 m WS	41,2	41,2
Windkesselquerschnitt F_w m^2	1,774	1,774
Länge des Luftraumes m	3,4	3,1
m	0,124	0,124

Lfd. Nr.	Gemessen m WS	Errechnet m WS	Abweichung m WS	Gemessen m WS	Errechnet m WS	Abweichung m WS
1	39,9			34,5		
2	14,3	15,1	— 0,8	18,1	19,0	— 0,9
3	40,7	55,3	— 14,6	38,0	49,4	— 11,4
4	29,3	24,4	+ 4,9	29,0	26,0	+ 3,0
5	33,2	33,0	+ 0,2	32,1	33,3	— 1,2

und errechneten Werte sind hier beträchtlich. Auffallend ist, daß die Punkte an der ersten Umkehrstelle tiefer als die errechneten liegen. Es ist das wahrscheinlich darauf zurückzuführen, daß durch den Verbrauch im Netz die Strömung vom Wasserwerk fort verstärkt wird. Dagegen liegen alle anderen Punkte zwischen den errechneten Linien. Das bedeutet, daß die Dämpfung in diesem Fall der direkten Förderung ins Netz mit den vielen Verästelungen sehr erheblich ist. Würde man also die Berechnung hierfür mit einem ideell im Netz gelegenen Ausgleichspunkt durchführen, so ist die einzige „Gefahr", daß der Windkessel zu groß gewählt wird bzw. daß die Druckwelle nicht die errechnete Höhe erreicht.

4. Versuchsreihe.

Bei demselben Wasserwerk konnte noch eine zweite Versuchsreihe durchgeführt werden. Von der Hauptdruckleitung zweigt bei einer Länge $L_1 = 1780$ m eine Leitung mit einem Durchmesser $D_r = 0{,}6$ m und einer Länge von $L_2 = 2400$ m zu einem Hochbehälter ab. Diese Leitung, die bei den vorher beschriebenen Versuchen geschlossen war, wurde jetzt geöffnet. Die Wassermenge, die zum bzw. vom Hochbehälter floß, konnte leider nicht gemessen werden, ebensowenig wie der Druck an der Abzweigstelle. Es wurde einmal bei steigendem Hochbehälter und einmal bei fallendem Hochbehälterstand eine Abschaltung vorgenommen.

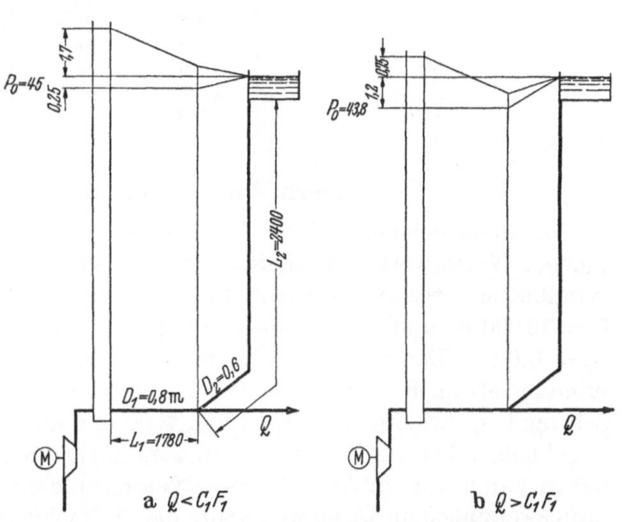

Abb. 18. Druckverlauf in der Druckrohrleitung bei Förderung in Netz und Hochbehälter bzw. bei Förderung vom Werk und Hochbehälter ins Netz.

Bei einer Fördermenge, die größer als der Verbrauch war, ergibt sich der in Abb. 18 links skizzierte Druckverlauf. Der Druck an der Abzweigstelle ist nur angenommen; er muß größer sein, als die Wassersäulenhöhe bis zum Hochbehälter, da ja nach dorthin Wasser floß. Das Steigen des Wassers im Hochbehälter wurde durch ein schreibendes Fernmeßgerät festgestellt. Die genaue Menge konnte mit diesem Gerät, das nur ruckweise von 10 zu 10 cm arbeitet, bei der großen Wasserspiegelfläche von über 3000 m² nicht ermittelt werden. Wenn nach dem Abschalten die Wassersäule den Ruhezustand erreicht hat, war der Druck im Windkessel geringer als dem Wasserstand im Hochbehälter entsprach. Es ist das auf den Reibungsverlust des vom Hochbehälter zum Netz fließenden Wassers zurückzuführen, das nunmehr an die Stelle des bisher vom Werk geförderten Wassers tritt. Es scheint allerdings so, als ob die vom Hochbehälter gelieferte Wassermenge in diesem Falle kleiner war, als die ursprünglich vom Werk ins Netz abgegebene. Es ist das durchaus möglich, weil mehrere andere Werke auf dasselbe Netz arbeiten und so einen Teil des Wasserverbrauchs mit übernehmen.

Bei sinkendem Wasserspiegel im Hochbehälter ergibt sich sinngemäß der in Abb. 18 rechts skizzierte Druckverlauf. Da in diesem Falle gleichzeitig mit der Pumpenleistung Wasser vom Hochbehälter ins Netz abgegeben wurde, muß der Druck schon im Betriebszustand an der Abzweigstelle kleiner sein, als die Wassersäulenhöhe bis zum Hochbehälter. Nach Ausfall der Pumpe sank der Druck an dieser Stelle und damit auch im Werk kräftiger ab. Aus den gemessenen und eingetragenen Daten kann nicht auf die in der Rohrleitung zum Hochbehälter fließenden absoluten Wassermengen geschlossen werden. Doch scheint auch hier die beim Stillstand des Werkes vom Hochbehälter abgegebene Wassermenge geringer zu sein, als der ursprünglichen Werk- und Hochbehälterleistung entspricht. Trotz der Unkenntnis der ins Netz abgegebenen Wassermenge Q ist versucht worden, einen Vergleich zu ziehen mit den für den Fall $Q = 0$ errechneten Werten. Dabei ist nach den Erfahrungen der früheren Versuche eine Reibungszahl von $\lambda = 0{,}042$ angenommen. Die gefundenen Werte sind in Tabelle 6 zusammengestellt. Selbstverständlich ist die Abweichung wesentlich größer als bei den beiden ersten Versuchsreihen.

Tabelle 6.

Versuch Nr.	9			10		
Fördermenge m³/sek.	0,188			0,175		
Geschwindigkeit m/sek.	0,374			0,344		
Druck im Ruhezustand p_0	45			43,8		
m	0,2			0,2		
Lfd. Nr.	Gemessen m WS	Errechnet m WS	Abweichung m WS	Gemessen m WS	Errechnet m WS	Abweichung m WS
1	46,8			46,8		
2	34,8	36,9	— 2,1	35,3	36,9	— 1,6
3	53,3	56,8	— 3,5	50,9	56,2	— 5,3
4	41,3	39,4	+ 1,9	41,6	40,8	+ 0,8
5	47,8	49,3	— 1,5	46,6	49,0	— 2,4
6	43,5	42,9	+ 0,6	44,0	43,9	+ 0,1
7	46,3	46,8	— 0,5	45,4	46,4	— 1,0

Beispiel der Berechnung eines Windkessels.

An einem Beispiel soll der Berechnungsgang des Windkessels gezeigt werden. Aufgabe: Für ein Wasserwerk mit einer stündlichen größten Leistung von $Q_h = 1000$ m³/h soll ein Windkessel berechnet werden. Die Leitung vom Werk zum Hochbehälter hat eine Länge $L = 15000$ m und besteht aus einem gußeisernen neuen Rohr mit einem Durchmesser von $D_r = 0{,}6$ m. Der niedrigste Hochbehälterstand liegt 25 m über dem Wasserspiegel des Windkessels im Ruhezustand. Die Leitung geht über einen Hügel; der höchste Punkt der Leitung liegt bei einem Abstand von 4000 m vom Werk in einer Höhe von 12 m. Der Windkessel soll so bemessen sein, daß an dem höchsten Punkt auf jeden Fall kein Vakuum entstehen kann, um ein Abreißen der Wassersäule zu vermeiden. Der höchste Druck bei der zurückkommenden Druckwelle soll das 1,2fache des Betriebsdruckes nicht übersteigen. Der Luftdruck sei mit 10 m WS zugrunde gelegt.

Aus der gestellten Aufgabe ergibt sich die sekundliche Fördermenge zu

$$Q_s = \frac{Q_h}{3600} = 0{,}278 \text{ m}^3/\text{sek.}$$

Die Geschwindigkeit im Rohr beträgt:

$$c_r = \frac{Q_s}{F_r} = \frac{0{,}278}{0{,}283} = 0{,}98 \text{ m/sek. oder rd. } 1 \text{ m/sek.}$$

Für die Reibungszahl ist der niedrigste mögliche Wert einzusetzen; er sei mit $\lambda = 0{,}016$ angenommen. Damit ergibt sich eine Reibungshöhe von:

$$h = \frac{c_r^2}{2g}\,\lambda\,\frac{L}{D_r} = \frac{1}{2\cdot 9{,}8}\,0{,}016\,\frac{15000}{0{,}6} = 21{,}8 \text{ m WS.}$$

Der Druck im Ruhezustand ist:

$$p_0 = 25 + 10 = 35 \text{ m WS}.$$

Damit ergibt sich ein Wert von:

$$\frac{h}{p_0} = \frac{21{,}8}{35} = 0{,}623 \text{ und } \frac{p_0}{h} = 1{,}61.$$

Da der Wert $\frac{h}{p_0} > 0{,}2$ ist, kann zunächst die einfache Formel für die überschlägliche Berechnung des Windkessels angesetzt werden. Es ist für $\alpha = 1{,}2$:

$$V_L = 0{,}5\,\frac{D_r^3}{\lambda}\sqrt[3]{\frac{p_0}{h}} = 0{,}5\,\frac{0{,}6^3}{0{,}016}\sqrt[3]{1{,}61} = 7{,}93\ \mathrm{m}^3.$$

Bei einer angenommenen Länge des Luftraumes von $l = 2{,}5$ m wird der Querschnitt

$$F_w = \frac{V_L}{l} = \frac{7{,}93}{2{,}5} = 3{,}18\ \mathrm{m}^2.$$

Ebenso ergibt sich das Gesamtvolumen des Windkessels zur:

$$V_G = 1{,}3\,\frac{D_r^3}{\lambda} = 1{,}3\,\frac{0{,}6^3}{0{,}016} = 17{,}5\ \mathrm{m}^3,$$

damit wird die Gesamtlänge des Kessels bis Oberkante Rohranschluß:

$$l - z_2 = \frac{V_G}{F_w} = 5{,}53\ \mathrm{m}.$$

Da das Gesamtvolumen dem tiefsten zu erwartenden Wasserstand entspricht, ergibt sich der tiefste Druck zu:

$$p_t = p_0\,\frac{l}{l - z_2} = 35\,\frac{2{,}5}{5{,}53} = 15{,}8\ \mathrm{m\ WS}.$$

Da dieser Druck im Werk noch größer als 10 m WS ist, ist also hier noch kein Unterdruck erreicht. Trägt man diesen Druck und die Verbindungslinie zum Hochbehälter als tiefste Drucklinie ein (Abb. 19), so zeigt sich, daß bei der gewählten Rohrführung über den Berg am höchsten Punkt ein Unterdruck von 1,2 m auftritt. Der Windkessel ist also noch nicht groß genug. Es ist daher ein neuer Ansatz, und zwar zweckmäßigerweise für $\alpha = 1$ zu machen. Damit wird

$$V_L = 0{,}66\,\frac{D_r^3}{\lambda}\sqrt[3]{1{,}61^2} = 12{,}3\ \mathrm{m}^3$$

$$F_w = \frac{V_L}{l} = \frac{12{,}3}{2{,}5} = 4{,}93\ \mathrm{m}^2$$

$$V_G = 1{,}41\,\frac{D_r^3}{\lambda}\sqrt[3]{1{,}61} = 22{,}3\ \mathrm{m}^3$$

$$l - z_2 = \frac{V_G}{F_w} = \frac{22{,}3}{4{,}93} = 4{,}53\ \mathrm{m}$$

$$p_t = p_0\,\frac{l}{l - z_2} = 35\,\frac{2{,}5}{4{,}53} = 19{,}3\ \mathrm{m\ WS}.$$

Die neue Linie zeigt, daß jetzt am höchsten Punkt ein Überdruck bleibt, er beträgt rd. 1,4 m WS.

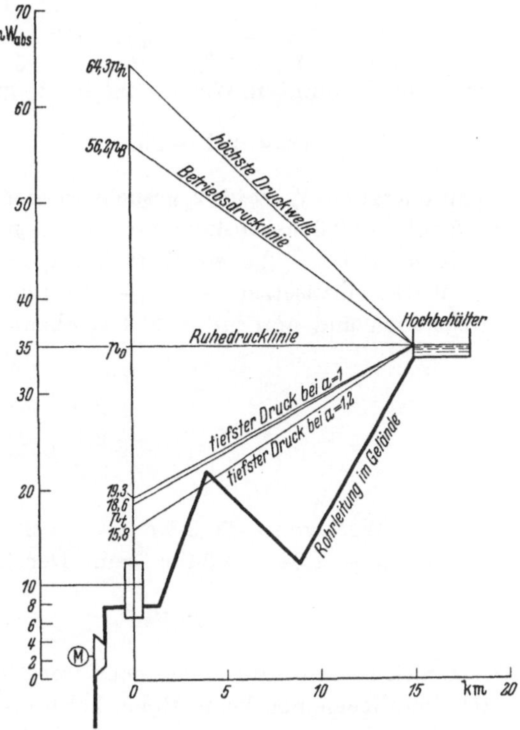

Abb. 19. Beispiel für die Berechnung eines Windkessels.

Da die überschlägigen Formeln nur für einen Wert von $p_0 = 40$ m und $l = 3$ m genügend genau sind, ist nunmehr die genaue Berechnung noch durchzuführen. Zunächst ist die Höhe z_1 zu bestimmen, die angibt, um wieviel der Wasserstand im Windkessel im Betriebszustand angestiegen ist. Sie ist

$$z_1 = \frac{2\,l h}{p_0 + h + l + \sqrt{(p_0 + h + l)^2 - 4\,hl}} = \frac{2 \cdot 2{,}5 \cdot 21{,}8}{35 + 21{,}8 + 2{,}5 + \sqrt{(35 + 21{,}8 + 2{,}5)^2 - 4 \cdot 21{,}8 \cdot 2{,}5}}$$

$$z_1 = 0{,}942\ \mathrm{m}.$$

Damit wird der Betriebsdruck:

$$p_b = p_0 \frac{l}{l - z_1} = 35 \frac{2,5}{2,5 - 0,942} = 56,2 \text{ m WS.}$$

Für die genaue Berechnung ist noch der Faktor m von Wichtigkeit; er ist

$$m = \frac{F_w \lambda}{2 F_r D_r} - \frac{F_r}{2 F_w L} = \frac{4,93 \cdot 0,016}{2 \cdot 0,283 \cdot 0,6} - \frac{0,238}{2 \cdot 4,93 \cdot 15000}$$

$$m = 0,233 - 0,00000192 = 0,233 = -M$$

$$2\,m = 0,466 \qquad \frac{1}{2\,m} = 2,2.$$

Die linke Seite der genauen Gleichung (17) lautet:

$$\left(\frac{1}{2\,m} - p_0 \frac{l}{l - z_1}\right) e^{-2 m z_1} + 2\,m\,p_0\,l e^{-2ml}\,\overline{Ei}\left\{2m\,(l - z_1)\right\}.$$

Die bisher gefundenen Werte eingesetzt; der Wert $\overline{Ei}$ ist aus der Tabelle zu entnehmen.

$$(2,2 - 56,2)\; e^{-0,466 \cdot 0,942} + 0,466 \cdot 2,5 \cdot 35 e^{-0,466 \cdot 2,5}\,\overline{Ei}\left\{0,466 \cdot 1,558\right\}$$

$$= -54,0\, e^{-0,439} + 40,7\, e^{-1,16}\,\overline{Ei}\, 0,725 = -\frac{54,0}{1,55} + \frac{40,7}{3,19} \cdot 1,136 = -20,3.$$

Die rechte Seite der Gleichung (17) lautet

$$\left(z_2 + \frac{1}{2\,m} - p_0\right) e^{-2 m z_2} + 2\,m\,l\,p_0\, e^{-2ml}\,\overline{Ei}\left\{2\,m\,(l - z_2)\right\}.$$

Die schon bekannten Werte eingesetzt, gibt:

$$(z_2 + 2,2 - 35)\; e^{-0,466 z_2} + \frac{40,7}{3,19}\,\overline{Ei}\left\{0,466\,(2,5 - z_2)\right\}.$$

Es muß jetzt ein Wert für z_2 gesucht werden, der so bemessen ist, daß mit den obigen Werten die Zahl $-20,3$ herauskommt. Da schon vorher berechnet war, daß $l - z_2 = 4,53$, so ergibt sich mit $l = 2,5$ ein Wert von $z_2 = -2,03$. Es ist zweckmäßig, für z_2 etwa folgende drei Werte einzusetzen: $-2,0$, $-2,1$ und $-2,2$, die gefundenen Werte abhängig von z_2 aufzutragen und nun für $-20,3$ z_2 abzulesen. Es ergeben sich folgende Werte:

z_2	Rechte Seite
— 2,0	— 17,7
— 2,1	— 22,9
— 2,2	— 25,3

Für einen Wert von $-20,3$ ist $z_2 = -2,04$. Die Gesamtlänge des Windkessels muß also $l - z_2 = 2,5 + 2,04 = 4,54$ m sein. Der tiefste Druck ist dabei:

$$p_t = p_0 \frac{l}{l - z_2} = 35 \frac{2,5}{4,54} = 19,2 \text{ m WS.}$$

Der Druck ist also tatsächlich noch um 0,1 m tiefer, als in der Überschlagsrechnung. Das spielt im allgemeinen keine Rolle, kann aber doch von Bedeutung sein, wenn die Leitung über einen Berg geht. In unserem Falle ist an der höchsten Stelle immer noch ein Überdruck von rd. 1 m WS. Jetzt ist noch der höchste Druck bei der zurückkommenden Druckwelle zu bestimmen. Die linke Seite der genauen Gleichung (18) lautet:

$$\left(p_0 - \frac{1}{2\,M} - z_2\right) e^{-2 M z_2} - 2\,M l p_0\, e^{-2Ml}\, Ei\left\{2\,M\,(l - z_2)\right\}.$$

Die errechneten Werte eingesetzt, gibt:

$$(35 + 2,2 + 2,21)\; e^{-0,466 \cdot 2,21} + 40,7 \cdot 3,19\; Ei\left\{-0,466 \cdot 4,71\right\}$$

$$\frac{39,41}{2,79} + 129,5 \cdot (-0,0377) = 9,2.$$

Da sich gezeigt hat, daß der untere Punkt niedriger lag als bei der Überschlagsrechnung, wird auch der obere Punkt höher liegen; es dürfte sich empfehlen, für die rechte Seite für z_3 folgende Werte zu wählen: 1,0, 1,1 und 1,2. Die rechte Seite lautete:

$$\left(p_0 - \frac{1}{2\,M} - z_3\right) e^{-2\,M z_3} - 2\,M l p_0\, e^{2\,m l}\, Ei\left\{2\,M\,(l - z_3)\right\}$$

$$(35 + 2{,}2 - z_3)\, e^{0{,}466\, z_3} + 129{,}5\, Ei\left\{-\,0{,}466\,(2{,}5 - z_3)\right\}$$

Für z_3	ergibt sich:
1,0	9,0
1,1	11,1
1,2	13,2

Aus der graphischen Ermittlung ergibt sich für den Wert 9,2 $z_3 = 1{,}01$ m. Damit wird der höchste Druck bei der Druckwelle:

$$p_h = p_0 \frac{l}{l - z_3} = 35\,\frac{2{,}5}{2{,}5 - 1{,}01} = 58{,}8 \text{ m WS.}$$

Da der Betriebsdruck $p_B = 56{,}2$ m WS betrug, ist die Drucksteigerung $\alpha = \frac{58{,}8}{56{,}2} = 1{,}15$. Dieser Wert liegt unter dem verlangten Höchstwert von 1,2. Der Druckwindkessel ist also ausreichend für den genannten Zweck. Die Hauptabmessungen betragen: $D_w \cong 2{,}0$ m, Gesamtlänge bis Oberkante Rohranschluß = 4,54 m. Zu dieser Länge kommt noch die Konstruktionslänge für den Rohranschluß. Der Wasserstand muß im Ruhezustand 2,5 m von oben liegen. Der Wasserstand liegt im Betriebszustand um 0,94 m höher. In diesem Bereich muß auch das Wasserstandsglas liegen. Der höchste Druck liegt bei 48,8 m WS Überdruck. Es ist zu berücksichtigen, daß im Laufe der Zeit der Rohrwiderstand durch Inkrustierungen größer wird. Damit steigt der Betriebsdruck und auch der Wasserstand im Windkessel. Die Druckwelle steigt zwar auch, aber infolge der größeren Reibung nur unwesentlich.

Zusammenfassung.

Zunächst wird erläutert, wie sich die Wassermasse im Druckrohr verhält, wenn die Wasserwerkspumpen plötzlich ausfallen, wenn statt eines Druckwindkessels ein Standrohr eingebaut ist. Diese Untersuchung wird für verschieden gestaltete Wasserwerke durchgeführt.

Es folgt die Berechnung des Schwingungsvorganges bei eingebautem Windkessel. Dabei wird gezeigt, daß es durchaus möglich ist, den Windkessel so zu bestimmen, daß die Druckwelle nicht größer wird als das 1,1fache des Betriebsdruckes. Es ist in sehr vielen Fällen sogar möglich, besonders bei langen Rohrleitungen, den Windkessel so groß zu wählen, daß noch nicht einmal der Betriebsdruck erreicht wird.

Versuchsergebnisse bestätigen die Richtigkeit der Rechnung.

Durch ein Beispiel wird die Berechnung eines Windkessels erläutert.